CRÉATION
contre.
ÉVOLUTION

Qu'était-ce qu'il y avait avant que nous le sachions?

CRÉATION CONTRE. ÉVOLUTION

First edition. February 19, 2025.

ISBN: 979-8231650309

Written by Frederick Guttmann.

Frederick Guttmann R.

Merci à Aday Quintero P. pour sa collaboration sur ce sujet et sur plusieurs de mes autres premiers. Je tiens également à remercier Rosemary Garcia et Ira Szczedrin C., ainsi que ma mère Meeky et ma sœur Kersten, qui m'ont aidé sans condition dans les premières révisions de cet article.

Merci également et bénédictions à mon père Félix et à mes frères pour leur soutien de toujours en parallèle de leur foi en moi, face à toutes les adversités qui se sont produites dans notre avenir.

Je dédie ce livre à tous ceux qui, d'une manière ou d'une autre, aspirent à ce que la vérité leur parvienne, et j'espère qu'il touchera leur cœur pour lever ce voile d'ignorance et de fausses déclarations dans lequel la société nous a tous plongés, nous conduisant après de simples hypothèses. et de vaines philosophies pour justifier notre existence, et qui nous ont aveuglés pour ne pas connaître la Réalité "telle qu'elle est".

Création contre Évolution, qu'est-ce qui a précédé ce que nous savons?
343 pages.
Révision:
Aday Quintero P.
Rosemary García
Ira Szczedrin C.
María del Carmen Ramírez
Kersten Guttmann R.
Couverture:
Jonathan Guttman R.
Frederick Guttmann Ramírez, 2012
Web: www.frederickguttmann.com[1]

1. http://www.frederickguttmann.com

CONTENU

INTRODUCTION

"Il est plus facile de désintégrer un atome qu'une idée préconçue."
Albert Einstein (scientifique allemand. 1879-1955)

Au cours des deux derniers siècles, une guerre puissante a commencé contre tous les établissements qui se prétendent théistes. Il est clair que l'occultisme catholique des 14 siècles a laissé une forte marque, notamment en Europe. L'Inquisition, c'est-à-dire les persécutions, les meurtres, l'arbitraire, les vols et le monopole de Rome, atteignaient encore l'aube de la Seconde Guerre mondiale, mais le pire dommage qu'elles causèrent fut de faire voir au monde dans le catholicisme l'image représentative du Dieu, et en tant que tel, une grande haine a été créée pour tout ce qui touche à la religion. On sait que le catholicisme est né en 325 après JC au temps de Constantin, mais la dictature religieuse n'est pas née là, car 3 siècles plus tard, un autre pionnier a relancé les guerres de religion, les mettant au niveau des lignes de bataille. Entre l'Islam et le catholicisme, ils ont amené le monde libre à haïr Dieu, parce qu'en eux ils voyaient se refléter le Dieu dont parlait la Bible.

Bien que le véritable message de Dieu ait été perdu à la fin du premier siècle, à l'époque de ses prédécesseurs, les Juifs messianiques ou Juifs chrétiens - comme on les appelait à Antioche - avaient péri. Depuis les premiers siècles de notre ère, jusqu'à la fin de la tyrannie d'Adolf Hitler, le monde ne connaissait pas l'histoire du Dieu hébreu, mais plutôt une série de tromperies, de fausses déclarations, de désinformation, d'ignorance et de mensonges de la part des institutions qui s'attribuaient la représentation de Dieu sur Terre. Cela a clairement suscité beaucoup de colère et de ressentiment, principalement dans les pays touchés par le communisme. Lorsque sont apparues des lueurs d'idées nouvelles susceptibles de contredire Rome et tous les mouvements néo-religieux apparus entre le XVIIe et le XXe siècle, les gens se sont rapidement empressés de les adopter. Au moment où la Fin des Temps commence à approcher, une autre prophétie commence à se manifester, accomplissant ainsi un autre avertissement qui correspond à tous les éléments déterminés dans le passé par l'Assemblée de Dieu pour introduire le Nouvel Empire. Cet oracle dit: "*Mais toi, Daniel, tais les paroles et scelle le livre jusqu'au temps de la fin. Beaucoup courront d'ici à là et les connaissances augmenteront.*» (Daniel 12:4)

Le prophète hébreu Daniel a été prévenu que l'un des signes de l'arrivée de la Fin des Temps serait l'agitation sociale, le stress, les soucis, les crises, etc., et le développement extrême des avancées technologiques, ce que nous savons avec certitude – jamais mieux dit. - ce qui se produit depuis les années 40. Cependant, en plus de cet avertissement, il a également été prévenu qu'il y aurait de la tromperie dans le monde, et qu'une de ces zones de mensonge viendrait du côté enquêteur: "Ô Timothée, garde ce qui *a t'a été confié, en évitant les discours profanes sur des choses vaines, et les arguments de la faussement appelée science, qui, en professant certains, s'écartaient de la foi.*» (1 Timothée 6:20-21) Qu'est-ce que la foi? Ici entre la lutte continue entre croire à ce qui ne peut pas être vu ou à ce qui peut être mesuré, pesé ou observé. Cependant, en abordant le sujet de "Dieu", la plupart pensent qu'il n'y a aucun point de comparaison entre la foi et la science, car elles partent clairement de certains paramètres encore limités, comme la physique et la chimie.

En effet, nous postulons désormais des probabilités scientifiques nouvelles et plus larges, des systèmes d'étude tels que la mécanique quantique, la théorie des supercordes ou la théorie du tout entrent en scène, car une science limitée ne peut pas expliquer les milliers de

questions qui se limitent au plan matériel. Existe-t-il néanmoins un moyen de confirmer les affirmations bibliques? Et à cet égard, nous parlons aussi de l'origine de l'homme. Nous le saurons lorsque nous aborderons le sujet, mais malgré cela, nous continuons nous-mêmes, limités, à partir de deux paradigmes: l'évolutionnisme et le créationnisme. N'y a-t-il pas plus de chance? La panspermie peut donner quelques idées sur les endroits où vous pouvez étudier dans un domaine plus complet. La panspermie en elle-même n'est pas concluante, mais elle sert de pont pour comprendre tant de questions que ni la religion ni la science conventionnelle n'ont pu aborder.
Penser que l'origine de l'humanité vient d'autres parties du cosmos, ou d'autres dimensions, est ce que nous voulons exposer dans ce livre, principalement à la lumière de preuves archéologiques et de recherches professionnelles menées par des scientifiques de renom.

"*Le vrai problème n'est pas que le darwinisme est 'une vision vide de la vie', mais une VISION DÉFORMÉE qui transforme des faits occasionnels, voire sans conséquence, en faits fondamentaux.»*
(Henry Gee, commentateur et éditeur sur l'évolution chez Nature)

Première partie
SOCIÉTÉS SECRÈTES

"Plus de 30 000 documents rédigés de toutes les parties du monde monde parle d'êtres avancés qui venaient soit de sur Terre ou vivaient déjà sur Terre.»
Jack Barranger (Choc passé)

Les Illuminati

Le terme latin "Illuminati" (illuminé), qui apparaît chez l'occultiste juif et ancien jésuite Adam Weishaupt, ne trouve pas vraiment son origine dans sa provenance en 1776 – l'année au cours de laquelle, et ce n'est pas un hasard, les États-Unis d'Amérique ont également été fondés –. Ce nom était, et est, utilisé au sein de certains niveaux supérieurs de la franc-maçonnerie de rite écossais et de rite de York. C'est aussi un nom pour désigner les descendants des maisons royales. Et pourquoi s'appellent-ils ainsi? L'origine étymologique et historique du mot "éclairé" est akkadienne. À l'époque antédiluvienne, selon l'écriture cunéiforme de l'ancienne Sumer, de grands humains venaient de l'espace, qui se faisaient appeler "Anunnaki", les hommes, et "Antununnaki", les femmes. Un autre nom qu'ils reçurent était Abbennakki, bien que les Akkadiens les appelaient "Ilu" (d'où vient "éclairé" ou "illustre"), c'est-à-dire, dans cette langue, "élevé". Les Anunnaki étaient décrits par les Hébreux comme Nephilim (Déchus), et ils étaient également appelés Anakim (Géants), en raison de leur grande taille, une voix qui dérive étymologiquement précisément du sumérien "Anunnaki".

Il est donc curieux que les premiers chrétiens - ceux du Ier siècle - qui commençaient à être pour la plupart juifs, issus de la secte des Nazaréens, aient été reconnus parmi les croyants eux-mêmes comme "Éclairés", pour avoir reçu la connaissance et les vérités du Royaume du Père, dont Jésus de Nazareth a prêché. Ainsi, "l'illumination", comme on pourrait également l'entendre dans le bouddhisme, peut être l'état d'élévation vers une essence, un séjour ou un statut supérieur, fondamentalement de l'esprit, à travers la compréhension et la compréhension des mystères universels. De toute évidence, cette connaissance est tombée davantage entre les mains d'hommes méchants, cupides, tyranniques et insensés, que parmi les mains humbles et douces.

Il ressort de toute la mythologie ancienne que ces énormes humains étaient connus comme les dieux de nombreuses cultures anciennes. Ils étaient, citant ce qui était prescrit dans les tablettes mésopotamiennes, des astronautes. Ceux-ci avaient des objectifs très spécifiques, parmi lesquels figurait l'objectif d'avoir leur propre lignée sur Terre, comme le déclare en détail la littérature védique de l'Inde. Ils ont eu des enfants avec des humains et, après des générations, ils les ont placés aux plus hauts rangs des gouvernements, tels que les empereurs et les rois, gardant leur sang aussi pur que possible (la littérature existante dans ce domaine est assez abondante). De Babylone et d'Égypte, ils se sont rendus en Grèce et à Rome, puis en Chine et en Amérique centrale, tandis que le groupe principal s'est installé en Europe, notamment en Italie, en France, en Allemagne et au Royaume-Uni (il a ensuite atteint les États-Unis). Ils ont continué à se distinguer en tant que familles "éclairées", car ils prétendaient avoir une lignée de royauté céleste, du sang bleu venant des étoiles, ainsi que des conseils et un soutien qui les rendraient spéciaux.

Pour aucune autre raison, quelqu'un d'important a écrit aux Hébreux -on ne connaît pas vraiment son auteur, bien que l'on présume qu'il s'agissait de Saul de Tarse-: "Parce qu'il est impossible *à ceux qui ont été une fois éclairés et ont goûté le don céleste, et qui ont été ont participé au Vent Saint, et ont également goûté la bonne parole de Dieu et les puissances du siècle à venir, et sont tombés, se sont renouvelés à nouveau dans la repentance, ont crucifié de nouveau le Fils de Dieu pour eux-mêmes et l'ont exposé à la honte.* (Lettre aux Hébreux 6:4-6, Le Nouveau Testament) L'auteur de cette lettre considérait les Juifs qui avaient suivi Jésus-Christ comme des "Éclairés". Et il ajoute plus tard: "*Mais rappelez-vous les jours passés, où, après avoir été éclairé, vous avez soutenu un grand combat de souffrances; D'une part, certainement, avec les insultes et les tribulations, vous avez été donné en spectacle; et d'autre part, vous êtes devenus les compagnons de ceux qui étaient dans une situation similaire.*» (Lettre aux Hébreux 10:32-33) La version latine, Vulgate, de Jérôme d'Estridon, parle des "Inluminati", en référence à ceux à qui le Christ leur a dit: "vous êtes la lumière du monde.»

Le mouvement Illuminati est surtout connu pour la désinformation et le titre volé par la franc-maçonnerie. Ils croient qu'ils sont vraiment éclairés. Mais pourquoi pensez-vous cela? Lorsque le 30ème degré de la Franc-Maçonnerie est dépassé, les membres de l'ordre savent déjà qui est leur "dieu", et ils étaient sous les ordres d'un Maître Caché qui le représente sur Terre, plus précisément dans la confrérie. L'un des objectifs communs de cette société hermétique est le même que celui du satanisme d'Anton Lavey et d'Aleister Crowley, qui commence par éclipser toute croyance en Dieu ou en Jésus et en désinformant la société sur les principes de la connaissance de l'univers. Communément, aujourd'hui, les francs-maçons du 33ème degré sont appelés Illuminati, qui servent directement un personnage appelé Iblis, dont dépendent les jésuites et les dirigeants du Vatican. Cet Iblis est communément appelé par les hauts grades sous le nom de Jah-Bul-On, que certains chercheurs pensent être un terme trinitaire désignant trois dieux populaires du passé, dont Baal et Osiris.

Récemment, des informations divulguées sur un rituel de Bohemian Grove en Californie ont révélé que des présidents américains et de hauts responsables britanniques avaient participé à des cérémonies honorant Moloc, un dieu hibou. La chouette et la chouette sont des symboles occultes élémentaires, puisque la chouette ou la chouette (en hébreu: “lilit”) symbolise la sœur de Satan selon les anciennes légendes hébraïques. Le mot “lilit” lui-même a une racine araméenne, qui vient de “laila” ou “lilitu”, deux termes désignant la nuit ou le royaume des ténèbres. Il n'est pas nouveau de savoir que les Illuminati constituent la masse du pouvoir qui maintient l'hégémonie du globe, et se mêlent au Bohemian Grove, au Ku Klux Klan, au Majestic 12, au Council on Foreign Relations, au Skull & Bones, le Club Bilderberg et en général, les clubs ou sociétés secrètes les plus importants du monde. Par exemple, l'ancien Premier ministre du Royaume-Uni, Tony Blair, appartient à la Studholm Lodge, fondée en 1591, et dans le bâtiment Westminster lui-même, où se trouve le Parlement anglais, se trouvent deux loges maçonniques établies. Un autre exemple est que George H. Bush père et fils appartenaient aux Skull & Bones, une société secrète dont sont issus les dirigeants des États-Unis, du FBI et du CFR (Council on Foreign Relations), dont les fondateurs étaient des pirates (La famille Bush elle-même est d'origine pirate et liée à la royauté britannique.)

Il y a 600 000 francs-maçons travaillant à travers la Grande-Bretagne, occupant les plus hautes positions du pouvoir. De plus, dans ce pays, un policier sur six est franc-maçon. Pourquoi est-ce que j’accorde plus d’importance au Royaume-Uni? Parce que c'est de là que sont venus les Illuminati, qui dirigent aujourd'hui les États-Unis, et là, ils sont venus en Angleterre, influencés par l'Allemagne. Winston Churchill était membre des francs-maçons et des druides, car ce sont d'anciens officiers des forces armées et des aristocrates qui accèdent aux plus hauts degrés de la franc-maçonnerie. La plupart des gens ne dépassent pas la 3e année et ne savent même pas qu'il existe d'autres diplômes supérieurs au Master. L'Angleterre a envahi les États-Unis comme l'Espagne l'a fait avec l'Amérique du Sud. Il est donc normal qu'il y ait actuellement 4 millions de personnes aux États-Unis qui pratiquent le satanisme, selon le FBI. Le satanisme est organisé par la franc-maçonnerie de haut niveau, c'est-à-dire les Illuminati.

Les Illuminati sont pratiquement ceux qui dirigent le monde, le contrôlent et le manipulent, sous la direction d'un commandant mondial que personne ne connaît officiellement, mais qu'ils appellent "Yoda", d'où le franc-maçon George Lucas a tiré le personnage Jedi de la guerre des Galaxies. En fait, les Jedi de la franc-maçonnerie sont des démons. Et où ont-ils trouvé tout cela? de l'Egypte et de la Kabbale juive, c'est-à-dire prendre les informations profondes de Salomon et les adopter pour le mal, à des fins occultes. Cela a été introduit au Royaume-Uni, où se trouve le pouvoir des sionistes, les Juifs noirs qui contrôlent le monopole mondial. Pour cette raison, les Britanniques, en anglais, sont appelés "british" (de l'hébreu: "brit", qui signifie "alliance", et "ish", qui signifie "mâle"). Ils sont «l'homme du pacte" de Satan, puisqu'ils sont considérés comme le berceau de l'Antéchrist, selon les documents et témoignages des dirigeants Illuminati. C'est pour cette raison qu'ils contrôlent le pétrole mondial (BP = British Petrolium) et l'économie (BM + FR = Banque mondiale, ou Banque mondiale + Réserve fédérale et FMI = Fonds monétaire international). Les propriétaires des autres compagnies pétrolières comme Shell sont les Bush. Ce sujet est vaste, mais nous avons laissé au lecteur un aperçu de certaines de ces vérités intrigantes, mais si vous souhaitez entrer plus en détail à ce sujet, vous pouvez lire plus en détail les travaux de William Bramley, Milton William Cooper, RA Boulay., Alex Collier, David Icke, Alex Jones, Eric Jon Phelps, Alexander Hislop, Sixto Paz Wells ou encore Michael Tsarion. Nous abordons également ces thèmes dans nos travaux sur la Fin des Temps.

Ordre Fraternel

La franc-maçonnerie joue un rôle transcendantal dans toute cette histoire, puisqu'elle a assumé le rôle d'établir l'athéisme à tout prix, même si les nouveaux initiés, comme dans le catholicisme, ne savent pas grand-chose ou rien de cela, ni des niveaux de satanisme qui existent au-delà du 33e. degré du rite écossais. Mason signifie "maçon" ou "constructeur" en anglais. De l'Égypte ancienne proviennent les idées qui sont aujourd'hui diffusées dans la franc-maçonnerie ou la franc-maçonnerie, qui se sont intensifiées avec la littérature mystique que le roi Salomon a laissée écrite. Depuis les débuts de la Grèce classique, cette information était transmise des prêtres égyptiens aux philosophes grecs, et elle était très régulière au sein des familles royales qui se distinguaient en se disant "de sang bleu". Avec la mort d'Alexandre le Grand, l'Empire romain a commencé son ascension, poursuivant les traditions et les monarchies secrètes, qui se sont ensuite élevées à l'Allemagne, à la France et à l'Angleterre, s'installant dans le plus secret jusqu'à aujourd'hui. Au fil des siècles, les sociétés secrètes, inspirées par l'École des Mystères des anciens prêtres égyptiens, se sont déplacées en Europe, puis aux États-Unis.

Ces groupes se maintenaient comme des groupes fraternels, des clubs privés, des ordres hermétiques et des sociétés mystiques, qui s'efforçaient d'étudier et de faire revivre les grandes énigmes de l'occultisme et de la connaissance universelle. Les fraternités furent plus tard appelées Loges - d'où le mot "logique" est utilisé - et furent identifiées par la lettre "G" (gnose = connaissance, du mot grec devenu anglais "knowledge"). Charles Darwin, révolutionnaire reconnu de la théorie de l'origine de l'homme par des processus de mutation d'espèces, certaines vers des espèces immédiatement supérieures, était le pion dont la franc-maçonnerie avait un besoin urgent pour parvenir à la souveraineté sociale sur la religion. Ses œuvres littéraires les plus célèbres étaient "L'évolution des espèces» et “La sélection naturelle”, et qui ont officiellement donné naissance à la communément appelée “Théorie de l'évolution”. Charles Darwin, avec l'approbation de la franc-maçonnerie, a radicalement changé la perception du passé de l'homme à travers des propositions qui, bien qu'elles aient toujours été traitées comme des “hypothèses”, sont aujourd'hui devenues une approche acceptée et enseignée comme “un fait retentissant”.

Cet ensemble de spéculations soutient, en tant qu'affirmation absolue de l'origine de notre race humaine, l'avènement d'un grand nombre d'événements fortuits qui ont conduit les plus forts à survivre et à s'améliorer. La communauté scientifique internationale s'appuie sur cette idéologie pour affirmer que l'homme vient des singes, et que ceux-ci, les primates, à leur tour, sont issus d'un type de musaraigne préhistorique qui aurait survécu sous terre après l'une des nombreuses extinctions massives, et avant ce mammifère., nous serions descendus d'autres espèces animales issues des dinosaures. En remontant plus loin dans cet ordre évolutif, les humains seraient nés d'organismes invertébrés, et avant, de cellules qui furent les premières à commencer à s'adapter à leur environnement, et à se transmettre cet ordre de mutation, les unes aux autres pour devenir des organismes plus complexes.

Comme on peut le lire dans n'importe quel livre mettant l'accent sur la biographie de Charles Darwin, il est né à Sherewsbury, en Angleterre, en 1809, à l'âge de 8 ans, il est devenu orphelin de sa mère, son père étant Robert Darwin, qui s'occupait du progéniture composée de ses frères et sœurs Erasmus, Marianne, Carolinne, Catherine, Susan et Charles lui-même. Son père était un médecin de village, passionné par l'étude des sciences, un passe-temps dont Charles a sans doute hérité et que Robert aurait acquis de son père Erasmus. En 1825, il entre à l'Université d'Édimbourg pour étudier la médecine, mais après avoir pris connaissance des hypothèses évolutionnistes de Lamarck, il oriente ses études vers la zoologie, non

sans un certain dégoût de la part de son père qui lui recommande de se consacrer à une carrière ecclésiastique. Il commença ainsi ses études en théologie à Cambridge (1828), obtenant le titre de Bachelor of Arts, le seul titre de sa vie. A cette époque, il suit les cours de botanique donnés par Stevens Henslow, dont il reçoit une forte influence, puisque c'est grâce à ce professeur que Darwin développe nombre de ses idées. De plus, il acquiert ses connaissances en entomologie, botanique, chimie, minéralogie et géologie.
Le même professeur l'encourage à s'engager sans solde sur la frégate Beagle, organisée par l'Amirauté britannique pour parcourir l'hémisphère sud, avec une mission mi-scientifique mi-commerciale.

Voyager sur la mer

Charles Darwin avait 22 ans lorsqu'il embarqua sur le Beagle, et dans les îles Galapagos il fit une rencontre qui le surprit, en découvrant, dans un territoire très éloigné des côtes sud-américaines, des lézards géants que l'on connaissait à l'époque que l'on croyait éteint. L'important pour lui était de découvrir que des espèces totalement différentes existaient sur d'autres îles voisines, malgré le fait que le climat et l'orographie ne présentaient aucune variation. L'explication qui commençait à se former dans l'esprit de Darwin était qu'une adaptation particulière de l'espèce aux conditions spécifiques de son habitat devait avoir lieu, dans un processus qui durerait des millions d'années et au cours duquel la même espèce aurait subi des changements et des mutations qui lui permettraient de développer une adaptation plus efficace, compte tenu de l'éventail limité des branches scientifiques qui existaient à cette époque. Ses conclusions semblaient nouvelles, cependant, il venait déjà de «l'école" de son grand-père Erasmus Darwin, et ses approches n'étaient qu'une autre de cette époque anglaise de nouvelles philosophies, où beaucoup d'autres croyaient et défendaient déjà des hypothèses de processus et d'idées évolutionnistes du hasard. Croire en ces choses et les établir publiquement a été un coup social assez dur, car c'était une époque où l'explication religieuse, basée sur le catholicisme, concernant l'origine du monde, était totalement incontestable et constituait l'opinion officielle.

Darwin prenait des notes quotidiennement et enregistrait chaque élément de preuve qu'il trouvait d'étranges fossiles puis d'espèces inconnues. Toutes les informations qu'il a pu recueillir au cours de ses recherches l'ont conduit à son hypothèse évolutionniste, qu'il a exprimée dans son livre "L'origine des espèces par la sélection naturelle". Cet ouvrage a été publié en 1859 et expliquait, apparemment de manière scientifique, l'origine de l'être humain. Non seulement il a retiré à “Dieu” le rôle de “Créateur”, mais il a fermement insisté sur le fait que la Nature était “auto-génératrice” – un point de vue qui était évident pour la société de l'époque, mais qui s'est avéré erroné des siècles plus tard une énorme incohérence. À partir de ce moment, Darwin commença à se consacrer à la rédaction d'articles et à donner des conférences, se plaçant au centre d'une polémique inconfortable concernant les représentants de la religion catholique romaine et de la science traditionnelle. Cette hypothèse fut complétée et achevée en 1871 lors de la publication de son deuxième livre, “L'origine de l'homme et la sélection par rapport au sexe”.

Les fondements les plus solides et les plus solides d'une explication globale du monde et de l'homme, basée sur le récit de la genèse, ont commencé à ébranler. Des récits mal traduits, comme ceux que l'on peut voir aujourd'hui dans le célèbre et ancien livre de la Bible: la Genèse, ont commencé à être remis en question, entraînant une grande controverse. De retour en Angleterre le 29 janvier 1839, Charles Darwin épousa Emma Wedgwood, sa cousine. Ils décident tous deux de changer de résidence et s'installent à Down en 1842, près de Londres, étant déjà parents de dix enfants, tous fruits de leur mariage. Darwin a considérablement réduit les réunions, les conférences et, en général, les apparitions en public, en invoquant des excuses concernant sa santé, en raison de son dévouement à l'étude de la création intellectuelle et à l'écriture de sa pensée, une étude qui portera plus tard ses fruits à son fils Francis qui a publié son ouvrage sous le titre de "Mémoires de l'évolution de ma pensée et de mon caractère". La contribution des idées de Charles Darwin selon lesquelles les espèces ne sont pas immuables coïncide avec ce qui a été exposé par un de ses contemporains, Alfred Russell Wallace. Tous deux présentèrent leur théorie en 1858 à la Linnean Society de Londres, provoquant une convulsion logique.

Théorie et hypothèse de l'origine forcée

Avant de considérer l'hypothèse de Charles Darwin comme une "théorie", il convient de garder à l'esprit qu'une "théorie" est "*l'ensemble des raisonnements conçus pour expliquer provisoirement un certain ordre de faits*". Il y a des années, le darwinisme est tombé sous son propre poids. Cependant, ces concepts continuent d'être officiellement enseignés dans la plupart des pays et continuent d'être au centre de l'attention de la grande majorité des scientifiques modernes, dans le cadre d'une tendance commune à la défense anthropocentrique. Cependant, la science, en tant qu'étude des choses, ne doit pas être tendancieuse ou subjective: "*L'évolution n'est même pas une théorie, mais une hypothèse qui, dans la "méthode scientifique", est un échelon en dessous de devenir une théorie.* (Carl Baugh, Ph. D. "The Dinosaur Dilemma", 1994. Texas, États-Unis). Or, si l'on se souvient de ce qu'est une "hypothèse", on voit qu'il s'agit d'une "*hypothèse selon laquelle une chose est possible pour en tirer une conséquence*". Quelque chose de plus proche des postulats de Darwin. Ces approches n'incluent finalement que des hypothèses pour avoir une explication provisoire de la véritable apparence de tout, c'est pourquoi nous devons nous référer à de telles «hypothèses», principalement parce que les preuves archéologiques ne soutiennent pas ce paradigme populaire.

Maintenant, abordant le point important du noyau, Charles Darwin n'appartenait pas directement à la Franc-Maçonnerie - du moins c'est ce qu'on croit -, mais il faut admettre qu'il a toujours été étroitement lié aux frères de l'Ordre et que, sans la participation active présence et leur influence, la vie du jeune homme aurait été complètement différente. C'est son grand-père, Erasmus Darwin, qui l'a entraîné dans tout le désordre délibéré de la franc-maçonnerie et de ses objectifs antireligieux. Ce célèbre physicien et botaniste, franc-maçon initié en 1754 dans la Loge de Saint David n°36 à Édimbourg, a grandement influencé les décisions de son petit-fils. A tel point qu'il l'appelait "Père Erasmus". Il n'aurait pas non plus été possible au chercheur enthousiaste de faire partie du passage de Beagle sans l'intervention d'un autre franc-maçon. Il se trouve que, alors que Charles avait à peine dépassé la vingtaine, son père Robert Waring Darwin était catégoriquement opposé au voyage projeté. C'est pour cette raison qu'il a déclaré qu'il ne changerait d'avis que si “quelqu'un de bon sens” le persuadait que le long voyage était la bonne chose à faire. Ce quelqu'un existait.

C'est son oncle - et futur beau-père - le franc-maçon Josiah Wedgwood qui, grâce à son intervention, a réussi à faire atteindre à son jeune neveu un objectif tant attendu. Dans le même temps, il faut rappeler que le Dr Thomas Henry Huxley, membre franc-maçon de la Royal Society, était celui qui se souciait le plus d'amener Darwin à écrire ses réflexions sur la supposée évolution de l'espèce. Huxley devint plus tard ce que nous appellerions aujourd'hui le “porte-parole officiel” de Darwin, ou “le Pitbull de Darwin”. Entre Darwin, Huxley, John Hooker, Herbert Spencer, ils fondèrent le X Club en 1864, avec une série de scientifiques puissants - son chef était Huxley, membre de dix commissions royales, président de toutes les sociétés géologiques, de la société Linean, etc. ... les mouvements de

pouvoir scientifique au Royaume-Uni. Le but de ce X Club était de promouvoir le darwinisme. Pour ceux-ci, ils étaient le mélange des meilleures des races, et les noirs et les hispaniques étaient les plus bas et ce qui devait être éliminé. Même pour tout, "*la science n'explique pas tout, ce sont des approximations de la vérité*" (Máximo Sandín) Et ce professeur ajoute: "*Darwin était un naturaliste amateur, pas un scientifique professionnel. Son diplôme était la théologie. Il ne s'est pas non plus distingué par le génie de ses expositions*" (Máximo Sandín)
Dans sa biographie, Darwin lui-même le reconnaît. Darwin a basé son concept de sélection naturelle sur l'observation des animaux domestiques, mais la nature ne peut pas être comprise de la même manière que le développement des animaux en captivité ou dans des espaces communs avec les humains. "*Pour que la sélection naturelle existe, il doit y avoir des caractéristiques enregistrées dans nos gènes, sinon il n'y a nulle part où faire une sélection.* » " dit Sandín, concluant qu'alors " *nous ne pouvons pas parler d'évolution.. en fait nous devrions l'appeler Transformation* ", parce que nous parlons d'évolution comme si nous parlions d'un roman de fiction mutant de Marvel Comics, où une altération fait des humains des super-héros.

La mission maçonnique familiale

"*... un siècle et demi avant Darwin, la science n'était pas séparée de la religion, mais plutôt un aspect de la religion et essentiellement au service de celle-ci... La science darwinienne est donc devenue une grande menace non seulement pour les prétentions théologiques de la religion, mais aussi pour celle-ci. l'utilité fonctionnelle de la religion [qui] confère un but et un sens.*" (Michael Baigent, Richard Leigh, Henry Lincoln)
La publication du livre de Charles Darwin, "L'origine des espèces", a représenté un point culminant très critique dans la guerre de la franc-maçonnerie contre la religion. En fait, dans le livre il n'y a aucune information sur "l'origine de l'espèce", mais cela ne l'a pas empêché de devenir populaire en très peu de temps, puisque le

véritable objectif n'était pas "scientifique" mais d'être idéologiquement victorieux. Encore moins aurait-il perdu sa place dans les années les plus fortes du matérialisme et du marxisme au Royaume-Uni pour être le pont idéal vers l'athéisme. Les idées proposées par Charles Darwin ne sont pas nées dans sa tête, mais proviennent plutôt de ses professeurs, de sa famille et des livres qu'il lisait constamment, comme "Principes de géologie" de Charles Lyell, qui utilisait les études de James Hutton, également géologue chamois.

Selon les deux, le monde n'était pas aussi jeune que l'Église catholique et l'Islam le prétendaient, ce que beaucoup de gens croient être ce que dit la Bible. Une interprétation erronée de la Genèse de l'Ancien Testament dit que le monde et tout ce qu'il contient a été créé il y a 6 000 ans, mais la Genèse parle clairement de 7 jours, ce qui doit être compris comme représentant un nombre plus grand mais inconnu. Cependant, Hutton et Lyell ont affirmé que la Terre avait des milliards d'années de plus que ce que prétendait le monothéisme, ce qui est totalement inacceptable pour le monde chrétien et musulman. Évidemment, et en raison du manque de connaissances et de culture dans le domaine scientifique à cette époque, il n'y avait personne pour présenter une contre-enquête visant à détruire ladite thèse.

Le père Erasmus

C'est le grand-père de Charles Darwin, Erasmus, qui l'a motivé à devenir irréligieux. Charles Darwin avait l'habitude d'écouter son grand-père depuis son enfance et était également grandement influencé par ses opinions. Erasmus Darwin fut pratiquement le premier à proposer la notion "d'évolution" en Angleterre. La caractéristique la plus importante d'Erasmus Darwin était d'être l'un des rares précurseurs du "naturalisme" en Angleterre, un courant de pensée qui supposait que l'essence de l'existence de l'univers résidait dans la nature, tout en niant l'existence d'un créateur métaphysique et considéré comme le Créateur envers la nature elle-même – même si rien ne peut se créer. En d'autres termes, il s'agissait d'une variante de la pensée matérialiste qui dominait le XIXe siècle. Les études naturalistes conclues précédemment par Erasmus Darwin ont complètement ouvert la voie au darwinisme. D'une part, il avait mené des recherches de nature botanique dans un jardin qu'il possédait sur deux hectares d'où il tirait des arguments qui constitueraient les principaux éléments du darwinisme, recherches qu'il compila et façonna dans ses livres "Le Temple de la Nature". " et " Zoonomie".

En revanche, en 1784, il avait créé une société qui ouvrirait la voie à la diffusion de ces idées: la Société Philosophique. Il n'est pas surprenant que plus tard, une dizaine d'années plus tard, après la création de ladite société, elle soit devenue l'un des partisans et défenseurs les plus importants et les plus ardents de la théorie exposée par Charles Darwin. La conclusion est que, probablement sans même le savoir, Charles était devenu la marionnette d'un nouveau système mis en œuvre par la franc-maçonnerie dans le but d'abolir la religion. Erasmus Darwin avait un autre trait très caractéristique: il était le représentant de la franc-maçonnerie. Ce fut la force fondatrice souveraine et principale du Nouvel Ordre Laïc ou Nouvel Ordre Mondial (Nouvel Ordre pour ce Siècle, éliminant les religions et les gouvernements), qui connut un point culminant au XIXème siècle et qui conduit aujourd'hui le monde à la mondialisation. Dean Darwin était l'un des professeurs du célèbre Canongate Kilwinner Lodge à Édimbourg (Écosse).

Il était également lié aux francs-maçons jacobins de France et à la société Illuminati, qui avait fait du travail antireligieux sa tâche principale depuis sa création. Erasmus avait élevé son fils Robert (le père de Charles) dans les mêmes pensées et l'avait inscrit dans les loges maçonniques. Pour cette raison, Charles Darwin devait recevoir un héritage maçonnique de son père et de son grand-père. Sans aucun doute, cela a une signification importante car la franc-maçonnerie a été l'une des puissances centrales qui ont mené le long combat pour faire tomber l'ordre socio-économique fondé sur la religion et le remplacer par un ordre laïc comme on le voit aujourd'hui déjà prévaloir dans tous les pays économiques., les secteurs politique, militaire, informationnel, corporatif et social. Comme nous l'avons défini ci-dessus, il ne manquait qu'un seul aspect au gala du Nouvel Ordre Laïc, à savoir la présentation d'une explication non religieuse de l'existence de tous les êtres vivants. En réalité, ce que Charles a découvert n'était rien d'autre qu'un argument sans valeur, une affirmation chimérique impossible à vérifier au moyen de preuves solides et véridiques. À l'inverse, c'était une affirmation sujette à une réfutation permanente. Mais cette situation ne la ferait pas perdre de sa valeur aux yeux du Nouvel Ordre Séculier, qui en profiterait comme sa meilleure arme contre Dieu et l'établirait d'abord dans la société comme une idée consolidée, et quiconque la réfuterait serait vu comme ignorant. (Source: La tromperie de l'évolutionnisme, par Harun Yahya)

Héritage

Erasmus Darwin, étant un représentant de la franc-maçonnerie – aujourd'hui communément appelée "l'Église de Satan" par beaucoup -, serait nommé dans les diplômes Illuminati. Les Illuminati, et les francs-maçons en général, ressemblent beaucoup aux partis politiques: ils vendent une image de propagande puis, derrière le rideau du théâtre, ils boivent quelques verres. La franc-maçonnerie, ou franc-maçonnerie, s'identifie comme une institution à caractère initiatique, philanthropique, philosophique et progressiste, fondée sur le sentiment de fraternité, d'égalité et de liberté. En tant que marque ou produit, ils se présentent en disant qu'ils ont pour objectif la recherche de la vérité et favorisent le développement intellectuel et moral de l'être humain, ainsi que le progrès social. Les francs-maçons, hommes et femmes, sont organisés en structures de base appelées loges, qui à leur tour peuvent être regroupées en une organisation de niveau supérieur généralement appelée "Grande Loge", "Grand Orient" ou "Grand Prieuré". En plus de cela, la franc-maçonnerie est la principale puissance dans la conduite des changements intellectuels nécessaires pour déformer l'ordre spirituel, en utilisant pour ce faire divers mécanismes. La franc-maçonnerie avait remporté une victoire considérable sur l'Église catholique grâce à l'alliance établie par les forces antichrétiennes. Le XIXe siècle a été le gala du Nouvel Ordre Laïc institué par cette victoire et qui lutte encore aujourd'hui pour détruire le Vatican et asservir le genre humain. Un exemple connexe serait le film: "Anges et Démons" de Dan Brown.

Naturellement

Des expressions courantes telles que "naturellement", "la nature est sage" ou "la nature sait ce qu'elle fait", ont changé la perception de Dieu en tant que coordinateur des choses qu'il a créées, pour donner le rôle à la déesse Gaia (Gea) sans que la société elle-même s'en rende compte. Or, ce qu'était la théorie du naturalisme, n'acceptait que ce qui était perçu dans la nature et à travers les sens. La nature était considérée comme créatrice et maîtresse d'elle-même. Les formulations machistes telles que "*la nature a créé les femmes pour gêner*" sont des manifestations courantes de la mentalité injectée dans la société par le mouvement naturaliste, qui a généralisé des expressions telles que "Mère Nature" ou "Nature". Le naturalisme a été promu par une organisation bien connue: la franc-maçonnerie.

Il apparaît à nouveau sur notre carte, et il est notamment proclamé dans la célèbre encyclique du pape Léon XIII (1810-1903 après JC) Humanum Genus: "De nos jours, *avec l'aide et le soutien d'une société appelée Franc-maçonnerie, qui possède un organisation large et efficace, les efforts de ceux qui adorent l'obscurantisme se sont joints.*

Ils ne ressentent plus le besoin de cacher leur mauvaise volonté et de lutter contre Dieu Bienheureux". Ce Pape a révélé la relation entre le naturalisme et l'organisation maçonnique: " *Tous les objectifs et les efforts des francs-maçons conduisent à une seule intention: abolir toutes les disciplines religieuses et principes sociaux du christianisme et établir un nouveau système de normes basé sur les principes du naturalisme et sur ses propres idées.* Charles Darwin est sans conteste celui qui a le plus contribué au naturalisme, notamment en fermant la porte à la possibilité de démolir cette théorie. Ceux qui croyaient fermement au naturalisme et éprouvaient une véritable admiration et une véritable intrigue pour la perfection de la nature ont vu comment leur théorie passionnante est devenue obsolète en ne trouvant pas de réponse à la question de "qui ou quoi lui a donné la vie" ou "qui ou quoi l'a rendue si vivante". Parfait?

Cependant, ils ont catégoriquement refusé d'accepter l'existence d'un Dieu, responsable de tout, puisque leur approche positiviste les obligeait à simplement croire aux concepts qui, à la suite d'expériences et d'observations, prennent forme. Cela implique ni plus ni moins que la nature s'est créée elle-même, se faisant créatrice de tout ce qui a été connu jusqu'à présent, y compris nous. Mais gardons à l'esprit que cette théorie est absurde puisque rien ne peut se créer sans plus. C'est évidemment ce que le darwinisme voulait changer. Ses affirmations constituaient un "fondement" pour l'affirmation selon laquelle la nature s'était créée elle-même. Le critère de sélection naturelle stipule que les individus faibles d'une espèce sont éliminés dans la lutte pour la vie et que les individus forts qui restent sont responsables de l'amélioration de cette espèce particulière. Cette explication n'est peut-être pas fausse, mais Darwin lui-même n'a pas utilisé correctement ce processus, même s'il n'est pas réalisable s'il est soutenu par la théorie de la "mutation favorable.»

La seule chose que la sélection naturelle pouvait réaliser était de rendre certains individus plus forts, par exemple pour survivre. En d'autres termes, la sélection naturelle ne pourrait être responsable que de l'amélioration des générations. Même ainsi, "l'origine des espèces", tel était le nom du livre de Darwin, ne pourrait jamais être expliquée par la sélection naturelle. En effet, la sélection naturelle ne transforme pas un âne en corbeau ou un dauphin en rhinocéros. Ces espèces ont été créées séparément et la sélection naturelle pourrait bien être responsable uniquement de l'élimination des individus "faibles" et de la survie des plus doués.

Lamarck

Bref, le ridicule de Darwin a même commencé avec le titre qu'il a donné au livre, qui parlerait de "l'origine de l'espèce" et où il n'a pas expliqué, en tout cas, dit "exploit". D'un autre côté, il faut admettre qu'à l'époque de Charles Darwin, il y avait un déficit assez important en termes de connaissances en biologie et il n'est donc pas surprenant que les hypothèses de ce personnage ne semblent pas si fantaisistes, même si elles étaient considérées comme valables. Plus le temps passait et plus les données et les informations étaient collectées, plus la contradiction dans la philosophie darwinienne devenait évidente et, bien sûr, plus elle restait secrète. Il convient de noter qu'il ignorait également complètement certaines distinctions génétiques puisque, après une révision de ses propos originaux, il en vint à proposer une autre théorie dans laquelle il disait qu'une sous-espèce d'abeilles se nourrissait de plus en plus d'animaux qui vivaient dans l'eau., développant ainsi leurs bouches de plus en plus longues donnant naissance à des baleines, quelque chose de tout à fait logique dans la fabuleuse théorie de l'évolution.

En revanche, la biologie et la géologie se sont développées en termes de connaissances et de découvertes et ont suivi le même chemin, s'éloignant de plus en plus des théories darwiniennes. Pendant ce temps, Darwin affirmait avec insistance que la Terre avait environ 300 millions d'années, et ce chiffre ne représente même pas 10 %

de ce qui est calculé aujourd'hui en termes d'âge réel de la Terre. La ratification du naturalisme, même par des méthodes trompeuses, était très importante en raison de ses conséquences sociopolitiques. Les promoteurs d'un tel nouvel ordre laïc ont accepté les modèles sociaux et individualistes générés par celui-ci et ont expliqué la nature à partir de ceux-ci. Elle s'est basée sur ces modèles car elle a ainsi "démontré" que le Nouvel Ordre Séculier était aussi l'ordre par lequel la nature était gouvernée, reflétant pleinement ses caractéristiques. Ce fut l'un des triomphes remportés par le darwinisme au nom du nouvel ordre laïc.

Le naturaliste français Jean-Baptiste Lamarck pensait que les êtres vivants transmettaient les connaissances qu'ils avaient acquises aux générations futures, mais il pensait aussi que si les bras ou les membres de la famille étaient coupés pendant de nombreuses générations, des bébés commenceraient à naître sans eux. Darwin a été grandement influencé par ces exemples et a même ajouté de nouveaux arguments. Dans "L'origine des espèces", il affirme que certains ours, restés longtemps dans l'eau, ont évolué pour devenir des baleines. Mais Lamarck et Darwin avaient tort car leurs idées contredisaient les lois fondamentales de la biologie. À leur époque, ils n'avaient pas la génétique, la microbiologie ou la biochimie comme domaines scientifiques (Source; documentaire: "Evolucionismo, El Engaño Materialista"). " *Nous savons que toute science doit avoir sa philosophie et que ce n'est qu'ainsi qu'elle fait de réels progrès [...] si la philosophie des sciences est négligée, ses progrès ne seront pas réels et l'œuvre entière restera imparfaite.* " (Jean-Baptiste Lamarck. 1744-1829)

Les idées de Jean-Baptiste Lamarck n'ont pas été prises en compte à son époque, même si son livre "Philosophie zoologique", où il exprimait sa théorie, a circulé en France et aussi en Angleterre, ouvrage auquel Darwin lui-même a eu accès (qui a publié plus tard (il) attaqué dans ses traités). Au cours du XXe siècle, le lamarckisme a été défendu par différents évolutionnistes, et celui connu sous le nom "d'effet Baldwin" (annoncé par James Marck Baldwin et C. Loyd Morgan à la fin du XIXe siècle), une version édulcorée du lamarckisme selon Selon lequel les habitudes soutenues des espèces, par sélection naturelle, seraient fixées dans l'hérédité, il est maintenu comme plausible pour résoudre certaines difficultés du néo-darwinisme. Lamarck a effectivement formulé la première théorie de l'évolution.

Il a proposé que la grande variété d'organismes, qui étaient des formes statiques créées par Dieu, avaient évolué à partir de formes simples; postulant que les protagonistes de cette évolution avaient été les organismes eux-mêmes en raison de leur capacité à s'adapter à l'environnement. Des biologistes de renom tels que Lynn Margulis et Máximo Sandín considèrent que "*l'une des principales suggestions pour le nouveau siècle de la biologie est que le slogan décrié du lamarckisme, "l'héritage des caractères acquis", ne soit pas encore abandonné: il doit seulement être soigneusement affiné..*» En s'intéressant à l'histoire, on peut évidemment conclure que Charles Darwin était un génie "fabriqué" par les puissants intérêts de son temps, étant le fils d'un médecin extrêmement riche.

Sélection naturelle

En tant que processus naturel, la sélection naturelle était familière aux biologistes avant Charles Darwin, qui la définissait comme "*un mécanisme qui maintient les espèces inchangées sans être corrompues*". Charles Darwin a été le premier à affirmer que ce processus avait une capacité évolutive et a ensuite fondé son hypothèse sur cette base. Le nom qu'il a donné à son livre indique que la sélection naturelle était à la base de la théorie: "L'origine des espèces par la sélection naturelle". Cependant, depuis l'époque de Darwin, il n'y a pas eu la moindre preuve démontrant que la sélection naturelle provoque l'évolution des êtres vivants. Colin Patterson, paléontologue et doyen du Musée d'histoire naturelle d'Angleterre, éminent évolutionniste, souligne que la sélection naturelle n'a jamais été observée comme ayant le pouvoir de faire évoluer les choses: «Personne n'a jamais produit une espèce par les mécanismes de la sélection naturelle. *Personne ne s'en est jamais approché, alors que la plupart des arguments néo-darwiniens actuels portent sur cette question.*" (Colin Patterson, "Cladistics", entretien avec Brian Leek, Peter Franz, 4 mars 1982, BBC)

La sélection naturelle n'apporte rien à la théorie de l'évolution car elle ne peut jamais augmenter ou améliorer l'information génétique d'une espèce. Il ne peut pas non plus transformer une espèce en une autre: un escargot en poisson, un poisson en crapaud, un crapaud en alligator ou un alligator en oiseau. Le plus grand défenseur de l'équilibre ponctué, Gould, fait référence à cette divergence insurmontable de la sélection naturelle: "*L'essence du darwinisme réside dans une seule phrase: la sélection naturelle est la force créatrice du changement évolutif. Personne ne nie que la sélection naturelle ait joué un rôle dans l'élimination des inaptes. (Mais) les théories darwiniennes exigent que cela soit également à l'origine de l'expédient.*" (Charles Darwin, L'origine des espèces: un fac-similé de la première édition, Harvard University Press, 1964, p. 189)

Astuces et méthodes de fraude

Selon le professeur Harun Yahya, auteur du livre "La tromperie de l'évolutionnisme", une autre des méthodes trompeuses que les évolutionnistes utilisent également en matière de sélection naturelle consiste à présenter ce mécanisme comme si un concepteur conscient était à l'œuvre. Cependant, la sélection naturelle n'a aucune sorte de conscience. Il n'a pas la volonté de décider ce qui est bon et ce qui est mauvais pour les êtres vivants. Par conséquent, la sélection naturelle ne peut pas expliquer les systèmes et organes biologiques qui présentent le caractère d'une “complexité irréductible”. Ces systèmes et organes sont constitués de la coopération d'un grand nombre de pièces et sont inutiles si l'une de ces pièces est manquante ou défectueuse (par exemple, l'œil humain ne fonctionne que si sa constitution englobe tous les détails qui le font fonctionner rendre apte à la vision). Il faut donc que la volonté qui rassemble toutes les parties en cause soit capable d'imaginer l'avenir à l'avance et de viser directement le bénéfice qui doit être acquis au cours de la dernière étape.

Puisque le mécanisme de sélection naturelle ne possède ni conscience ni volonté, il ne peut rien faire de tout cela. Ce fait, qui démolit aussi les fondements de la théorie de l'évolution, tourmentait également Darwin: “*S'il pouvait être démontré qu'il existait un organe complexe, qui, peut-être, ne se serait pas formé au moyen de modifications nombreuses, successives et lentes, mon la théorie s'effondrerait complètement.*» La sélection dite naturelle ne sépare que les individus déformés, faibles ou incompétents d'une espèce. Il ne peut pas produire de nouvelles espèces, de nouvelles informations génétiques ou de nouveaux organes. Autrement dit, il ne peut pas faire évoluer quelque chose. Charles Darwin a accepté cette réalité en disant: “*La sélection naturelle ne peut rien faire tant que des variations favorables ne se produisent pas par hasard.*» (L'origine de l'espèce. Page 177). C'est pourquoi les néo-darwinistes ont dû présenter les mutations, contiguës à la sélection naturelle, comme "la cause de changements bénéfiques".

Cependant, les mutations ne peuvent provoquer que des "changements nuisibles", mais jamais favorables. "*Les plus hauts représentants de la science se considèrent engagés dans une bataille désespérée contre les fondamentalistes religieux, étiquette qu'ils ont tendance à appliquer de manière générale à quiconque croit en un Créateur jouant un rôle actif dans les affaires du monde. Le darwinisme joue un rôle idéologique indispensable dans la guerre contre le fondamentalisme. Pour cette raison, les organisations scientifiques se consacrent à protéger le darwinisme plutôt qu'à le tester, c'est pourquoi les normes de la recherche scientifique ont été conçues pour y parvenir.*» (Philip E. Johnson, Université de Californie) Le scénario évolutif selon lequel la vie est née par hasard de la matière non vivante est rejeté par les scientifiques actuels. De plus, il n'existe aucun mécanisme naturel pour soutenir le processus mentionné appelé "évolution". Il n'existe aucun mécanisme naturel par lequel une simple cellule peut se transformer en une créature plus complexe (Source: documentaire "Evolucionismo, El Engaño Materialista").

C'est la guerre!

D'où vient exactement le paradigme accepté? Pour parler correctement de l'hypothèse évolutionniste, il faut se référer une fois de plus à l'époque d'Erasmus Darwin, le grand-père de Charles, et encore à la guerre entre la franc-maçonnerie et l'Église catholique, ainsi qu'aux liens entre les Darwin et les francs-maçons. Toute croyance en un Dieu suprême. Traditionnellement, les gens suivent continuellement des canons dont ils ne connaissent même pas les origines et les défendent souvent bec et ongles. Il s'agit d'une idiosyncrasie actuelle de la société, où il est plus confortable de «recevoir de la nourriture mâchée". Les gens ne recherchent pas les sources des choses. Ils suivent simplement ceux qui professent des choses que d'autres disent, et ainsi de suite, la chaîne continue. C'est comme le groupe de scientifiques qui réalisent une expérience dans une pièce avec plusieurs singes. Ces singes voient une banane suspendue au plafond – ils ne le savent pas, mais ce n'est pas une vraie banane, et elle est connectée à l'électricité – et juste en dessous se trouve une échelle métallique.

Un à un, ils grimpent à l'échelle et touchent la banane. Chacun doit monter pour vivre sa propre expérience, mais il s'avère qu'ils introduisent dans la pièce un nouveau groupe de singes qui ne connaissent rien à la banane connectée au courant. Le nouveau groupe essaie de monter à l'étage pour récupérer la banane et les anciens se mettent à sauter et à crier, de sorte que les anciens, sans savoir quel est le problème, ne montent tout simplement pas les escaliers. Les êtres humains agissent de la même manière. En 1776, une société de grève fut fondée dans le sud de l'Allemagne, en Bavière. Le fondateur de cette société appelée "Illuminati", c'est-à-dire "Éclairé", était le professeur de droit, renégat jacobite, franc-maçon et occultiste Adam Weishaupt. Cette société avait deux attributs qui la rendaient très intéressante pour les gens niés à Dieu: c'était une secte satanique et elle établissait un programme politique très prétentieux, écrit par Weishaupt, dont le but principal était défini comme suit:

1. L'abolition de toutes les monarchies et systèmes gouvernementaux.
2. L'abolition de toutes les religions "théistes".

Cette société était extrêmement opposée à la religion. Selon ce qu'exprime l'historien anglais Michael Howard, Weishaupt ressentait une "haine pathologique" envers les religions divines. En vérité, cette société était une loge maçonnique de plus, destinée à potentiellement inculquer le darwinisme. Très peu de visiteurs de la loge pouvaient voir face à face le "grand maître" Weishaupt. En 1780, avec la participation du baron Von Knigge, l'un des plus grands maîtres des loges maçonniques allemandes, le pouvoir de la société s'étendit encore davantage. Weishaupt et Knigge commencèrent à préparer une révolution qui serait définie comme "socialiste". Cependant, lorsque le gouvernement découvrit cette entreprise, les maîtres éclairés Weishaupt et Knigge décidèrent de ne participer qu'aux activités ordinaires de leurs loges et dissous ladite société. Cette mesure fut prise en 1782, époque à laquelle d'autres branches de la franc-maçonnerie s'établissaient également en Angleterre sous la bannière athée.

Marx

Dans les premières années du 19ème siècle, une nouvelle société fut créée en Allemagne qui cherchait à préserver la tradition des "Illuminati". Cette société est devenue connue sous le nom de "Association des hommes honnêtes". Après un certain temps, elle changea de nom pour devenir "l'Association des Communistes". Karl Marx (père du marxisme) et Frederick Engels ont rédigé le Manifeste du Parti communiste conformément aux instructions reçues de cette dernière association. Comme on le sait, ce Manifeste définissait la religion comme "l'opium du peuple", assurant que l'une des conditions d'une société idéale devait être une "société sans classes", en même temps qu'il considérait que la seule voie pour le salut du l'humanité était l'élimination de toutes les croyances religieuses. En réalité, la société franc-maçonnerie "Illuminati" fondée par Weishaupt et son extension, la "Honest Men's Association", étaient deux autres organisations maçonniques similaires établies en Europe au XVIIIe siècle.

Le point commun de tous, parallèlement à la philosophie des Lumières dominante à l'époque, était leur vigoureuse opposition aux religions monothéistes. Depuis que la philosophie des Lumières a imposé l'idée que le seul guide pour les êtres humains était leur propre raisonnement, il a été proclamé que la direction divine ou l'inspiration divine n'étaient pas du tout nécessaires. La conséquence politique la plus importante du siècle des Lumières fut la Révolution française. Le trait le plus évident en était la haine contre l'Église et, plus encore, contre la religion elle-même. Dans les jours les plus chaotiques de la Révolution, un vaste mouvement visant à "se débarrasser de la religion" s'est développé à la suite de l'intense propagande des Jacobins, pionniers du coup d'État. En outre, les gens ont été initiés à un nouvel "esprit religieux". Par conséquent, le «culte de la Révolution" commença à se répandre à travers la propagande, comme en témoigne pour la première fois la Fête de la Fédération qui eut lieu le 14 juillet 1790. Robespierre, le leader connu de La Révolution, présenta quelques normes pour ce "culte révolutionnaire".

Il définit les maximes de ce culte dans un rapport qu'il intitule "Culte de l'Etre Suprême". Une conséquence notable en fut la transformation de l'église Notre-Dame en "temple de la raison". Par conséquent, les images situées sur les murs de l'église ont été abaissées et une statue d'une femme a été placée au milieu du bâtiment, définie comme la déesse de la raison. La première Révolution française, en 1789, marque le début d'une longue série de rébellions en France. Le nouveau duc d'Orléans, Louis Philippe, devient la figure de proue d'une révolte en juillet 1830, qui le place sur le trône de France en tant que dirigeant d'une monarchie constitutionnelle. Le marquis de La Fayette l'assistait. Un autre partisan important de Luis Felipe était un homme nommé Luis Augusto Blanqui, qui fut décoré par le nouveau dirigeant pour avoir contribué au succès de la révolution de 1830. Blanqui continua à être un révolutionnaire actif après 1830 et assuma une direction significative à une longue chaîne de révolutionnaires. de rébellions.

Selon Julius Braunthal, écrivant dans son livre "Histoire de l'Internationale": "*Blanqui fut l'inspirateur de toutes les rébellions de Paris depuis 1839 jusqu'à la Commune en 1871.*» Blanqui appartenait à un réseau de sociétés secrètes en France, qui organisait et les révolutions planifiées. Presque toutes ces sociétés secrètes étaient des émanations de l'activité de la célèbre Confrérie maçonnique et étaient constituées à l'image de leurs organisations. Chaque société avait une fonction et une base idéologique différentes pour recruter des personnes dans la cause révolutionnaire. Même si les sociétés révolutionnaires diffèrent parfois par leur idéologie et leurs tactiques, elles avaient un objectif commun: provoquer la révolution. De nombreux dirigeants révolutionnaires ont participé simultanément à plusieurs de ces organisations. L'un des groupes secrets les plus efficaces des révolutionnaires français était la Société des Saisons, dont Blanqui partageait la direction.

Cette société a été explicitement planifiée dans le but d'éclore et de réaliser des conspirations politiques. L'une des organisations alliées à la Société était la Ligue des Justes. Des années après ce soulèvement, la Ligue fut rejointe par un homme qui devint plus tard son porte-parole révolutionnaire le plus célèbre: Karl Marx. Karl Marx était un Allemand qui a vécu de 1813 à 1883. Il est considéré par beaucoup comme le fondateur du communisme moderne. Ses écrits, en particulier le Manifeste du Parti communiste, constituent une pierre angulaire importante de l'idéologie communiste. Cependant, comme l'ont affirmé certains historiens, Karl Marx n'est pas à l'origine de toutes ses idées. Il fut pendant quelque temps porte-parole d'une organisation politique radicale à laquelle il appartenait. C'est alors qu'il était membre de la Ligue des Justes que Marx rédigea le Manifeste du Parti communiste avec son ami Frederick Engels. Bien que le Manifeste contienne de nombreuses idées de Marx, sa véritable réussite a été de donner une forme cohérente à l'idéologie communiste, qui incitait déjà les sociétés secrètes françaises à la rébellion.

Il s'agissait d'une tentative de récupérer l'idéologie Illuminati de l'occultiste Adam Weisaupt avec l'Association des Hommes

Honnêtes au 19ème siècle (c'était à cette époque Karl Marx (fondateur du marxisme) et Frederick Engels qui écrivaient le Manifeste du Parti Communiste. Pour eux, la religion était la religion. l'opium du peuple et croyait que le salut de l'humanité passerait par l'élimination de toutes les religions). Marx et Erasmus ont été des éléments fondamentaux de cette guerre sans merci. Grâce à son intelligence, Marx a acquis un pouvoir considérable au sein de la Ligue des Justes et son influence a provoqué peu de changements au sein de cette organisation. Marx n'aimait pas le caractère conspirateur-romantique du réseau de sociétés secrètes auquel il appartenait et réussit à éliminer certains de ces traits au sein de la Ligue. En 1847, le nom de la Liga fut changé en "Ligue communiste". Diverses organisations ouvrières étaient associées à la Ligue communiste, telles que: La Société allemande des travailleurs de l'éducation GWES. Marx a fondé une branche du GWES à Bruxelles, en Belgique.

De ces sociétés ouvrières, nous assistons également à l'émergence d'Adolf Hitler près d'un siècle plus tard. À ce stade, nous pouvons voir l'extraordinaire ironie de ces événements. Le même réseau d'organisations de la Fraternité maçonnique qui a donné naissance et donné le pouvoir aux États-Unis et à d'autres pays capitalistes par la révolution créait désormais activement l'idéologie qui s'opposait à ces pays: l'idéologie communiste. Il est crucial que ce point soit compris: les deux côtés de la lutte moderne – communistes contre capitalistes – ont été créés par les mêmes personnes dans le même réseau d'organisations secrètes de «fraternité" maçonnique comme "la méthode de Machiavel". Ce fait vital est presque toujours négligé dans les livres d'histoire. En l'espace de cent ans, le réseau des "Frères musulmans" a donné au monde deux philosophies opposées qui constituent le fondement même de ce qu'on appelle la guerre froide: un conflit qui a duré près d'un demi-siècle. (Source: William Bramley dans "Dieu d'Eden")

La relation entre les sociétés secrètes, l'occultisme, le satanisme, l'athéisme et le darwinisme doit être claire: si nous ne savons pas d'où nous venons, nous ne pouvons pas savoir où nous allons. Il en va de même avec nos croyances: nous devons savoir d'où elles viennent et pour quelle raison elles ont été promues. Certains d'entre eux se sont très discrètement camouflés sous des masques humanistes et pro-religieux, alors qu'au fond leur intérêt est ancré dans les objectifs du Nouvel Ordre Laïc. Le marxisme est hautement apocalyptique. Il raconte une bataille finale, impliquant les forces du bien et du mal, suivie d'une utopie sur Terre. La principale différence est que Marx a moulé cette idée dans un cadre non religieux et a essayé de la faire ressembler à une science sociale plutôt qu'à une religion. Dans le schéma de Marx, les forces du bien sont représentées par les classes ouvrières opprimées, et les forces du mal par la classe possédante. Le conflit violent entre les deux classes est décrit comme naturel, inévitable et finalement sain, dans la mesure où un tel conflit aboutira finalement à la montée d'une utopie sur Terre.

L'idée de Marx de l'inévitable lutte des classes reflète la conviction du calvinisme selon laquelle les conflits sur Terre sont sains, car cela signifie que les forces du bien combattent activement les serviteurs du mal. Aussi, quelle relation directe Karl Marx entretenait-il avec Charles Darwin? Les darwinistes prétendent que Karl Marx a envoyé son œuvre littéraire à Darwin, même s'il ne l'a même pas lue, mais ils n'ajoutent pas les propres vues de Marx sur Darwin, qui écrivit plus tard à Frederick Engels: "Quant à Darwin, à qui j'ai lu un autre *At en même temps, je m'amuse quand il essaie d'appliquer la théorie de Malthus indifféremment à la flore et à la faune, comme si la ruse de M. Malthus ne résidait pas précisément dans le fait qu'elle ne s'applique pas aux plantes et aux animaux mais seulement aux hommes – avec une progression géométrique - contrairement à ce qui se passe avec les plantes et les animaux. Il est curieux de voir comment Darwin découvre sa société anglaise des bêtes et des légumes, avec la division du travail, la concurrence, l'ouverture de nouveaux marchés, les "inventions" et la "lutte pour la vie" de Malthus.* " (Karl Marx)

La maçonnerie ou franc-maçonnerie

Qu'est-ce que la franc-maçonnerie en elle-même? La franc-maçonnerie défend qu'il s'agit d'une fraternité ou d'un cercle de sagesse où l'on conserve et garde une grande connaissance. Mais d'où vient-il? La franc-maçonnerie s'est inspirée de la légendaire École des Mystères égyptiennes où les dieux donnaient un grand savoir aux prêtres et aux pharaons et les gardaient de plus en plus jalousement, au point de ne plus laisser personne accéder au savoir. Ainsi, les groupes hermétiques ou les sociétés secrètes suivent ce modèle comme première règle. Selon le Dr H. Spencer Lewis, fondateur du siège de l'Ordre Rosicrucien à San Jose, en Californie, le premier temple construit à l'usage de l'École des Mystères a été érigé par le pharaon Khéops. Dans ce temple, la connaissance spirituelle a subi une détérioration qui a poussé les pharaons à momifier leurs corps et à enterrer des navires en bois. Selon des informations provenant de l'Égypte ancienne, l'enseignement déformé de l'École des Mystères a été créé par le "grand professeur" Ra.

On voit également des niveaux d'initiation, similaires à ceux de l'Egypte ancienne. Le mot franc-maçon vient de l'anglais: "free-mason", qui signifie "franc-maçon", et cette secte a un ordre échelonné en 3 phases: apprenti, officiel et maître. Cela découle du Livre des Morts égyptien daté de 1591 av. C. Nous avons dans le même ordre les 3 symboles importants de la Franc-Maçonnerie: une règle, une équerre et un maillet. Mais d'où viennent ces icônes? C'est ce que répond le roman classique des Maîtres Maçons qui parle d'Hiram Abiff, roi de Tyr en Phénicie – descendant de la tribu israélite de Nephtali -, qui, comme le dit la Bible, a aidé le roi Salomon à construire le premier Temple de Jérusalem (1 Rois 7:13).

Selon les MM.MM (Maîtres Maçons), une nuit, Hiram fut transporté aux enfers et le dernier descendant de Satan, nommé Tubalcain (Genèse 4:22) lui dit: "Au commencement *des temps, il y avait deux dieux qui se partagèrent la Univers, Adonaï et Iblis* (également appelé: Samael, Lucifer, Prométhée, Baphomet), *le maître du feu. Le premier créa l'homme avec de l'argile et l'anima, puis il créa Ève. C'est alors qu'Iblis envoya sa sœur Lilith et en fit l'amante d'Adam, tandis qu'Iblis séduisit Eve et la féconda* (selon les traditions talmudiques, Caïn est né de l'amour d'Ève et d'Iblis, et Abel de l'union d'Ève et d'Adam). *Plus tard, Adam n'éprouvera que mépris et haine envers Caïn, qui n'est pas son vrai fils. Un jour, Caïn, fatigué de voir l'ingratitude et l'injustice, se rebellera et tuera son frère Abel.»*

Après cette vision, Hiram revenait à la surface stupéfait. Presque terminés les travaux du Temple de Jérusalem, trois compagnons qui avaient du mal à être admis à la maîtrise, décidèrent de l'obtenir de force. Postés chacun à une porte du Temple, ils invitèrent Hiram à lui révéler leurs secrets. Comme il ne voulait pas les révéler, chacun lui porta un coup (l'un avec une règle sur la gorge, un autre avec un carré de fer sur la poitrine gauche, et un troisième avec un maillet sur le front). Les meurtriers ont caché le corps sans vie la nuit dans une forêt, plantant une branche d'acacia sur sa tombe. D'où la naissance des principaux symboles franc-maçons et le fait que presque toutes les sciences sont plagiées avec des éléments de la Kabbale (une étude qui comprend la signification et le poids des chiffres et des lettres) et infusées silencieusement par les soi-disant "sionistes".

Le sommet de la pyramide

En relation avec cela, nous voyons un symbole Illuminati-Franc-Maçon notoire: la pyramide. Ce logo identifie la hiérarchie et est un symbole hébreu donné à David, dans lequel on voit l'institution ou l'ordre de gouvernement dans l'univers. La pyramide visible sur le billet d'un dollar et sur de nombreux emblèmes d'entreprise est un exemple clair de qui est honoré. Le sommet de la pyramide séparé comme à Chéops - dont le sommet a disparu - symbolise que la tête du coin principal de la pyramide ou "le roi du règne universel" sera enlevée ou empêchée de prendre sa place. C'est pour cette raison qu'il existe un œil de Ra (un mot qui signifie en hébreu "voir") qui observe et enregistre tout, asservit l'humanité et remplace le vrai roi. Mais qui est ce "roi" dont l'insigne représente le sommet de la pyramide? La réponse est dans le Nouveau Testament: "*Jésus leur dit: N'avez-vous jamais lu dans les Écritures: La pierre que rejetaient les bâtisseurs-maçons, Est devenue la tête de l'angle. Le Seigneur a fait cela, et est-ce une chose merveilleuse à nos yeux? C'est pourquoi je vous le dis, le royaume de Dieu vous sera ôté, et il sera donné à des hommes qui en produiront les fruits. Et quiconque tombera sur cette pierre sera brisé; et celui qui tombera sera écrasé.»* (Matthieu Lévi 21:42-44, Le Nouveau Testament)

Un autre sens de la franc-maçonnerie ou de la franc-maçonnerie est la divinité. Officiellement on dit qu'ils sont irréligieux, mais les principaux enseignants et prophètes de la franc-maçonnerie vénèrent "Iblis", qui est un autre nom de Satan, mais seuls ceux promus au-delà du 30ème degré sont conscients de cette vérité, et donc à partir de ce niveau. Ils sont désormais considérés comme des "éclairés" (latin: "Illuminati"), car ils savent désormais qui ils servent réellement.

Albert Pike – Franc-maçon du 33e degré, fondateur du Ku Klux Klan. Franc-maçon, Souverain Grand Commandeur de la Juridiction Orientale du Rite Écossais Ancien et Accepté. Grand Souverain Commandeur du Conseil Suprême des Grands Souverains Inspecteurs Généraux du 33ème degré Magnifique Commandeur de la Franc-Maçonnerie. Général confédéré de la guerre civile américaine reconnu coupable de trahison et emprisonné. Albert Pike a dit: "*La franc-maçonnerie, comme toutes les religions, tous les mystères, cache ses secrets à tous sauf aux adeptes et aux* *sages, ou aux élus, et utilise de fausses explications et des interprétations suffisantes de ces symboles pour tromper uniquement ceux qui le méritent.» Pour vous, souverains grands inspecteurs généraux, nous disons ceci, que vous puissiez le répéter aux frères des 32ème, 31ème et 30ème degrés. La Religion maçonnique doit être maintenue par nous tous, initiés des plus hauts degrés, dans la pureté. des doctrines lucifériennes. Si Lucifer n'était pas Dieu, Adonaï et ses prédicateurs pourraient-ils le calomnier? Oui, Lucifer est Dieu, et malheureusement Adonaï est aussi Dieu. Baphomet, le bélier hermaphrodite de Mendès, est le principe vital auquel un culte a été historiquement rendu."*

Giuseppe Mazzini: Franc-maçon 33ème degré, fondateur de la mafia italienne. Il s'est battu pour établir la république en Italie, expulsant de Rome Pio Nono, le pape qui a excommunié les francs-maçons. En 1834, il assuma la direction de la loge Illuminati, occupant ce poste jusqu'à sa mort en 1872.

Mazzini disait: "*Il faut laisser toutes les fédérations rester les mêmes, avec leurs mécanismes, leurs autorités centrales et leurs différents modes de correspondance entre les hauts degrés d'un même rite, organisés comme ils le sont actuellement; mais il faut créer un "super rite" qui reste inconnu, pour lequel nous ne convoquerons que les maçons d'un degré supérieur que nous sélectionnerons. En ce qui concerne nos frères maçonniques, ils doivent jurer de garder leurs activités sous le plus strict secret. Grâce à ce rite supérieur nous contrôlerons tous les francs-maçons donnant naissance à un centre unique international, le plus puissant car son adresse serait inconnue. Les membres des trois premiers degrés d'Apprenti, Compagnon et Maître ignorent la signification des symboles et ne sont donc pas encore en mesure d'avoir une relation physique ou sensible avec Satan, et ne soupçonnent pas non plus qu'ils peuvent y parvenir., puisque beaucoup d'entre eux manifestent qu'ils ne croient pas au Diable. Mais du point de vue moral et intellectuel, ils entretiennent cependant un rapport parfait avec le satanisme: "qu'ils le veuillent ou non, ils sont dans nos rangs.»*

Eliphas Levi: Prêtre renégat dont la mère s'est suicidée à cause de lui, devenu franc-maçon du 33ème degré, occultiste et magicien noir. Cela atteignait des niveaux de sorcellerie incompréhensibles. Il fut le créateur de la figure de Baphomet ou du bouc de Mendès (Egypte). Et des symboles comme le pentacle inversé. Ce juif disait: "*La foi est superstition et folie. Ce qui est plus absurde et plus impie que d'attribuer le nom de Lucifer au Diable, Lucifer est l'esprit, il est le paraclet, il est l'esprit saint, en même temps que Lucifer physique le grand agent du magnétisme universel.»*

Manly Palmer Hall: rosicrucien, auteur maçonnique et fondateur de la Society for Philosophical Research, qu'Esmus Darwin a soutenu avec ferveur. Il dit: "*Je promets au grand esprit Lucifuge, Prince des démons, que chaque année je lui amènerai une âme humaine, pour en faire ce qu'il voudra, et en échange, Lucifuge promet de me confier les trésors du Terre, et satisfera tous mes désirs tout au long de ma vie naturelle. Et si je ne lui apporte pas chaque année l'offrande indiquée ci-dessus, alors ma propre âme lui sera confisquée.*" Signé.

Helena Petrovna Blavatsky – était la prêtresse la plus importante de la théosophie orientale. Appelée "Madame Blavatsky", elle était suivie et admirée par Papus, Levi et de nombreux autres occultistes. Créateur de la société secrète la plus sataniste de l'histoire. Il dit: "*Lucifer est le logos.. le serpent, le sage. C'est Satan qui est le dieu de notre planète et le dieu unique. La Vierge céleste qui a été à la fois la Mère des dieux et des démons, car elle est la divinité bienfaitrice toujours aimante.. mais dans les temps anciens et en réalité Lucifer ou Luciferius est son nom. Lucifer est la lumière divine et terrestre, "le Saint-Esprit" et "Satan" à la fois.»*

Comte Alessandro di Cagliostro: faux titre de noblesse avec lequel Giuseppe Balsamo, médecin, charlatan, alchimiste, occultiste et haut franc-maçon d'origine sicilienne, parcourait les cours européennes du XVIIIe siècle. Son crime le plus célèbre a été d'escroquer un homme de tout son argent, prétendant qu'il avait des aptitudes pour l'alchimie. Cagliostro prétendait être né dans une famille chrétienne de naissance noble, mais fut abandonné peu de temps après sa naissance sur l'île de Malte. Il a également affirmé que lorsqu'il était enfant, il avait voyagé à Médine, à La Mecque et au Caire et qu'à son retour à Malte, il avait été initié à l'Ordre Souverain Militaire des Guerriers de Malte, où il avait étudié l'alchimie, la Kabbale et la magie. Il fonda le rite égyptien de la franc-maçonnerie à La Haye et fut influent dans la fondation du rite maçonnique de Misraim (hébreu: "Égypte", également le nom du fils principal de Ham/Ham, le fils maudit de Noé. Sa progéniture a infesté les terres de Canaan d'occultisme, de satanisme et de sorcellerie).

Son nom maçonnique était Ouroboros (qui est le nom du serpent qui se mord la queue, et qui identifie le pire de tous les enfers): En raison de ses nombreux crimes, il fut condamné à la réclusion à perpétuité et termina ses jours dans les cachots du château de San León, à Urbino en 1795. Cagliosotro fut celui qui institua l'usage de l'autel triangulaire, la Shekinah, au centre des temples rosicruciens. Il prétendait être possédé par des esprits puissants qui lui donnaient le pouvoir impressionnant de faire des miracles même devant les plus critiques et les plus incrédules. Cela a rendu l'occultisme à la mode et popularisé les pratiques ésotériques et magiques dans des environnements sociaux naturellement opposés à ces pratiques noires. Il a dit: "*Le mal et le péché sont des états d'esprit, là est le caractère sacré du péché*".

Papus: était franc-maçon du 33e degré, évêque de l'Église gnostique de France et membre du temple Ahathoor de l'Aube dorée, devenu membre en octobre 1887 de la branche française de la Société Théosophique de H.P. Blavatsky dans la Loge d'Isis. Créateur de l'Ordre des Supérieurs Inconnus, communément appelé Ordre des Martinistes. Organisation de la conférence maçonnique internationale. C'est précisément au cours de cette conférence que Papus reçut du franc-maçon Theodor Reuss le brevet pour établir un Grand Conseil Général Suprême des rites unifiés de la franc-maçonnerie ancienne et primitive, et, très probablement, le contrôle de l'OTO (Ordo Templi Orientis).. Il dit: " *Lorsque l'initié termine son initiation et rencontre Baphomet, également appelé Lucifer, on peut dire qu'il a découvert son véritable pouvoir.*"

SL Mac Gregor Mathers: Luciférien et franc-maçon du 33ème degré, fondateurs de l'Aube Dorée, prémonstrateur du Temple de l'Aube Dorée de Thoth-Hermès. Ils ont dit: "*Peut-être pourrions-nous, par souci de brièveté, dire que le mal dans l'univers pourrait être compris comme une énergie déséquilibrée, ou appliquée au mauvais endroit et cela en sauvant les parties sombres de son être, qui sont en relation avec les hiérarchies démoniaques. Le magicien les soumet à sa véritable volonté de devenir un être entier libéré des contradictions qui coexistent en chacun.* »

Aleister Crowley: Franc-maçon du 33ème degré, il fonda l'Astrum Argentum, l'ordre qui devait supplanter l'Aube Dorée et étendre Thelema. Directeur de l'OTO anglaise depuis 1912 et son directeur international depuis 1922, il diffuse Thelema et la fait connaître au monde entier. Membre de la Golden Dawn, il fut le plus grand magicien et occultiste du XXe siècle. Il dit: "*Je vais construire un nouveau paradis, je viens de me rapprocher de Satan et je ne sais toujours pas pourquoi, mais je me suis retrouvé passionné à servir mon nouveau maître. Pour pratiquer la magie noire, il faut violer tous les principes de la science, de la décence et de l'intelligence.* »

Adam Weishaupt – Prêtre jésuite renégat, franc-maçon et occultiste, créateur des Illuminati, père du plan visant à éliminer les gouvernements et la religion, pour établir le nouvel ordre mondial. Il a déclaré que la monarchie, tout type de gouvernement organisé, la propriété privée, l'héritage, le patriotisme et la famille devraient être abolis. C'est lui qui a ordonné l'infiltration de la franc-maçonnerie pour en faire la base de son mouvement.

Organisations créées

David Icke, l'un des grands chercheurs sur ces loges-sectes, écrivait à ce sujet: "*Les hommes qui se rendent dans leur loge locale dans votre ville n'auront pas la moindre idée de la manière dont leur organisation les utilise. Pour que le plan fonctionne, vous devez les garder dans l'ignorance, et quelle meilleure façon de le faire que de passer par les différents niveaux d'initiation. Seuls ceux qu'ils qualifient "d'acceptables" progressent vers les niveaux supérieurs et découvrent ce qui se passe réellement. La grande majorité des francs-maçons occupent les trois niveaux inférieurs. Ils sont la chair à canon de l'organisation. Entre la 4e et la 33e année, vous trouverez ceux qui, selon eux, "pensent droit", et qui ont de l'influence dans la société jusqu'aux présidents des États-Unis. Après le 33ème degré, il y a les "degrés Illuminati". Quelque chose qui n'est mentionné dans aucun manuel de la franc-maçonnerie. Ce sont ces derniers qui contrôlent le spectacle et sont des agents de la secte "All Seeing Eye", les moteurs du Nouvel Ordre Mondial. La franc-maçonnerie mondiale est une immense pyramide de manipulation qui contrôle la planète entière.* »

L'un des satanistes de ce calibre était, par exemple, l'ancien président des États-Unis et franc-maçon du 33ème degré, Franklin Delano Roosevelt, et il faut dire aussi que pratiquement tous les présidents des États-Unis – sauf trois d'entre eux, parmi lesquels Abraham Lincoln et John F. Kennedy - étaient des francs-maçons et membres de sociétés secrètes. Par exemple, George W. Bush, à la fois le fils et le père, appartenait aux Skull & Bones. Bush père lui-même était directeur de la CIA lorsqu'elle a assassiné John F. Kennedy et constitue un élément important du noyau du pouvoir et du contrôle du MJ 12.

[*Données ajoutées dans la critique de ce livre le 19/08/2023:* ***beaucoup soupçonnent que George W. Bush Jr. était à l'origine de la mort du fils de John F. Kennedy, qui aurait été son principal concurrent à l'élection présidentielle de 2001, de ne pas être mort***

dans des conditions étranges en survolant le golfe du Mexique; et l'ouvrage de Milton William Cooper (officier du renseignement naval), "Behold A Pale Horse", affirme que Bush a été embauché par l'élite dans les années 1980 pour diriger le trafic de drogue de la Colombie vers les États-Unis que la famille Bush a fourni une grande partie des armes aux deux côtés du conflit de la Seconde Guerre mondiale.]

Nous pouvons désormais comprendre l'intérêt potentiel du darwinisme à établir l'évolutionnisme comme une vérité, bien qu'il ne bénéficie pas d'un réel soutien scientifique. La franc-maçonnerie pourrait-elle avoir autant de pouvoir pour donner naissance à la nouvelle philosophie naturaliste? Il existe une forte influence des loges maçonniques, tant aujourd'hui que tout au long de l'histoire de l'humanité, avec des intérêts destructeurs et asservissants. Les francs-maçons-Illuminati ont créé et fortement influencé, entre autres, des sociétés, des organisations et des sociétés mondiales, parmi lesquelles nous trouvons brièvement:

- **Religions:** protestantisme, Témoins de Jéhovah, "Église de Jésus-Christ des Saints des Derniers Jours" (Mormons), catholicisme à partir du premier siècle, orthodoxes, anglicans, jésuites, jacobites et calvinisme.
- **Universités les plus connues:** Yale et Harvard.
- **Sectes:** Raëliens, Église de Scientologie, Ku Klux Klan (KKK), Mafia italienne, Chiites (ordre ismaili), Hashishim (latin: "Meurtriers". Ordre ismaili).
- **Sociétés Secrètes:** Skull & Bones, Rolls & Keys, Vril, Thule, Jason Scholars, Hospitaller Knights, Teutonic Knights, Knights Templars et Rosicruciens.
- **Mouvements potentiellement promus:** Trafic international de drogue, Révolution française et américaine, Révolution sexuelle, Camps de concentration, Changement climatique, Indépendance féminine -pour que davantage de personnes travaillent constamment

pour le système-, Manipulation sociale, chantage aux armes géomagnétiques, Corporatocratie (pouvoir indivisible des sociétés), Indépendance, Première et Seconde Guerres mondiales, Première et Seconde Guerres du Golfe Persique, Guerre d'Afghanistan, Guerre du Vietnam, soutien à la Sainte Inquisition, Contrôle mental télévisé, Codex Alimentarius (avec le PAM, pour contaminer la nourriture et l'eau avec le phénomène "Chemtrail"), la Grande Dépression, la crise de 1955, la crise économique actuelle (à partir de 2008), le système éducatif, les modes, la mondialisation, la conspiration du 11 septembre, le 11-M et le 7-J, l'Holocauste nazi, les événements révolutionnaires. Mouvements (terroristes), Inflation, Système papier-monnaie, Théorie de l'évolution et projet "Blue Beam".

• **Philosophies:** Aristocratie, Nazisme, Monarchie-Royauté, Révolution, Communisme, Fascisme, Antisémitisme, Racisme, Xénophobie, Machiavélisme, Anarchisme, Aristocratie Monétaire, Naturalisme, Marxisme, Anti-Christ, Dialectique et Loi Martiale.

Organisations: sociétés pharmaceutiques, sociétés de cinéma, communauté bancaire, sociétés pétrolières monopolistiques, armée continentale, industrie de la musique, Star Wars (militarisation de l'espace), Nations Unies (ONU), OTAN, Conseil des relations étrangères (CFR), Commission trilatérale (TC), Central Intelligence Agency (CIA), National Security Agency (NSA), OMS (Organisation mondiale de la santé), Majestic 12 (MJ12), Union européenne (UE), Union asiatique, Sénat américain, États-Unis, Congrès américain, Espace économique européen (EEE), Chambre des représentants des États-Unis, Table ronde, Parlement européen, FMI (Fonds monétaire international), Banque mondiale, Rotary Club, NASA, Programme spatial secret, G-8, G-12, G-20, le Club Bilderberg (où tous les plus grands dirigeants des médias du monde y participent) et le Nouvel Ordre International.

Médias de masse

Les propriétaires des magazines, de la presse et des chaînes de télévision les plus prestigieux sont des membres réguliers d'une société secrète internationale moderne: le Club Bilderberg. C'est pour cette raison que les médias continuent de promouvoir et de propager ce canular. "*En conclusion, je voudrais dire ce qui suit: le plus grand devoir maçonnique et humaniste est d'adhérer à la science et au raisonnement positifs, d'adhérer à l'idée que la science positive est la meilleure et la seule manière d'étudier la théorie de l'évolution, diffuser cette croyance parmi le peuple et éduquer les peuples à sa lumière.*» Dr Selami Insindag, doyen de la franc-maçonnerie. Certains magazines tels que "Scientific American", "Nature", "Focus" et "National Geographic", sont des publications sur des questions biologiques et des sciences naturelles respectées en Occident, qui font de la théorie de l'évolution leur théorie officielle et la propagent comme quelque chose de prouvé.

Les informations que nous avons fournies jusqu'à présent indiquent clairement que la théorie de l'évolution est presque devenue l'idéologie officielle de l'ordre mondial laïc. Et chacune des idéologies de celui-ci – qu'elles soient de droite ou de gauche – se fondent directement sur l'évolution. C'est pourquoi la théorie de l'évolution se répand intensément à travers le monde et s'impose à la société malgré les contradictions et les absurdités qui la caractérisent. En d'autres termes, ceux qui soutiennent la théorie infondée de l'évolution et la présentent comme étant prouvée sont les "forces sociales" qui considèrent son existence comme essentielle pour survivre politiquement et socialement. Le terme "forces sociales" englobe une grande variété de groupes, tels que les fascistes, les marxistes, les capitalistes et les racistes. De todos modos, entre esos grupos hay una "fuerza central" particular que reconoce más que ninguna la importancia socio-política de la teoría de la evolución y por lo tanto concibe la popularidad de la misma no sólo como una necesidad sino como "el deber plus grand".

Cette “force centrale” a été totalement impliquée dans la construction du Nouvel Ordre Laïc et maintient la continuité de ses dérivés, c'est-à-dire du marxisme, du fascisme, etc. De plus, il dispose d’une structure interne disciplinée et hautement hiérarchisée. Elle dispose par conséquent de l’appareil nécessaire pour maintenir le contrôle social. Bien sûr, nous parlons de la Franc-Maçonnerie, la plus grande ligne de pouvoir des derniers siècles, qui a établi le Nouvel Ordre Laïc et qui, en raison de la guerre qu'elle a lancée contre la religion, a commencé à s'idolâtrer, recevant un soutien considérable des principales classes de les pays les plus «remarquables” du monde. Sans aucun doute, le renouveau de la religion à travers le monde - selon les mots de l'écrivain français Gilles Keppel, auteur de "La Vengeance de Dieu" - est le début de l'effondrement de la franc-maçonnerie. Pour autant, cette situation ne la rend pas passive. Au contraire, cela la rend plus agressive: elle est déterminée à prendre la tête de la longue guerre contre Dieu, tant philosophiquement que politiquement.

Les publications actuelles des loges maçonniques regorgent de textes sur l'histoire de la lutte contre la religion et ont toujours le ton de la détermination inéluctable à poursuivre cette guerre, comme le montre le film "Anges et Démons". (Les Illuminati contre les catholiques). Église). Par exemple, dans l'un des textes de la Loge maçonnique de Turquie intitulé “Que peut-on réaliser aujourd'hui avec les Loges maçonniques”, le message suivant est donné: «*Actuellement nous avons des frères à tous les niveaux de gestion et qui couvrent des obligations importantes. Tous sont responsables de remplir leurs devoirs dans le cadre des valeurs maçonniques. Quand nous pensons aux dogmes qui nous entourent et que nous voyons les attaques contre nos institutions, même de la part de personnes qui y ont été éduquées, nous devrions croire qu'il n'y a pas de limites à nos objectifs.*

Si nous ne nous engageons pas pleinement dans les domaines politique et social avec le pouvoir dont nous disposons, nous ne procéderons pas de manière appropriée par rapport à notre glorieuse histoire. Les francs-maçons d'aujourd'hui doivent être déterminés à faire des compromis avec leurs frères qui les ont précédés au service de la franc-maçonnerie.»

Lorsque nous analysons les médias occidentaux aujourd'hui, nous tombons fréquemment sur des informations basées sur la théorie de l'évolution de Darwin. Les journaux et divers médias populaires, importants et "respectés" promeuvent continuellement cette théorie. Le style utilisé porte toujours le ton d'une théorie absolument prouvée qui ne laisse aucune place à la discussion. Le slogan le plus souvent utilisé est "*le "maillon manquant" dans la chaîne de l'évolution a enfin été découvert*". Dans ces cas et surtout, un crâne "découvert" dans un endroit éloigné devient une preuve importante pour la théorie selon laquelle les humains ont leurs ancêtres chez les singes. "*Les gens qui ne connaissent rien à la théorie de l'évolution voient ces nouvelles comme des lois absolument vraies. La théorie selon laquelle les organismes vivants sont apparus par hasard est acceptée comme loi par tous ceux qui croient en la science.»* (Harun Yahya, La tromperie de l'évolutionnisme)

Ces nouvelles sont diffusées par les géants des médias à travers les journaux locaux de presque tous les pays du monde. Ils en parlent avec une bizarrerie classique commune à presque tous les médias: " *Selon Time, une découverte majeure de fossiles comble une lacune dans la chaîne de l'évolution* " ou " *Selon Newsweek, les scientifiques ont élucidé les points inexpliqués de l'évolution.*" Ces phrases font toujours la une des journaux. Il est intéressant de noter que tous visent à faire accepter par la société le processus d'évolution comme un fait avéré. Cependant, ce qui est présenté comme des faits et des preuves prouvés sont des preuves falsifiées dont je parlerai bientôt.

Outre les médias, la même image se retrouve dans la recherche scientifique, dans les encyclopédies et dans les livres de biologie. Presque toutes ces sources présentent l'évolution comme une réalité absolue. Bref, les médias, sous le contrôle des forces laïques et académiques, défendent pleinement un point de vue évolutionniste et l'imposent au public. Cette influence est si forte qu'au fil du temps, la théorie est devenue taboue. Le déni de la théorie de l'évolution est présenté comme quelque chose qui contredit la science et rejette les réalités concrètes. C'est pour cette raison que, surtout depuis les années 1950, malgré tout ce qui a été révélé, expliqué et ouvertement proclamé sur les erreurs qui sous-tendent la théorie de l'évolution, les organes de presse et les publications scientifiques n'expriment pas un seul mot critique.

Douglas Dewar, un évolutionniste bien connu, dans ses recherches détaillées sur les oiseaux de l'Inde, a conclu que les espèces ne peuvent pas se transformer les unes dans les autres et explique également la relation étroite entre la théorie de l'évolution et les médias: "Seules quelques personnes pourraient *concevoir pourquoi il est important pour les évolutionnistes de contrôler les médias. Aujourd'hui, on ne voit pas beaucoup d'articles dans les journaux s'opposant à la théorie de l'évolution. D'un autre côté, la plupart des journaux religieux sont contrôlés par des modernistes qui acceptent la fable des "ancêtres singes"... D'une manière générale, les rédacteurs de tous les journaux considèrent la théorie de l'évolution comme un fait avéré et ceux qui la rejettent sont qualifiés d'ignorants et de fou. Les journaux sont édités par des évolutionnistes qui évitent de publier tout article qui critique même de manière minime la théorie de l'évolution... Les éditeurs ne publient aucun livre qui s'oppose à une théorie populaire car cela provoquerait des objections de la part de différents secteurs de la société.»*

Et même si l'auteur était prêt à payer pour la publication de l'affaire, la maison d'édition n'y donnerait pas suite, comprenant qu'elle perdrait en crédibilité auprès de l'opinion publique. Par conséquent, la société n'est informée que d'un seul point de vue et les gens supposent alors que la théorie de l'évolution est un fait avéré. Ce n'est pas surprenant, puisque les "faits" n'ont jamais été importants pour la théorie de l'évolution. L'important est de «redonner vie" à la légende darwinienne, malgré l'examen minutieux auquel elle a été soumise. La propagande diffusée par les médias ne se limite pas aux journaux. Les chaînes de télévision et les stations de radio apportent également une contribution importante à la propagande de l'évolution.

Faisceau bleu

Les maîtres de ce monde, les loges et les objectifs maçonniques fédérateurs ont imbriqué tous les niveaux de la société. Ils rassemblent chaque année les personnalités les plus remarquables du monde sous le nom de "Club Bilderberg" qui ont passé des années à créer et à développer toutes sortes de plans pour générer des guerres et mondialiser le système monétaire et implanter aux êtres humains une biopuce avec laquelle ils savent où ils se trouvent. vont et ce qu'ils font, alors que les humains équipés de cet appareil sont vulnérables à la manipulation mentale. Cela ressemble à de la science-fiction, mais dans le présent, avec les avancées technologiques dont nous disposons, on ne peut plus parler de «fiction", mais seulement de "science". Ces hommes sont essentiellement divisés en deux groupes: MJ12 (les Illuminati américains), un ordre de francs-maçons qui détermine qui doit présider les agences de sécurité nationale, la présidence du gouvernement et la politique de la nation; Le deuxième groupe est constitué des loges européennes, où se trouvent des membres de la royauté, des hommes politiques, des propriétaires d'entreprises et d'autres groupes influents basés sur la franc-maçonnerie.

Les institutions créées par les francs-maçons, comme l'Organisation des Nations Unies (ONU), la Central Intelligence Agency (CIA) ou la National Agency for Space Aeronautics (NASA), remplissent scrupuleusement leurs objectifs. Il est naïf de croire que le monde fonctionne comme nous le voyons à la télévision: ce n'est que de la propagande médiatique. La réalité est que même le cinéma n'est pas épargné par l'influence de la franc-maçonnerie. Ainsi, même les sociétés hollywoodiennes reçoivent un soutien en échange de leur influence sur les masses à travers les messages qui nous sont envoyés dans chaque long métrage. Existe-t-il une relation entre le projet Blue Beam et les objectifs néo-darwiniens? La théorie évolutionniste est bombardée par les films plus que par tout autre média.

Certains des nombreux films célèbres qui encouragent l'imagination et permettent une mutation favorable ou la possibilité d'évolution d'un organisme sont, par exemple: X-Men, Monsters vs. Aliens, Godzilla, Dragon Ball, Underworld, Planet of the Apes, Hellboy., The League of Extraordinary Gentlemen, A Chance of Meatballs, The Time Machine, Water World.. À cela il faut ajouter le nombre de films sur la fantaisie, la magie et toutes sortes de choses impossibles qui permettent au subconscient et à l'inconscient de concevoir la faisabilité de ce genre de chose, même si la personne est consciente qu'il ne s'agit que du grand écran.

Ce qui se passe avec cela, c'est que lorsque des choses vraiment surnaturelles ou étonnantes se produisent, soit elles ne sont pas si choquantes, soit elles semblent faire partie d'une théorie du complot. À cet égard, nous avons la révélation du Canadien Serge Monast sur le projet Blue Beam, après la révélation duquel il a été assassiné. Il y révèle un plan en plusieurs phases motivé par le MJ12 et les Illuminati, et établi à l'ONU pour être exécuté par la NASA et les Forces armées:

A. Renverser toutes les connaissances archéologiques, historiques et pédagogiques, y compris la mise en œuvre de plus en plus stricte de la théorie de l'évolution dans tous les domaines.

B. Organisez tout un spectacle spatial holographique projetant un nouveau dieu que les MJ12 ont perfectionné.
C. Réception à basses fréquences de communications divines «supposées", lancées depuis des satellites.
D. Manifestations surnaturelles:

1er. Inventez une invasion extraterrestre. C'est pourquoi ils font la promotion de tant de films sur les ovnis et les extraterrestres. Le but est de désarmer toutes les nations pour tenter de défendre la planète contre cette fausse invasion.

2ème. Tromper les croyants chrétiens avec leur Enlèvement tant attendu (retour de Jésus-Christ pour retirer ses élus de la Terre. Réf.: Luc 17:34, Matthieu 24:31 et Apocalypse 12:5).

3ème. Les ondes basse fréquence étaient utilisées pour manifester des spectres, des poltergeists et des êtres sataniques partout dans le monde et préparer le monde à recevoir son "nouveau messie".

Cela semble être le sujet d'un fou, mais un ancien sataniste, le frère Jesús Salcedo, également ancien prêtre de María Lioza, a écrit dans son livre intitulé "D'un prêtre du diable à un ministre de Jésus-Christ" que lors d'une réunion le Dans la montagne Sorte, où il se trouvait, l'un des points à l'ordre du jour de ces sectes était que les sorciers et les démons étaient déjà prêts à torturer et à tuer les évangéliques qui restaient dans la période de la Grande Tribulation. De quoi sortent ces choses? Le lecteur a tout à fait le droit d'accepter ou de rejeter ces affirmations. Cependant, lorsque tout cela aura lieu, il ne sera plus possible de regarder en arrière et d'essayer de changer quelque chose.

Succès

Nous ne devons certainement pas nous attendre à ce que la franc-maçonnerie mène ouvertement le processus de "lavage de cerveau". Cette pratique va absolument à l'encontre des méthodes traditionnelles de l'organisation. Un franc-maçon de la Loge turque, Halil Mülküs, explique la méthode: "*La franc-maçonnerie n'exécute rien elle-même. Il montre la voie aux individus. Ceux qui partagent des vues maçonniques et les maçons qui contribuent au développement de nouvelles idées exercent leur profession à différents niveaux. Ils exercent une influence dans les universités, ils sont recteurs, professeurs, hommes d'État, ministres, médecins, avocats, etc. Ils imposent des vues maçonniques à la société à travers les institutions où ils sont présents.*»

Il s'agit clairement de savoir à qui revient le plus de propagande et de contrôle sur les masses: "*Avant de discuter du rôle des médias en tant qu'outil d'endoctrinement des vues évolutionnistes, il sera utile d'expliquer la fonction générale des médias. Sous le slogan "news = life", les médias prétendent refléter ce qui se passe dans la vraie vie. Selon cela, les médias deviennent nos yeux et nos oreilles qui perçoivent le monde extérieur. Par conséquent, tout comme nous faisons confiance à nos sens auditif et visuel, nous devons faire confiance aux médias. Cependant, la réalité est différente. La fonction principale des médias n'est pas de communiquer ce qui se passe réellement dans le monde réel mais de formater d'une certaine manière notre esprit par rapport au monde extérieur. "Actualités = vie" est vrai dans un sens. Nous devons en apprendre davantage sur le monde extérieur à travers ce qui nous est présenté comme des "nouvelles"*. (Harun Yahya, La tromperie de l'évolutionnisme)

Le célèbre linguiste et scientifique nord-américain Noam Chomsky a réalisé l'étude la plus détaillée sur le rôle des médias dans son livre

“Illusions nécessaires: le contrôle des idées dans les sociétés démocratiques”. Dans cet ouvrage, il révèle comment les médias deviennent un outil de contrôle des processus sociaux des idées. En premier lieu, affirme Noam Chomsky, que dans son pays la démocratie est un système totalement différent de ce que nous définissons comme “démocratie”. Selon lui, il s'agit d'un système caché et d'une sorte de totalitarisme invisible, puisque le système fonctionne, évidemment, sur la base du "consentement" public, bien que ledit "consentement" soit formé à la suite du processus de "lavage de cerveau" généré par certains " instruments". Chomsky fournit des exemples notables de totalitarisme invisible, que l'on peut aussi appeler “totalitarisme démocratique”.

Les exemples qu'il donne montrent que les décideurs américains utilisent les médias de manière efficace. Autrement dit, lorsqu'ils décident d'intervenir à l'étranger, ils profitent d'abord de leur magie irrésistible pour préparer l'opinion publique. Tout d'abord, les dirigeants américains présentent au public comme des “démons” les cibles qu'ils veulent attaquer, comme Saddam Hussein, Noriega, les groupes islamistes, les sandinistes, Ben Laden, etc. Pour cela, ils utilisent efficacement différentes méthodes de propagande ou techniques psychologiques. Par conséquent, le public applaudit à l'invasion d'un pays étranger par des soldats américains et donne son accord aux politiques formulées par les différentes administrations, même si en réalité ce consentement est établi par les appareils politiques. C'est pour cette raison que Chomsky définit ce mécanisme totalitaire sophistiqué comme une “élaboration du consentement”.

L'un des exemples les plus remarquables de cette méthode s'est produit sous l'administration de l'ancien président américain Woodrow Wilson. Cet exemple, considéré par Chomsky comme “*la première opération de propagande gouvernementale moderne*”, peut être esquissé comme un plan visant à convaincre le peuple de consentir à ce que le pays entre en guerre dans la première conflagration mondiale. Au cours des premières années, la plupart des Américains étaient déterminés à ne pas y participer. Cependant, les centres de pouvoir, qui exerçaient une profonde influence sur le gouvernement, étaient intéressés à intervenir dans le conflit armé. Par conséquent, une commission a été créée, appelée Commission Creel, qui a pris en charge la propagande au nom du gouvernement. La Commission Creel a réussi à transformer ce peuple passif en un autre peuple aux caractéristiques hystériques en seulement six mois, animé par une forte volonté de détruire la nation allemande, de faire la guerre et de sauver le monde. À la suite de ce programme, l'Amérique est entrée en guerre.

Un éminent théoricien de cette technique totalitaire est Walter Lippmann, l'un des chroniqueurs américains les plus connus. Il est l'un des fondateurs du Council on Foreign Relations, une importante institution non officielle officiellement concernée par la politique étrangère américaine – bien qu'en réalité il s'agisse d'un appareil fonctionnel des relations et du contrôle du MJ12 avec d'autres pays. Ce monsieur a fait tous ses efforts pour développer les meilleurs systèmes de contrôle des sociétés à travers les élites et sans que rien ne vienne entraver cette tâche. C'est pourquoi Chomsky considère Lippmann comme "*l'architecte de la théorie de "l'élaboration du consentement" pour amener le peuple à approuver des décisions même non désirées sous l'influence de nouvelles techniques de propagande.*

Lippmann soutient que le gouvernement d'un État devrait être dirigé uniquement par "*un groupe spécial de personnes intelligentes et capables d'assumer des responsabilités, tandis que la population de masse devrait être entièrement tenue à l'écart des mécanismes de prise de décision*".

Selon Lippmann, le peuple n'est rien d'autre qu'un "*troupeau stupide*" et ne doit pas participer au processus administratif (gouvernemental), mais doit rester un suiveur obéissant des décisions. Chomsky souligne que l'approche totalitaire de Lippmann est très similaire à la théorie léniniste. La politique américaine actuelle représente un système basé sur ce que Lippmann appelle le "traitement du consentement". Sans aucun doute, cette situation révèle une réalité concernant les démocraties actuelles représentées par les États-Unis et les pays occidentaux: dans ces pays, la "souveraineté" n'est pas entre les mains de leurs peuples respectifs mais est capturée, de toute évidence, par le pouvoir qui contrôle le processus des idées. à un niveau massif, comme cela se produit au Venezuela avec Hugo Chávez et les médias, par exemple. Dans ce contexte, les médias sont utilisés comme l'un des outils les plus importants pour contrôler le processus de pensée.

Bien entendu, tous les médias ne peuvent pas être classés dans cette catégorie. Or, "les géants des médias", présents aujourd'hui dans presque tous les pays du monde, entrent dans cette catégorie d'"outils de contrôle". C'est pourquoi, dans certains cas, malgré la prétendue opposition ouverte aux gouvernements, les médias entretiennent des relations intimes avec les pouvoirs en charge des "gouvernements" faisant eux-mêmes partie du Groupe Bilderberg, ou "les Maîtres du Monde". Quoi qu'il en soit, le "contrôle des idées" ne se limite pas aux seules questions politiques puisque le pouvoir qui s'établit aujourd'hui est encore en partie religieux, et il faut donc encourager la perspective antireligieuse, c'est-à-dire l'abolition de l'autorité religieuse. Ce pouvoir ne peut continuer à être maintenu que si les opinions antireligieuses continuent d'être largement acceptées par la société. Accepter les opinions religieuses et les considérer comme la seule source légitime de comportement est totalement inacceptable pour le système établi.

Commanditaires

Malgré la nature contradictoire de la soi-disant théorie de Darwin, elle a été largement adoptée car elle fournissait une sorte d'explication qui servait à combler le grand vide du matérialisme et de l'ordre laïc dans son sens le plus large. Un groupe de scientifiques s'est volontairement chargé de promouvoir cette théorie. Le plus connu d'entre eux était Thomas Huxley, surnommé "le bouledogue de Darwin". Thomas Huxley, dont la défense ardente du darwinisme était à lui seul responsable de son acceptation rapide, a attiré l'attention du monde entier sur l'hypothèse évolutionniste à travers la célèbre "discussion d'Oxford", c'est-à-dire la discussion qu'il a eue en 1860 avec l'évêque d'Oxford, Samuel Wilberforce.

Il n'est pas difficile de comprendre pourquoi Huxley a consacré tous ses efforts à propager une telle théorie de l'évolution si l'on prend en compte ses "liens sociétaux". Huxley était doyen de la franc-maçonnerie et, comme d'autres participants, membre de la Royal Society, l'une des institutions scientifiques les plus importantes d'Angleterre. Tous ont explicitement et en détail promu la théorie alternative de la sélection naturelle annoncée par Erasmus Darwin. Cette institution maçonnique a accordé une telle importance à Charles Darwin et au darwinisme que, quelque temps plus tard, elle a commencé à décerner chaque année aux scientifiques les plus brillants la "médaille Darwin", à l'instar des prix de roman actuels. En d'autres termes, Darwin n'était pas le seul à accomplir cette mission. La franc-maçonnerie, l'un des quartiers généraux les plus importants de la guerre menée contre la religion, a apporté un soutien complet à cette hypothèse le jour où elle a été présentée.

L'hypothèse évolutionniste, même si elle n'a pas convaincu grand monde lors de sa première défense, a acquis une immense popularité en quelques décennies grâce au soutien idéologique qu'elle a reçu. Et c'est grâce à ce soutien que les adeptes de Darwin sont restés insensibles lorsque des études biologiques réfutant le darwinisme ont été présentées.

Sommes-nous issus du singe? Si nous le voyons à partir de la doctrine de l'évolution, la réponse est un certain "NON". Mais qu'en est-il des fossiles? Au cours des deux derniers siècles, nous avons été amenés

à croire qu'il existait un nombre considérable de preuves soutenant l'hypothèse selon laquelle l'homme moderne est né d'un processus d'évolution d'organismes "inférieurs" qui a commencé dans la mer avec les premières cellules. Cette idéologie est clairement une manière de vouloir voir la vie, mais face au poids de la réalité, elle n'est rien d'autre qu'une fable qui n'a jamais été observée au microscope et enregistrée sur une caméra. Et quelles sont les preuves physiques que l'évolutionnisme soutient pour affirmer que nous venons du chimpanzé? Pourquoi seul l'homme a évolué? Pourquoi les autres espèces n'ont-elles pas continué à évoluer? Les singes sont toujours des singes; le poisson, le poisson; reptiles, reptiles; les oiseaux, les oiseaux; et les mammifères, les mammifères.
Aucune de ces espèces n'a évolué et même des centaines d'espèces ont disparu parce qu'elles n'ont pas réussi à "s'adapter" à leur environnement. Les informations recueillies à travers le monde montrent qu'avant les singuliers hominidés et Adam (Adam, de l'hébreu "le Très-Haut dans le sang") et Java (Ève), la Terre ainsi que l'Univers existaient déjà et sont "peuplés", c'est pourquoi Jésus lui-même a souligné: "*Dans la maison de mon Père, il y a plusieurs demeures; s'il n'en était pas ainsi, je vous l'aurais dit; Je vais vous préparer une place.* (Jean Zébédée 14:2)

Nouvel ordre mondial

Selon une étude de David del Fresno, nous constatons aujourd'hui que parmi les dogmes de foi les plus puissants de notre société actuelle en matière de connaissance, le premier commandement est, aussi étrange que cela puisse paraître, la conception du développement humain comme l'ennemi potentiel du tous les animaux, les hommes, les plantes et en général, de la planète entière. Selon lui, ce n'est pas quelque chose de nouveau: "*C'est un processus intellectuel qui trouve ses racines à l'aube du 20e siècle: dans un processus très similaire à ce qui se passe actuellement avec l'utilisation controversée des soi-disant "cellules souches", c'est pour cela que la conception de l'homme comme un simple animal, dépouillé de la dignité qui lui est intrinsèque, et qui le place au-dessus du reste des animaux, a commencé à circuler dans les cercles intellectuels, scientifiques, académiques et politiques occidentaux.»* Aussi surprenant que cela puisse nous paraître, les personnes célèbres qui ont soutenu ces idées comprenaient:

- Alexander Graham Bell (inventeur du téléphone)
- Margaret Sanger (fondatrice de l'organisation d'avortement *Planned Parenthood* (qui se traduit par: "Planned Parenthood"), dirigée par la famille Bill Gates, et dont il est le directeur par intérim), ainsi que plusieurs lauréats du prix Nobel.
- George Bernard Shaw (célèbre dramaturge)
- Lelan Stanford (fondateur de l'université qui porte son nom)
- HG Wells (romancier et auteur de "La Guerre des Mondes")

Selon David del Fresno, plusieurs États américains adoptaient à cette époque diverses lois promouvant l'eugénisme (l'élimination, par la stérilisation forcée, des races "inférieures"). Ces efforts législatifs n'auraient pas pu prospérer sans le soutien explicite de trois importantes entités universitaires et scientifiques nord-américaines:

- L'Académie nationale des sciences
- L'Association médicale américaine
- Le Conseil national de recherches

Qui a financé et dirigé ces entités scientifiques? Eh bien, ni plus ni moins que les fondations Carnegie et Rockefeller, de préférence. Sous la tutelle et la promotion directe de ces deux fondations, les théories eugéniques furent rapidement acceptées en Europe et plus particulièrement en Allemagne, financées jusqu'en 1939, quelques mois avant le début de la Seconde Guerre mondiale. Les eugénistes allemands ont tellement progressé qu'à partir de 1920, la direction mondiale du mouvement pro-eugéniste correspondait entièrement au gouvernement allemand.

Après la prétendue défaite nazie - puisque les services secrets russes et nord-américains, ainsi que les hauts commandements de ces gouvernements savaient que Hitler et les principaux éléments de l'armée allemande avaient fui vers la Nouvelle-Souabe (pôle Sud) -, les eugénistes ont disparu, mais seulement en apparence: en réalité, ils avaient seulement changé de nom, commençant à s'appeler "darwinistes sociaux" en l'honneur et à la mémoire de Charles Darwin. Nous voyons déjà que Darwin avait trouvé une explication qui, selon lui, prouvait l'existence d'un processus évolutif en tant que loi naturelle, qu'il appelait "la survie du plus fort". Cependant, l'explication darwinienne était basée sur une erreur logique appelée raisonnement circulaire: "*Qui sont les plus aptes?" Ceux qui survivent. Et qui sont ceux qui survivent? Le plus apte.*" Malgré cette erreur évidente, le principe darwinien a rapidement généré toute une structure idéologique qui est venue de nulle part au clan Rockefeller, qui a trouvé dans la formule darwinienne de la survie du plus fort la justification morale dont il avait besoin pour mener à bien ses activités visant à éliminer concours. Les Rockefeller et leurs associés bancaires internationaux ont mis en commun leur pouvoir et leurs fortunes dans le but de promouvoir le darwinisme et d'autres idéologies similaires, et à cette fin, ils ont créé deux organisations sous leur égide qui leur serviraient de centre de commandement pour coordonner leurs efforts en Amérique et en Europe:

- Le CFR, ou Conseil des Affaires Étrangères (New York), qui en espagnol est "Consejo de Relaciones Externales".
- Le Royal Institute for International Affairs (Londres) ou

Royal Institute of International Affairs.

Les deux organisations apparemment intégrées dans une autre structure plus ancienne appelée "The Round Table Group" (The Round Table Group) de tradition maçonnique selon certains analystes célèbres, et des branches de la couverture qui porte le nom de "Council of Foreign Relations" (CFR - Council des relations extérieures). Aussi inhabituel que cela puisse paraître, les organisations philanthropiques qui dépendent du clan Rockefeller poursuivent le même objectif: une étude rapide de l'endroit où elles canalisent leurs fonds montre que la plupart de leurs efforts sont consacrés au financement d'organisations tierces dont l'objectif, à la fois Le contrôle de la croissance démographique, direct comme indirect ou secret, est le contrôle de la croissance démographique.
Sans surprise, dans une étude publiée par le Club de Rome (une des nombreuses organisations liées aux Rockefeller) il est explicitement affirmé: "*Si la lutte contre un nouvel ennemi nous unit, nous avons conçu l'idée que la pollution, le réchauffement climatique l'économie, la pénurie d'eau et la faim sont les ennemis parfaits. Et tous ces dangers sont causés par l'intervention humaine. Le véritable ennemi, c'est donc l'humanité elle-même.»* Ce n'est pas exact, car la faute en revient aux domaines qu'ils ont eux-mêmes constitués. L'être humain n'est rien d'autre qu'une marionnette discrètement dirigée vers la situation dans laquelle se trouve aujourd'hui la planète.
Pour mener à bien leur plan de réduction de la population mondiale, affirme David del Fresno, les Rockefeller et leurs partenaires - parmi lesquels les Morgan, Rothschild, Whitney, Bush et les maisons royales - partent de cette idée principale: "Mieux vaut plutôt que d' *utiliser un processus violent qui peut paraître inacceptable et générer une rébellion incontrôlable, il est préférable de recourir à un processus graduel, en le présentant d'une manière suffisamment attrayante pour*

le rendre acceptable à la majorité de la population. " Dans cette optique, nous pouvons constater que ses objectifs sont clairs:

- 1° La réduction drastique de la population. Ce qui est formidable, c'est d'éliminer 93 % de la population mondiale.
- 2° La réduction de la consommation aux niveaux préindustriels.

Il devient évident pourquoi tous les grands thèmes promus par les Rockefeller depuis 1960 conduisent d'une manière ou d'une autre à parvenir à ce résultat. Cependant, après avoir consacré leurs efforts et leur argent à cette fin pendant de nombreuses décennies, les Rockefeller et leurs associés sont arrivés à la conclusion que la croissance de la population de la planète est incontrôlable, à moins que des mesures drastiques ne soient prises pour l'arrêter. La meilleure carte est de provoquer une Troisième Guerre Mondiale, et les meilleurs candidats pour être "l'étincelle" sont les Juifs et les Musulmans. Et la seule façon de réaliser tout cet agenda est la mise en œuvre d'un système politique et économique mondial qu'ils ont convenu d'appeler "Nouvel Ordre Mondial" (Nouvel Ordre Mondial). David del Fresno ajoute que ses promoteurs partent des prémisses suivantes:

- 1° Le système politique démocratique est épuisé.
- 2° Le système économique capitaliste est épuisé.
- 3° Le christianisme est le plus grand obstacle à l'implantation d'une nouvelle et nécessaire "mentalité écologique universelle".

"*C'est pourquoi on perçoit de plus en plus de symptômes d'un processus intellectuel visant à détruire le christianisme et à le remplacer par un nouveau système éthique universel qui consacre l'écologie comme la nouvelle religion universelle. Comprend-on alors pourquoi la montée du gnosticisme et des croyances des francs-maçons, ainsi que le succès des romans, bandes dessinées et dessins animés dans lesquels la vénération de Mère Nature est exaltée comme fondement de la vérité et du bien? Tout cela fait partie - à notre avis - d'un processus qui n'est pas accidentel et qui, selon nous, contribue à inoculer aux esprits impressionnables les moins formés une acceptation, aussi favorable qu'involontaire, de tout un système de croyances et de valeurs. chargé de relativisme, d'écologiste, de panthéisme, d'occultisme, de magie.. Bien sûr, rien qui ait à voir avec la promotion et la défense de la vie humaine, de la famille et de la dignité de l'être humain. Qui peut bénéficier de tout ce processus? Cela fera partie d'une autre analyse que nous dévoilerons plus tard.»* (David del Fresno. 19 novembre 2009. CAMEO.INFO)

Considérons qu'une fois que ces hommes ont atteint l'objectif d'implanter un système monétaire au moyen d'une puce biothermique dans la main droite de chaque être humain, lorsqu'ils ont également confié toute la puissance militaire de la Terre à une seule organisation (ONU), et en même temps établir un pouvoir politique mondial unique dirigé par un seul homme qui établira une religion nouvelle et unique, alors le monde sera conduit à l'esclavage total et à l'effondrement spirituel. Ce nouveau système mis en place par ces membres du Club Bilderberg porte déjà un nom: "La Bête", et il a son siège à Bruxelles.

Sachant cela, le missionnaire benjaminite Paul écrit aux Grecs de Thessalonique: "*Que personne ne vous séduise en aucune manière; car il [Christ] ne viendra pas sans la première venue de l'Éloignement, et l'Homme du Péché, le Fils de Perdition, qui s'oppose et s'élève contre tout ce qui est appelé Dieu ou est objet d'adoration; à tel point qu'il est assis dans le temple de Dieu comme Dieu, se faisant passer pour Dieu.* (2e lettre de Paul aux Thessaloniciens 2:3-4) Ergo, à propos de cet homme, qui sera le chef de la Terre pendant 3 ans et demi, le missionnaire juif Jean a également écrit sur l'île grecque de Patmos: "Et il *tous, petits et grands, riches et pauvres, libres et esclaves, devaient*

avoir une incision [sous-cutanée] placée sur la main droite ou sur le front; et que personne ne pouvait acheter ni vendre, sauf celui qui avait la marque ou le nom de La Bête, ou le numéro de son nom.» (Livre de l'Apocalypse de Jean, "Apocalypse" 13: 16-17)
Le juif Jésus de Nazareth lui-même a évoqué cette "aliénation" dont Paul parlait aux Thessaloniciens lorsqu'ils l'interrogeaient sur son retour: "Je vous dis *que cette nuit-là, nous serons deux dans un même lit; l'un sera pris et l'autre sera laissé. Deux femmes travailleront ensemble; l'un sera pris et l'autre laissé. Deux seront sur le terrain; l'un sera pris et l'autre laissé.»* (Docteur Luc 17: 34-36) Cher lecteur, l'un mène à l'autre. Tout fait partie de l'équipement.

Eugénisme

Selon Sir Francis Galton, "*l'eugénisme est l'étude des agents sous contrôle social qui renforcent ou altèrent les qualités raciales des générations suivantes, physiquement et mentalement.»* Le cousin de Darwin, Francis Galton, considéré comme le père de l'eugénisme, y vit une opportunité de rattraper l'espèce humaine, en prenant les rênes de la théorie de l'évolution de Darwin pour l'appliquer aux principes sociaux, de sorte qu'un darwinisme social se développa. Les familles Darwin, Galton, Huxley et Wedgwood étaient tellement obsédées par leur nouvelle théorie du design social qu'elles juraient que leurs familles ne feraient que procréer entre elles, et elles l'ont fait. Ils avaient prédit à tort qu'en quelques générations seulement, ils produiraient des surhommes. La pseudoscience émergente n'a fait que renforcer la pratique de la consanguinité, déjà populaire parmi les élites depuis des millénaires, l'expérience des 4 familles a été un désastre, en moins de 2 générations de consanguinité, près de 90% de leur progéniture est morte au moment de la consanguinité. consanguinité, nés ou présentant de graves problèmes de handicap physique et mental. Le darwinisme est l'appendice scientifique de la théorie du libre marché d'Adam Smith.

Darwin s'est inspiré d'Herbert Spencer, notamment de son livre "Social statics", d'où il tire l'expression " *la survie du plus fort* ", parue 5 ou 6 ans avant le livre de Darwin sur "l'origine de l'homme". Des décennies plus tard, Sir Horace Darwin, fils de Charles Darwin, fut le deuxième président de la société eugéniste, qui interdisait à ceux qu'ils considéraient comme imparfaits de se reproduire. Aux États-Unis, des lois eugéniques sont alors apparues et ont éliminé des milliers de personnes sous prétexte que les maladies, les ivrognes, les pauvres et autres étaient des problèmes héréditaires, principalement des Noirs et des Hispaniques. Sir David Frederick Attenborough, naturaliste et vulgarisateur darwiniste, appartient à l'une des grandes sociétés secrètes de scientifiques puissants, comme Optimum Population, qui promeuvent l'eugénisme. Jacques-Yves Cousteau lui-même, explorateur sous-marin et photographe, était un eugéniste, mais la bannière du leadership de ce mouvement a été la famille Rockefeller.

Maintenant, il y en a un autre qui dirige un nouveau groupe, c'est Robert Edward Turner III, qui est justement un magnat américain qui est le fondateur de CNN, qui dit que 90% de la population est laissée de côté, pour que nous puissions vivre correctement. Darwin disait que l'homme était dans un processus évolutif entre le gorille et l'homme, et que la femme était en train d'évoluer depuis les tribus primitives vers l'homme, mais en dessous de lui. Il a également déclaré que les travailleurs et les pauvres, pour contrôler les mauvaises dispositions, sont soit exécutés, soit mis en prison pour une longue période.

Le propre livre d'Adolf Hitler "Main Kampf" (Mon combat) est basé sur "L'origine des espèces" de Darwin, ou "le maintien des races favorisées dans la lutte pour l'existence". Comme l'a dit un autre magnat: "*Le maintien d'une grande entreprise est simplement la survie du plus fort.. c'est simplement la combinaison d'une loi de la nature avec une loi de Dieu.*» (John D. Rockefeller, 1839-1927) C'est comme

appeler cela un "déterminisme génétique", c'est-à-dire une loi de justification, faire des races ce qu'elles veulent, ou aujourd'hui de l'économie, ce qu'elles veulent, car c'est loi de la survie du plus fort. Plus récémment, Richard Dawkins, zoologiste darwinien, a publié en 1976 l'ouvrage "The Selfish Gene", où l'évolution des espèces est interprétée du point de vue génétique, affirmant que les gènes ne cessaient de se battre et de rivaliser les uns avec les autres, partout, et soudain il y en avait qui devenaient supérieurs et faisaient avancer le développement d'une espèce.. quelque chose de complètement fou.
Thomas R. Malthus a publié en 1798 "Essai sur le principe de population", qui traite de la lutte pour la vie. C'est un livre scandaleux qui discrimine les pauvres simplement parce qu'il veut ajouter: population + consommation par personne, et des choses similaires également soulevées récemment et publiquement par Bill Gates (conférence TED 2010). En bref, " *si vous n'avez personne pour vous soutenir, vous n'avez pas la moindre possibilité d'obtenir une ration de nourriture, c'est-à-dire que ceux qui n'ont pas de possibilités peuvent mourir"*. (Critique de Máximo Sandín, bioanthropologue et professeur d'évolution humaine à l'Université de Madrid, contre le darwinisme)

Partie II

LE DÉTERMINISME DANS L'UNIVERS

" *Plus une chose est statistiquement improbable,*
il nous est plus difficile de croire que cela s'est produit par hasard aveugle. Superficiellement, l'alternative évidente au hasard est un Smart Designer."
R. Dawkins, (La nécessité du darwinisme – Nouveau scientifique, vol. 94, 15 avril 1982, p. 130.)

Les aliens

Comme le lecteur pourra le vérifier, notre objectif n'est pas de promouvoir le créationnisme, mais la panspermie, avec la touche substantielle des Saintes Écritures. Parce que? Parce que ceux-ci ont été inspirés par des extraterrestres. Comme on peut le vérifier en étudiant mes autres travaux, c'est un fait que des civilisations extraterrestres existent et ont été impliquées dans notre histoire. Soyons clairs, Moïse n'a pas inventé les Tables de la Loi ni la Torah, mais les a reçues de civilisations supérieures du cosmos. Les cultures anciennes appelaient les astronautes "dieux", et les "extraterrestres", elles appelaient, sous le prisme platonicien et socratique, "anges" et "démons". Bien que la plupart des astronautes soient néanmoins des extraterrestres, ils se font passer pour des dieux. Cette action a provoqué la colère de Jéhovah, qui a permis au Déluge d'éliminer ce problème, ainsi que la lignée que ces extraterrestres avaient avec les humains terrestres. Plus rien de tout cela n'est secret, ce n'est tout simplement pas quelque chose qui est crié aux quatre vents dans les médias ou dans les systèmes éducatifs, au nom de simples intérêts particuliers.

Justement, le célèbre livre du journaliste américain Michael Drosnin, intitulé "Le code secret de la Bible", est un exemple clair de la façon dont ce groupe avancé de frères de la galaxie a donné à Moïse et aux prophètes d'Israël une quantité d'informations codées., tout comme cela s'est produit avec Jean lorsqu'il a reçu la vision future que nous appelons communément "Apocalypse" (ce qui signifie en grec: "Révélation"). En d'autres termes, la Bible est un recueil universel de connaissances codifiées en hébreu – et même en grec –, avec la numérologie, la symbologie, la terminologie et les mathématiques. Nous parlons du quantum dans un livre de religion apparente. Dans quel but? C'est ce que disent les "connaisseurs" avec les clés de l'origine, de la situation et du destin de la race humaine, et même des 31 autres planètes de notre Galaxie. La Bible elle-même n'est pas la seule information à cet égard, puisqu'il existe des dizaines – voire des centaines – de manuscrits qui accompagnent cette documentation.

Bien que qualifiés de manière désobligeante de "pseudo-épigraphique", mystiquement "apocryphe" et "deutérocanonique", tout ce matériel nous amène à comprendre que nous vivons au milieu d'une guerre qui s'est développée dans notre univers il y a plusieurs milliers d'années, et au milieu dont nous sommes aveuglément. La raison de la venue du Christ, à partir du 6ème - ou en termes modernes, de dimensions supérieures -, est cruciale, puisque le destin de chacun des êtres humains en dépend (j'explique cela en détail dans mes ouvrages "Atteindre le Deity" et "A Forgotten Message", avec certaines nuances pertinentes dans "Path to Mastery").

Science et foi

La science, comme l'étude des choses, à travers 13 méthodes fondamentales, dont le point culminant est la physique et la chimie, n'a pas donné naissance, au cours des 2 derniers siècles, au genre “spirituel”. Le coupable en est l’Église catholique. En prétendant qu’ils représentent Dieu, ils ont aveuglé le monde avec leurs tromperies, empêchant l’humanité d’accéder à Dieu. En se concentrant sur la guerre contre le Vatican, beaucoup ont inclus Dieu et Jésus dans l’histoire, estimant qu’ils sont coupables des actions de Rome ou, en tout cas, qu’ils sont leurs inventions pour contrôler le peuple. Le fait est que pratiquement toutes les conceptions que l’humanité a de Dieu ou de Jésus, grâce au catholicisme, sont fausses. La foi, ce n'est pas seulement croire, ou croire sans voir. La foi est la conviction de quelque chose basée sur sa visualisation. Si vous ne comprenez pas de quoi ils parlent, que croyez-vous? Je dis de ne pas croire en George Bush. Cela veut-il dire que je ne crois pas qu'il existe ou plutôt que je ne crois pas en ce qu'il représente ou présente au monde? Pour croire ou ne pas croire en lui, par exemple, je dois savoir ce qu'il est et ce qu'il recherche. Cependant, il est évidemment difficile de croire à propos de Dieu, car ce que l’on sait de lui est de la foutaise, à cause de l’Empire romain. Du catholicisme sont issus le protestantisme, l'anglicanisme, l'orthodoxie, le charismatique et bien d'autres.

Par la suite, de ceux-ci, en particulier des protestants, sont issus la plupart des courants populaires, notamment les évangéliques, les adventistes, les baptistes, les calvinistes, les luthériens, les pentecôtistes, les méthodistes et les unitariens. Bien que tous ceux qui ont été sevrés de Rome l'aient fait en la contredisant, ils ont continué, à la longue, à croire pratiquement toutes ses absurdités et incohérences associées à ce qu'on appelle à tort “Foi”. Pour comprendre ce qu’est la foi, nous ne pouvons pas nous tourner vers le christianisme moderne – ni vers celui des 14 derniers siècles – car, en tant que tel, il est contraire aux enseignements de Jésus-Christ.

C'est vrai, et c'est ironique, car ils portent son nom. Pour comprendre cela, il faut donc remonter à la source: les Juifs. Il ne s'agit pas de prosionisme, mais d'analyser la source des choses. Aujourd'hui, il y a tellement de désinformation sur toutes ces choses qu'une école entière d'apprentissage est créée pour éliminer tant de poison social et commencer à y voir clair.

Rome n'a pas écrit la Bible, et commençons par faire la lumière sur ce point, mais c'est Jérôme qui a compilé tout le matériel littéraire des Israélites disponible dans l'Empire romain. Dans le passé, la Bible en tant que telle n'existait pas, mais un certain nombre de rouleaux hébreux ont été convertis en langue grecque ancienne à Alexandrie. L'ouvrage de 70 érudits juifs, appelé la Septante, a compilé et traduit dans la langue de l'époque – avant Jésus – toute l'histoire du peuple d'Israël. Ces écrits comprenaient la Torah (la loi de Moïse, exposée dans 5 livres appelés Pentateuque en grec, c'est-à-dire "Cinq blocs"), les Nebiim (les histoires et les avertissements des prophètes d'Israël) et les Ketubim (les écrits historiques, essentiellement des juges, des rois et d'autres personnages importants). Cet ensemble de 3 groupes est appelé TANAK (ou Tanaj), que les Occidentaux appelaient Ancien Testament, car ils l'associaient à l'Alliance de Yahveh (Jéhovah) avec Abraham. Tout cela s'est produit avant la naissance de Yeshua (Jésus), peut-être sous le règne asmodéen.

Avec la révolution provoquée par Jésus, le plus puissant du Sanhédrin de Jérusalem a vu un danger à laisser la Septante entre les mains du peuple, car ainsi les disciples de Jésus pourraient démontrer qu'il est bien le Messie promis à Israël. C'est pour cette raison qu'ils ont changé de stratégie et supprimé certains textes, transférant l'étude des Écritures dans la langue locale. Ce que les chefs religieux juifs appelaient Ceux du Sentier ou Secte des Nazaréens, c'est-à-dire les Juifs messianiques (Chrétiens primordiaux), devint pour eux un casse-tête et ils commencèrent à les harceler dans toutes les régions où régnait Rome et où il y avait Communautés juives et/ou synagogues. Les principaux acteurs de la suppression de l'histoire de Jésus étaient ceux qui détenaient le pouvoir à Jérusalem et étaient des membres importants du Sanhédrin.

Les miracles et la croissance des masses étaient tels que les juifs religieux qui étaient contre les Nazaréens ou les premiers chrétiens se sont efforcés, jusqu'à aujourd'hui, d'éliminer toute preuve historique de Yeshua (Jésus) parmi les Israélites. Les siècles passèrent, l'empereur romain Constantin vit son royaume enveloppé dans une nouvelle religion et voulut l'adopter et la monopoliser. Les disciples de Jésus étaient déjà morts et le christianisme s'était hellénisé, se mêlant aux traditions et croyances païennes européennes. La suivante fut de perturber l'histoire d'Israël: ils effaçèrent le nom de Judée des cartes de Rome, ils enlevèrent et cachèrent les livres de l'histoire des Hébreux, ils ajoutèrent des phrases à la littérature des Israélites, ils adoptèrent des mots latins et grecs pour remplacer les termes hébreux pertinents, ils ont manipulé des phrases entières, et pour conclure, ils ont interdit la lecture de ce genre littéraire jusqu'à il y a quelques décennies. Il est évident qu'avec toutes ces manipulations, les gens ont aujourd'hui de nombreuses idées fausses sur l'archétype de Dieu, la figure de Yeshua (Jésus) et sur la Bible.

Les lettres et les versions historiques de Jésus ont été compilées par Rome et incluses dans le genre du Nouveau Testament, sachant que le Christ a conclu une Nouvelle Alliance. Le recueil du Tanak et le matériel sur Jésus et ses apôtres, dans son contexte, ont reçu le nom grec de "Bible" (Compendium des livres). Cependant, le latin, et même le grec, ont notoirement brouillé les enseignements "bibliques", et c'est précisément le latin qui a été l'arme de manipulation qui a été amplifiée avec la traduction de Jérôme, appelée "Vulgate" (pour le peuple). Rome, pour définir ce à quoi ils étaient opposés, les appelait "hérétiques", mais ce mot signifiait simplement "d'une opinion différente". Où est le mystère? Ceux qui voulaient se distinguer de manière humiliante étaient appelés "païens", ce qui signifie en latin "paysans"; Ceux qui voulaient faire des dieux devant le peuple étaient appelés "saints", c'est-à-dire du latin "santi", qui se traduit par: "consacré".

Ils appelaient les livres qu'ils voulaient exclure de l'ordre officiel "deutérocanoniques", c'est-à-dire "mesurés, mis à part", et ceux qu'ils voulaient garder totalement hors de l'accès des personnes sous contrôle religieux, ils les appelaient "apocryphes".», qui signifie en grec: "Gardé", "Secret" ou "Caché". Ainsi, avec ce mélange de grec et de latin, ils ont créé un vocabulaire mystique et péjoratif. Le terme "spirituel" vient du latin "subtil", mais il était visualisé comme quelque chose d'éthérique ou de fantomatique, puisqu'en grec il faisait référence à "l'air" et en hébreu au "vent". Comme les choses changent d'une langue à l'autre ! Les termes philosophiques des messagers des dieux grecs, "daimones" (démons), furent adoptés comme figures maléfiques, et les autres messagers, parmi les dieux eux-mêmes, furent les bons: "aggelou" (ange). Autrement dit, en grec, le mot "héraut", "messager" ou "émissaire" signifie ange. Il n'y a pas non plus de mythe là-dedans. Dire "religion", c'est parler de "relier à nouveau" ou de "réunir"; Parler de l'enfer, c'est parler d'une légende non biblique, puisqu'elle n'existe pas dans les Saintes Écritures. Ainsi, avec ces exemples, j'espère que le lecteur visualisera la relation disparate entre les enseignements bibliques originaux et l'histoire et l'ampleur de la tromperie qui a surgi lorsque la "Bible" est tombée entre les mains de Rome.

Pour cela, et bien d'autres raisons – que vous pourrez mieux étudier dans mon livre "Réalité ou religion? -, sont apparus de supposés connaisseurs de symbologie et d'histoire ancienne qui trébuchent dans leur analyse, puisqu'ils partent de leurs propres cultures occidentales, et non de la racine hébraïque, parce qu'ils croient qu'Israël est sorti d'Egypte, la Bible de Rome et Jésus de la mythologie personnages hindous. Par exemple, par simple ignorance, on croit que la Genèse fait référence aux "gènes d'Isis", puisqu'ils partent de l'histoire romaine, qui a certes adopté les critères égyptiens, mais pas de la simple langue grecque, dans laquelle langue la genèse se traduit simplement: " générations", car c'est de cela dont parle ce livre: les générations d'Israël, à partir d'Adam. La tradition de la Création étant pratiquement la même partout, les Sumériens avaient leur propre version, presque identique au récit du premier chapitre de la Genèse, qu'ils appelaient "Enuma Elish".

D'autre part, cela est déjà devenu la cause de multiples distorsions, désinformations et débats, comme le terme Sion (Zion, ou Tzion), qui fait référence en théologie à l'idée eschatologique du futur Gouvernement de Dieu sur Terre, le qui serait encadré dans le mont Hermon (zone actuelle du sud du Liban). Sion, Tzion ou Sion était une ancienne référence pour espérer que le Royaume de Dieu viendrait sur notre planète, mais au cours des derniers siècles, c'était le nom adopté par une élite de Juifs financièrement puissante, dont l'intérêt était d'établir, à leurs propres frais, ce royaume, et de le faire aux dépens de l'État d'Israël, à l'insu des Juifs et Israélites ordinaires.

Le Christ et ses homonymes

DIONYSIO. Après de nombreux siècles, tous ceux qui en voulaient à Rome, pour la plupart protestants ou francs-maçons - avant que la franc-maçonnerie et autres ne soient introduits au Vatican -, cherchèrent toutes sortes d'arguments contre l'Église catholique. Ce désir impératif les a amenés à croire qu'ils trouvaient dans d'autres personnages, fondamentalement mythologiques, des homologues de Jésus-Christ, puisqu'ils considéraient que Jésus était une invention de Rome pour contrôler les masses. Sans tenir compte du fait que la divinité principale de Rome est la Vierge Marie, la restructuration de la déesse égyptienne Néfertiti, la figure de Jésus a été prise comme cible à s'effondrer. Par exemple, le chercheur Barry Powell estime que les notions chrétiennes de manger et de boire la "chair" et le "sang" de Jésus ont été influencées par le culte de Dionysos, ou Dionysos.

Puisque le vin était important pour Dionysos, qui était imaginé comme son créateur, on croyait qu'il trouvait un parallèle avec Jésus, à travers le miracle des Noces de Cana: "Le troisième jour, il y eut des noces à Cana en Galilée; *et la mère de Jésus était là. Et Jésus et ses disciples furent également invités aux noces. Et faute de vin, la mère de Jésus lui dit: Ils n'ont pas de vin. Jésus lui dit: Qu'as-tu avec moi, femme? Mon heure n'est pas encore venue. Sa mère disait à ceux qui servaient: Faites tout ce que je vous dis. Et il y avait six jarres de pierre pour l'eau, selon le rite de purification des Juifs, dans chacune desquelles pouvaient tenir deux ou trois cruches. Jésus leur dit: Remplissez ces jarres d'eau. Et ils les ont remplis jusqu'au sommet. Alors il leur dit: Sortez maintenant et apportez-le à l'intendant. Et ils l'ont emporté. Lorsque l'intendant goûta l'eau faite du vin, sans savoir d'où elle venait, bien que les serviteurs qui avaient puisé l'eau le savaient, il appela le mari et lui dit: Tout homme sert d'abord du bon vin, et quand il a beaucoup bu, puis celui du bas; mais vous avez réservé le bon vin jusqu'à présent. Ce début de signes fit Jésus à Cana de Galilée et manifesta sa gloire; et ses disciples crurent en lui.»* (Apôtre Jean 2: 1-11)

Au XIXe siècle, Bultmann et d'autres ont comparé les deux thèmes et ont supposé que la théophanie dionysiaque avait été transférée à Jésus. Heinz Noetzel n'est pas d'accord, arguant que Dionysos n'a jamais vraiment transformé l'eau en vin. Martin Hengel a rétorqué que des traditions opposées seraient anachroniques et que, puisque tous les Juifs de la région étaient familiers avec la transformation de l'eau en vin comme un miracle, on attendait du Messie qu'il l'accomplisse. Peter Wick soutient que l'utilisation du symbolisme du vin dans l'Évangile de Jean, y compris l'histoire des Noces de Cana dans laquelle Jésus transforme l'eau en vin, vise à montrer Jésus comme supérieur à Dionysos. Cependant, les divergences ne peuvent pas être plus grandes: Jésus a deux caractéristiques principales: il est le représentant du Père céleste et il est également le représentant de la race humaine. De plus, il est le roi de l'univers. Cependant, Bacchus

ou Dionysos était le dieu du vin, des réjouissances et des fêtes. Il est l'un des 12 de l'assemblée de Zeus.
Il est clair qu'il n'y a pas de parallélisme puisque même Zeus, son père, était une divinité soumise à une région exclusive (les cieux). Jésus lui-même, par exemple, a été élevé par sa mère biologique, qui a ensuite eu d'autres enfants, tandis que Bacchus a été élevé par des nymphes, puisque sa mère a été carbonisée, non intentionnellement, par Zeus. Une autre version dit que sa mère était la reine des enfers, et il s'agit bien là d'un antagonisme radical. Jésus n'était pas le libérateur auquel les Juifs s'attendaient, car, dit l'Écriture, il fallait que le Messie souffre, meure et ressuscite le troisième jour avant de régner. Cependant, Jésus a enseigné le pardon des péchés et la vie spirituelle, en obéissant par la grâce et la compréhension, aux éléments les plus prééminents de la loi de Moïse. Contrairement à cela, Bacchus aurait été une sorte de libérateur; où ladite libération impliquait et se résumait dans une extase de l'être normal, à travers la folie, la débauche et le vin.
En revanche, on sait, grâce à Matthieu Lévi -un des 12 apôtres-, que Jésus a passé son enfance en Egypte, ce que les détracteurs de l'histoire de Jésus disent qu'elle est tirée de l'histoire de Bacchus (Dionysos), puisque, selon la mythologie grecque, il fut envoyé en Afrique dans son enfance. Cependant, l'histoire ne dit pas qu'il fut envoyé en Égypte mais en Éthiopie. On dit que Jésus a traversé l'Inde à un moment donné avant de commencer son ministère en Galilée, bien que son enfance réelle soit inconnue. Les critiques affirment que c'est la même chose que l'histoire de Bacchus, puisque, officiellement, son enfance n'est pas connue, mais ils affirment qu'il était en Inde. En ce qui concerne les symboles, Jésus en a beaucoup, parmi lesquels la croix, et plus tard le poisson -adopté par le christianisme, non par Jésus-, mais surtout le pain et le vin. De leur côté, les symboles de Bacchus sont antagonistes, puisqu'il s'identifie au serpent et au taureau, précisément les emblèmes anti-juifs, d'autant plus que le

taureau usurpe l'honneur de Jéhovah (Abraham a pris le symbole du taureau, appelé Aleph, et l'a dédié à Jéhovah, vers 2000 avant JC). Pour cette raison, si Bacchus a comme slogans le taureau, le serpent, le lierre et le vin, et parfois le figuier, c'est un mauvais exemple de le relier à Jésus. Jésus n'est pas le vin, mais il a utilisé ce symbolisme, qui ressemble au sang, pour sceller la Nouvelle Alliance, comme Abraham l'avait fait avec Melchisédek 20 siècles auparavant, puisque c'était sa manière de sceller un pacte - avec le pain -. Or, Jésus encourage la chasteté et une vie pieuse, et lui-même a vécu dans la chasteté. Au lieu de cela, Bacchus incitait à l'ivresse et à la luxure et vivait dans des orgies, en plus d'avoir été marié à Ariane, après qu'elle ait été abandonnée par Thésée. Dans cet ordre de choses, Jésus ne s'est pas non plus identifié au figuier, mais le figuier est le symbole de la nation d'Israël, apparue comme telle avant Moïse, vers 1900 avant JC. c.

Concernant le thème du vin, Jésus est présenté comme "*la vraie vigne*", "*la résurrection*", "*la vie*", "*la lumière venue dans le monde*", tandis que Bacchus était connu comme le dieu du vin et avec le symbole de la vigne de la vigne (la fausse vigne). Qu'est-ce que cela signifie? Si Jésus parlait de la "*vraie vigne*", c'est parce qu'il supposait qu'il existait une vigne qui n'était pas vraie: "*Je suis la vraie vigne, et mon Père est le vigneron. Tout sarment en moi qui ne porte pas de fruit, il l'enlève; et tout ce qui porte du fruit, il le purifie, afin qu'il porte davantage de fruit. Vous êtes déjà purs à cause de la parole que je vous ai dite. Reste en moi et moi en toi. De même que le sarment ne peut pas porter de fruit par lui-même, s'il ne demeure pas dans la vigne, ainsi vous non plus, si vous ne demeurez pas en moi. Je suis la vigne, vous êtes les sarments; celui qui demeure en moi, et moi en lui, celui-là porte beaucoup de fruit; parce que sans moi tu ne peux rien faire.* (Apôtre Jean 15: 1-5) L'apôtre Jean enregistre ce dialogue, et il est entendu que Jésus parle de donner un résultat basé sur le message qu'il est venu enseigner, attendant de ses disciples qu'ils portent "plus de fruit", c'est- *à*- dire plus de résultats que ce qu'il a lui-même donné en 3 ans et demi de travail.

C'est évident, Jésus a utilisé comme références les choses que connaissaient les gens des environs, notamment le travail du sol. Il connaissait également l'influence grecque, car la Galilée était un point de convergence où la Grèce jouait un grand rôle dans la culture – c'est pourquoi ils appelaient la région "*Galilée des Gentils*". En ce qui concerne la chasteté et la pureté, Jésus ne ressemble à aucun des personnages qui lui sont attribués, comme une invention apparue sous l'influence de chacun d'eux. Il est masculin et incite à l'obéissance aux commandements de Moïse, tandis que Bacchus est représenté comme efféminé ou mi-homme et mi-femme, de la même manière que cela se produit avec Attis. Cependant, Jésus a surpris par sa sagesse et son éloquence, ayant été éprouvé en tout, mais sans avoir péché en rien. Au lieu de cela, Bacchus fut rendu fou par Héra et erra pendant un certain temps, tandis que Déméter fut chassé du panthéon olympien.

Jésus a enseigné à rejeter la richesse et le matérialisme, tandis que Dionysos pouvait donner aux autres le pouvoir de transformer tout ce qu'il touchait en or. C'est une contradiction parmi tant d'autres: "*Prenez garde et gardez-vous de toute convoitise; parce que la vie de l'homme ne consiste pas dans l'abondance des biens qu'il possède.*» (Docteur Luc 12:15) Et avec bien d'autres paroles, Jésus a enseigné qu'"*il est plus facile à un chameau de passer par le trou d'une aiguille qu'à un homme riche d'entrer dans le royaume de Dieu*". (Apôtre Matthieu Lévi 19:24) Un autre sujet de débat à cet égard est le fait que Jésus est ressuscité des morts trois jours après sa mort, alors qu'il avait environ 33 ans. En parallèle, certains voient Dionysos comme étant ressuscité dans son enfance après avoir été mutilé par les Titans sur ordre d'Héra, cependant, cette résurrection apparente ne s'est pas produite du tout comme on le raconte. Ce n'est pas que je dis que c'était vrai, mais que le mythe est déformé, puisque les titans ont mangé presque tout l'enfant, à l'exception du cœur, que Zeus a mis dans le ventre de Sémélé.

Il ne s'agit donc pas d'une résurrection telle qu'elle est enseignée dans le judaïsme. En fait, Jésus n'était pas la première personne à être ressuscitée ni la seule en Israël. Avant lui, de nombreuses personnes ont ressuscité à Jérusalem (Apôtre Matthieu Lévi 27: 52-53), lui-même a ressuscité de nombreuses personnes - parmi lesquelles son ami Lazare - et ses disciples ont également continué à le faire, car c'était l'un des clés de la puissance et de la mission de Jésus-Christ: "*Guérissez les malades, purifiez les lépreux, ressuscitez les morts, chassez les démons; vous avez reçu gratuitement, donnez gratuitement.»* (Apôtre Matthieu Lévi 10:8) De plus, à l'époque du règne d'Israël, des siècles avant Jésus, le prophète Élisée ressuscita un jeune homme: "Quand Élisée entra dans la maison, voici, l'enfant gisait mort *sur son lit. Il entra alors, ferma la porte derrière eux deux et pria Jéhovah. Alors elle s'approcha et se coucha sur l'enfant, mettant sa bouche sur sa bouche, et ses yeux sur ses yeux, et ses mains sur ses mains; alors elle s'étendit sur lui, et le corps de l'enfant devint chaud. Se retournant alors, il arpentait la maison, puis grimpait et s'étendait de nouveau sur lui, et l'enfant éternua sept fois et ouvrit les yeux.* " (2e Rois 4: 32-35, Ancien Testament)

Il est évident que Jésus s'est identifié à la Résurrection et à la Vie, puisque telle était sa mission: "*Le voleur ne vient que pour voler, tuer et détruire; Je suis venu pour qu'ils aient la vie et qu'ils l'aient pleinement.»* (Apôtre Jean 10:10) Qu'est-ce que cette vie abondante? Que Jésus est venu pour éradiquer la mort, apporter la Résurrection sur tous les hommes et nous accorder une vie éternelle, sans mort, sans vieillissement, sans maladie et sans détérioration, mais en temps voulu, "jusqu'à ce que tout s'accomplisse". (Apôtre Matthieu Lévi 5:18) En poursuivant ces parallèles apparents, nous constatons que Jésus se proclame le lion de la tribu de Juda. Un jour, Dionysos s'est transformé en lion, dans un bateau, mais ce n'est pas sa caractéristique. Ce n'est pas une similitude, d'ailleurs, Jésus est appelé lion parce que le lion est un animal étranger –en Israël-, qui est le maximum en souveraineté. C'est le meilleur exemple pour le caractériser, et parce que Juda, la tribu avec laquelle il est caractérisé, a compris que le lion était son emblème, c'est-à-dire que Jésus a dit qu'il était le représentant et le roi de Juda, la caste israélite dont le la monarchie vient de la postérité de Jacob.

Il n'est pas nécessaire d'aller plus loin pour voir d'autres exemples disparates entre Jésus et Dionysos, comme par exemple que Jésus est le "*Prince de la Paix*", tandis que Dionysos, selon la littérature grecque, avait un certain caractère destructeur. Or, en ce qui concerne sa nature, Jésus est le premier-né de toute la Création et le seigneur de l'univers entier, tandis que Dionysos n'était qu'une divinité de plus du panthéon olympien. Jésus a enseigné que son sang est la nouvelle alliance et que sa chair est le corps ou l'organisation qui la précède, rappelant l'alliance en tant que telle, déjà conclue aux jours d'Abraham et de Melchisédek. Comme je l'ai déjà dit, il utilisait le pain et le vin comme symboles, c'est pourquoi on dit qu'il était le créateur du vin, même s'il n'est jamais mentionné qu'il a transformé l'eau en vin. Jésus-Christ est le Messie d'Israël, sa propre nation, tandis que Bacchus était un dieu étranger. Cependant, le seul parallèle logique est que Jésus avait un beau-père, mais qu'il est décédé à l'âge de 14 ans, tandis que Bacchus vivait avec son père adoptif.

ATIS. Cette figure grecque, bien sûr, est un autre emblème apparent dont on dit, par ignorance, que les chrétiens ont inventé Jésus – puisque Jésus, comme nous l'avons déjà vu, est plus qu'un personnage historique. Pour commencer, la première référence littéraire à Attis fait l'objet d'un des poèmes les plus célèbres de Catulle, mais il semble que le culte d'Attis à Rome ne se soit associé au culte préexistant de Cybèle qu'au début de l'Empire, c'est-à-dire c'est quelque chose d'assez récent. Initialement, Attis était un demi-dieu phrygien local,

plus particulièrement connu sur la montagne Agdistis, personnifié comme un démon (démon). Les identifications du nom Atys remontent au 19ème siècle et se retrouvent chez Hérodote, mais comme nom historique du fils de Crésus, dans "*Atys le dieu soleil, blessé par la défense du sanglier*", et comme divinité de la vie., la mort et la résurrection telles que décrites par James Frazer sont fausses.
Nous en savons déjà plus sur la nature de Jésus, cela n'a donc aucun sens de revendiquer une source pour le mythe d'Attis, qui était la lignée du démon Agdistis, qui avait initialement des attributs masculins et féminins, et qui aurait eu des attributs masculins et féminins son organe masculin a été coupé et ils l'ont jeté, poussant sur le site où est tombé un amandier, d'où Attis a émergé plus tard. Comme dans le cas d'autres personnages grecs tels que Dionysos, Héphaïstos ou Zeus, il a été élevé en dehors du ventre paternel et maternel, soigné par un bélier – un emblème qui ne correspond pas du tout à Jésus-Christ, mais plutôt son contraire. On parle aussi des parents adoptifs d'Attis, qui l'envoyèrent à Pesino, où il devait épouser la fille du roi. Où est le parallèle avec Jésus? Parmi les choses particulières d'Attis, on dit qu'il est devenu fou et s'est coupé les organes génitaux, ce qui, apparemment, a conduit à sa mort. Attis renaît sous la forme d'un pin à feuilles persistantes. Cette prétendue renaissance a été célébrée le 25 mars et, bien qu'elle ressemble plus à Dionysos qu'à Jésus.
Des récits de prétendues "résurrections" sont également visibles dans l'histoire de Dumuzi et de l'arbre de Nimrod. Il n'est pas dit de Jésus qu'il fut nécessairement mort pendant trois jours, mais qu'il mourut, " *fut rendu à la vie* ", et dans cet état il descendit aux Enfers dans le but de s'approprier les clés de la mort et de rendre témoignage à aux morts et aux anges déchus. A part cela, Attis ne ressemble en rien à Jésus ou vice versa. Ces personnages susmentionnés renaissaient de choses déjà créées et transformées par l'œuvre apparente d'autres dieux, qui dans de nombreux cas ne pouvaient pas les aider à revenir

à leur état normal: “Car le Christ aussi a souffert une fois *pour les péchés, le juste pour les injustes, pour conduire nous à Dieu, étant effectivement morts dans la chair, mais rendus vivants en esprit; dans lequel il alla aussi prêcher aux esprits emprisonnés, ceux qui autrefois désobéirent, alors qu'autrefois la patience de Dieu attendait aux jours de Noé, pendant la préparation de l'arche, dans laquelle peu de personnes, c'est-à-dire huit, furent sauvées par l'eau.»* (Première Lettre de Pierre 3:18-20)

KRISHNA. On dit dans l'hindouisme que Krishna était l'un des nombreux avatars du dieu Vishnu, et dans le Krisnaïsme, Krisná - comme on le dit parmi eux - est la forme principale de Dieu, dont émanent Vishnu et les autres dieux. Ce qu'on appelle Dieu, ou Brahma, est un concept hindou qui n'était pas connu en Israël et qui a mis du temps à se faire connaître à Rome à cette époque. Selon le sanscritologue britannique Monier-Williams (1819-1899), le terme sanskrit krishna signifie: noir, sombre, type de démon ou esprit des ténèbres, se comportant de manière sombre, nom d'un enfer, de l'âge des ténèbres. Selon les jaïnas, Krishná est l'un des neuf vasu devas noirs. Selon les bouddhistes, il est le chef des démons noirs, ennemis du Bouddha et des démons noirs. D'autres disent que c'est le nom d'un asura (démon), etc.

Toutes les ressemblances avec des êtres obscurs et diaboliques ne semblent pas être un exemple de Jésus-Christ, qui, justement, chassa les démons, et qui dit clairement aux chefs religieux juifs qui se disaient ministre de Belzébuth: “Je n'ai pas un démon, j'honore plutôt *mon Père; et tu me déshonore.*" (Apôtre Jean 8:49) Fondamentalement, le terme Krisna est associé à la couleur noire, c'est pourquoi il est appelé Le Seigneur des Ténèbres, une qualité et une désignation opposées à Jésus. Krishna était considéré comme un dieu berger. Cependant, Jésus n'a jamais dit qu'il était un dieu – même si cela était compris par sa manière de parler du Père –, ni un berger ou un dieu pasteur. De plus, les références aux dieux polythéistes étaient totalement contraires au théisme hébreu, et en cela leur différence abyssale était caractérisée dans tous les domaines. Pour les Israélites, il n'y a qu'un seul Dieu, Jéhovah, et les autres sont des usurpateurs et des insensés.

Précisément, l'un des arguments des Juifs pour renier Jésus est le fait que les chrétiens les considèrent comme "le Fils de Dieu", ce qui est clairement anti-juif, puisqu'il n'y a aucune référence au fait que Jéhovah ait un fils. De plus, la Torah dit que Dieu est le seul Dieu et qu'il n'y a pas d'autre que Lui. Ceux qui ont appelé Jésus "Fils de Dieu" ou "un dieu" n'étaient pas juifs. Ses disciples, à l'époque, n'en comprenaient pas la signification, précisément parce qu'ils ne savaient pas que Dieu avait un fils, puisqu'ils s'attendaient à ce que ce soit un roi libérateur de la tribu de Juda, qui devait être l'Oint de Dieu gouverner tout Israël et le libérer de l'oppression des peuples étrangers. Quand certains parlaient de Jésus, ils en arrivaient à l'identifier comme "un fils de Dieu", mais pas comme "le fils de Dieu", puisque par cette règle nous sommes tous enfants de Dieu.

Or, l'étude du Tanak a montré qu'il était très probable que le Messie avait une nature divine et immortelle, mais cela n'a pas été compris dans son contexte – en fait, il a fallu beaucoup de temps aux disciples pour le comprendre et l'assimiler. Bien que tous deux soient appelés bergers, Krisná était berger des vaches, tandis que Jésus est berger des hommes, qu'il appelle affectueusement des brebis. De plus, Jésus, connaissant toutes ces traditions car caractérisé par sa grande érudition, dit: "*Je suis le bon berger; le bon berger donne sa vie pour ses brebis. Mais le mercenaire, qui n'est pas le berger et à qui les brebis ne lui appartiennent pas, voit le loup venir, laisse les brebis et s'enfuit, et le loup enlève les brebis et les disperse. Alors le mercenaire s'enfuit, parce qu'il est un mercenaire et qu'il ne se soucie pas des brebis. Je suis le bon berger; et je connais mes brebis, et les miennes me connaissent, tout comme le Père me connaît, et je connais le Père; et je donne ma vie pour les brebis.»* (Apôtre Jean 10:11-15) S'il parle d'être "*le bon berger*", c'est parce qu'il expose qu'il y en a d'autres qui ne sont pas de bons bergers ou qui sont des imposteurs. Aucun dieu n'a jamais donné la vie à l'humanité, pas même certaines de ces prétendues épithètes qui existaient avant Jésus.

Outre le fait que le concept de réincarnation est contraire aux traditions hébraïques, il est révélateur d'actions sataniques, puisque la possession humaine est considérée comme une violation des lois naturelles à moins qu'elle ne porte sur votre propre et unique corps: "Et de la même manière *que Il est établi pour les hommes qu'ils ne meurent qu'une seule fois, et après cela vient le jugement, de même Christ n'a été offert qu'une seule fois pour porter les péchés de plusieurs; et il apparaîtra une seconde fois, sans rapport avec le péché, pour sauver ceux qui l'attendent.* (Lettre aux Hébreux 9:27-28) Eh bien, Krisná appartenait à la tribu des iadus, de la dynastie de la Lune, ce qui entre en conflit avec le judaïsme, puisque la lune était un symbole naturellement négatif. On raconte que Kriná fut averti par un sage nommé Nárada Muni qu'il mourrait aux mains d'un fils de sa sœur la princesse Devakī avec son mari Vasudeva. Apparemment il y a une certaine ressemblance, mais Jésus n'a pas été tué par un parent, mais par un étranger.

Bien que la culture Krisna ne corresponde pas à ce parallélisme, on peut trouver une racine dans l'hindouisme, où l'on dit que Vishnu s'est incarné dans Krisná. Cependant, même si cela ressemble à un récit semblable à celui de Jésus, sur un petit point, la relation entre le Saint-Esprit et Jéhovah avec Vishnu est totalement hors contexte. Vishnu a été important pour les hindous, mais il n'est ni primordial ni supérieur à Brahama. Dans le cas de Jésus, il a clairement indiqué qu'il n'y a pas de souverain sur le Père céleste dont il est issu. Jésus n'était pas une incarnation de Jéhovah ou du Père céleste ou du Saint-Esprit, mais plutôt un représentant: "*Personne n'a jamais vu Dieu; le Fils unique, qui est dans le sein du Père, c'est lui qui l'a fait connaître.*» (Apôtre Jean 1: 18) Jésus est venu nous présenter le Père, un concept qui n'a d'apparence qu'en Scandinavie, où ils appelaient Odin le Père de Tout. Cependant, même s'il existait des épithètes similaires, leurs caractéristiques, leur vie et leur histoire étaient totalement différentes.

Il s'agissait, dans la mission de Jésus d'enseigner l'archétype du Père Céleste, que l'humanité sache qu'il existe une paternité avec un Dieu, qui est le Créateur de tout ce qui existe, alors que dans le polythéisme, les dieux étaient d'une caste supérieure et utilisait les mortels à leur guise: "*Le Dieu qui a créé le monde et tout ce qu'il contient, étant Seigneur du ciel et de la terre, n'habite pas dans des temples construits par des mains humaines, et il n'est pas non plus honoré par des mains d'hommes, comme s'il en avait besoin quelque chose; car c'est lui qui donne à tous la vie, le souffle et toutes choses. Et d'un seul sang il a fait toute la lignée des hommes, afin qu'ils habitent sur toute la face de la Terre; et il leur a fixé l'ordre des temps et les limites de leur habitation; afin qu'ils cherchent Dieu, si d'une manière ou d'une autre, par le sentiment, ils peuvent le trouver, bien qu'il ne soit certainement pas loin de chacun de nous. Car en lui nous vivons, nous bougeons et avons notre être; comme l'ont également dit certains de vos propres poètes: Parce que nous sommes sa lignée. Étant donc une lignée de Dieu, nous ne devons pas penser que la Divinité soit semblable à l'or, ou à l'argent, ou à la pierre, à la sculpture de l'art et à l'imagination des hommes.*» (Actes des Apôtres 17: 24-29)

Les autres caractéristiques de Krisná ne font qu'empirer les choses pour ceux qui recherchent un argument permettant d'affirmer que Jésus est un personnage mythologique d'origine hindoue: il s'est mal comporté lorsqu'il était enfant, a eu des liaisons avec des bergères, était un héros rusé, a tué des géants qui voulaient pour l'assassiner dans son enfance, a élevé son royaume en son temps, a évolué notoirement dans un environnement polythéiste, a eu 16 108 femmes, a eu des milliers d'enfants, a été tué accidentellement par un chasseur, est mort à l'âge de 125 ans. Jésus n'a aucune de ces caractéristiques: elles sont toutes à l'opposé de lui. Un autre aspect à noter est la référence védique selon laquelle Krisná est un être éternel, sans naissance ni mort, qui aurait adopté un corps temporaire pour pouvoir naître et mourir sur Terre, mais en même temps il serait éternellement présent sur sa planète spirituelle. Ses fidèles considèrent que s'abandonner à lui (avoir krisná chaitania, "conscience de Krishná") les conduit à la perfection spirituelle et au bonheur éternel.

Évidemment, certains auraient postulé que cela s'apparente à la position chrétienne du salut et de la vie éternelle. Cependant, Jésus, bien qu'il parle du progrès spirituel en chacun, jusqu'à atteindre sa "*plénitude*", souligne l'Espérance dans la promesse de la Résurrection de tous les morts pour acquérir un corps "*incorruptible*" et "*immortel*". Le Christ affirme également qu'il reviendra avec le Royaume de son Père pour régner sur la Terre, et qu'il se trouve désormais dans sa cité céleste, qui vient d'une partie lointaine de l'univers. Bien que Krisna soit mort et ait été considéré comme un être éthérique, cela n'arrive pas avec Jésus, qui est physiquement vivant – pardonnez la redondance –, comme il l'a montré à ses disciples après sa résurrection: "Regardez mes mains et mes pieds, que je suis moi-même; *manipulez et voyez; car un esprit n'a ni chair ni os, comme vous le voyez, j'en ai.»* (Docteur Luc 24:39)

MITRA. Connu comme le dieu de la lumière du soleil, Mithra apparaît comme un autre des êtres supposés qui ont inspiré le christianisme pour donner naissance à la figure de Jésus. Comme vous pouvez déjà le constater, tous ces personnages n'ont rien à voir avec Jésus, qui est clairement supérieur à eux tous, et clairement un personnage historique qui a marqué l'humanité. Eh bien, Mithra, personnalité perse et indienne passée dans la Rome antique, est représenté comme un jeune homme, coiffé d'un bonnet phrygien, tuant un taureau à mains nues. Durant l'Empire romain, le culte de Mithra s'est développé comme une religion à mystères, et s'est

organisé en sociétés secrètes, exclusivement réservées aux hommes, à caractère ésotérique et initiatique. Il jouissait d'une popularité particulière dans les environnements militaires. Il a imposé l'honnêteté, la pureté et le courage à ses partisans. D'après les découvertes archéologiques, on sait que le culte de cet être est une religion d'origine persane, adoptée par les Romains en 62 avant JC. C., qui concurrença le christianisme jusqu'au IVe siècle.
Il existe vraiment peu de textes écrits par des auteurs mithraistes. Certaines peintures et inscriptions ont survécu, ainsi que des descriptions de cette religion par ses opposants, notamment les néoplatoniciens et les chrétiens. Une grande partie de ce qui a circulé à propos de ce mithraïsme repose sur les théories d'un érudit belge nommé Franz Cumont. Son ouvrage intitulé "Les Mystères de Mithra", publié en 1903, conduit à des affirmations de l'École d'histoire des religions, dans le sens où le mithraïsme aurait influencé certaines pratiques du christianisme naissant, mais ceci n'étant que son point de vue. Au fil du temps, cela a conduit à des cercles universitaires plus populaires - et avec la graine que Kersey Graves avait semée avec son livre (considéré comme une pseudo-histoire par les érudits chrétiens et non chrétiens) "Les seize sauveurs crucifiés du monde", en 1875 - un une légende urbaine très élaborée s'est formée sur une prétendue naissance virginale de Mithra, ainsi que sur une prétendue mort et résurrection de ce personnage, et plusieurs autres points qui relient étroitement sa vie à celle de Jésus de Nazareth.
Cette hypothèse n'a aucun fondement historique et ne correspond pas aux données disponibles sur le mithraïsme, encore moins à l'histoire que l'on peut extraire des découvertes historiques sur Mithra. Les propres idées du révolutionnaire Alfred Loisy n'ont aucun support contre la base de la culture hébraïque. Loisy a été l'un des précurseurs qui ont dit que le christianisme était basé sur un judaïsme païen qui absorbait les autres cultures d'Europe, mais cette affirmation n'est rien de moins que ridicule, si l'on considère que

le judaïsme est précisément anti-païen. Même ainsi, l'hypothèse est restée solidement ancrée jusqu'à aujourd'hui. Par exemple, le secret du Mithraïsme n'était pas la foi mais les rites, quelque chose d'acceptable pour Israël, si l'on ignore les traditions juives, mais non applicable au christianisme. Les confréries de Mithra n'admettaient que des hommes et non des femmes qui ne participaient pas aux fonctions du culte, contrairement au christianisme.

De plus, le paganisme de la trinité d'Athanase qu'a imposé le catholicisme a ici une similitude, puisque le Père est Zeus-Ormazd, le fils est Mithra et l'autre est le taureau. Cependant, à la lumière de l'histoire, Zeus est associé à l'ennemi de Jéhovah, Baal le Cananéen, et le taureau est également un usurpateur de Jéhovah. La trinité elle-même est anti-biblique et rejetée dans le judaïsme, comme elle l'était chez les premiers chrétiens – adoptée plus tard par Constantin. Concernant d'autres références, comme le mythe du sacrifice du taureau, presque tout est ambigu. Ledit sacrifice symbolique lors du rite aux mains de Mithra avait pour but la rédemption et l'immortalité des adeptes. Sur le sacrifice du taureau (représentant Mitra) reposait l'équilibre du monde et le salut des hommes. Bien que cela ressemble plus à un plagiat du mithraïsme au christianisme original que l'inverse. Le reste de l'association avec le taureau est une "hérésie" complète – si l'on utilise la valorisation que Rome a donnée à ce mot latin.

Connaissant le rejet de la loi de Moïse au culte des étoiles, dans les rites de Mithra sont adorés les 7 étoiles, qui sont clairement des similitudes avec les "principautés *et puissances*" que Paul a désignées comme "*des armées de méchanceté dans les lieux célestes*".» (Lettre de Paul aux Éphésiens 6, 12) Ensuite, il y a le fait que les Israélites consacraient le septième jour, sans rapport avec les étoiles – parce que c'était interdit –, tandis que ceux de Mithra, comme dans le catholicisme, adorent le soleil. En outre, comme à Rome, ceux de Mithra avaient pour pères des dirigeants qui, dans le judaïsme et le christianisme primitif, étaient allégoriquement destinés aux dirigeants d'Israël tels qu'Abraham, Isaac et Jacob, bien que Jésus n'acceptait certainement aucune relation avec qui que ce soit: "*Et n'appelle ton père ton père à personne sur Terre; car votre Père est unique, celui qui est aux cieux.*" (Apôtre Matthieu Lévi 23:9) Apparemment, Mithra aurait baptisé ses croyants et promis l'expiation des péchés par l'effet du bain. Ce n'est que dans ce culte que l'on imposait un signe sur le front attaché au baptême, comme dans l'Église catholique.

En tout cas, le baptême n'était pas quelque chose de nouveau dans le Jourdain à l'époque de Jean-Baptiste. Il existe des références au baptême même en Scandinavie, que ce soit pour l'initiation, la naissance symbolique ou pour la libération, car c'est précisément la base de sa signification: "immerger" (grec: "baptos"). D'autres auteurs voient également un parallèle entre le christianisme et le mithraïsme dans le sens où la naissance de Mithra était célébrée le 25 décembre, mais Jésus n'est pas né en hiver. Rome, toujours coupable de toute cette désinformation, a adopté le 25 décembre pour la naissance de Jésus, pour s'adapter à son paganisme et à son polythéisme. C'est pourquoi les attributs du pater -le plus haut niveau d'initiation dans le mithraïsme- étaient le bonnet phrygien, la verge et l'anneau, très semblables à la mitre, au bâton et à l'anneau des évêques catholiques. La Rome catholique est un déguisement pour le culte égyptien, babylonien et grec.

Depuis le concile de Nicée en 325 après JC, lorsque le catholicisme est né, le vrai message, les enseignements et les principes de Jésus et de ses apôtres avaient déjà été perdus. Justement, en parlant déjà de la naissance de Jésus, "*il y avait dans la même région des bergers qui veillaient et gardaient la nuit leur troupeau*". (Docteur Luc 2:8) Des bergers au milieu d'une nuit d'hiver? Cela est dû au manque de culture, car personne ne broute les nuits d'hiver car elles sont glaciales. En plus d'être une divinité absorbée par les Romains,

Mithra est une figure védique originaire d'Inde, un dieu supposé. Selon le Bhagavata Purana, il est le dieu qui contrôle le mouvement intestinal (en sanskrit le terme mitra signifie "ami"). Pour comprendre l'importance du prosélytisme polythéiste, il faut se concentrer sur les racines mythologiques de toutes ces personnalités. Mitra serait, selon une autre version, l'un des Aditya, les enfants de la déesse Aditi. Selon certaines sources, ses frères pourraient avoir sept ou huit ans, bien que d'autres références vont jusqu'à dire qu'ils pourraient avoir jusqu'à trente et un ans.

Aditya indique leur classification en tant que dieux solaires et/ou célestes. Selon le Rig Veda, Aditi est une divinité féminine, mère de tous les dieux, épouse de Kashyapa et fille de Daksha, un dieu ancêtre mineur de l'univers. On dit qu'elle contient tout et pourrait être considérée comme la "nature" ou la "déesse créatrice primitive", ce qui est le même que le concept commun de "Terre mère", populaire dans le naturalisme. Il est important de noter que pour croire en Jéhovah ou accepter le monothéisme, la société a tendance à se fermer, mais pour croire en d'autres figures divines comme Mère Nature ou en saints catholiques ou vierges de pierre, de bois, de porcelaine ou de plâtre, tout le monde en est de fervents dévots. Mithra est un dieu secondaire du soleil et cela, comme le reste de ses caractéristiques, n'a rien à voir avec Jésus. Dès le début, Jésus ne s'est jamais identifié au soleil, d'ailleurs étant, cette idée, une violation des commandements donnés à Moïse, et que le prophète Jérémie reprochait à Israël.

Parce qu'ils grondaient le peuple, ils dirent à Jérémie: "*La parole que tu nous as dite au nom de Jéhovah, nous n'entendrons pas de toi; mais nous mettrons certainement en pratique toutes les paroles qui sont sorties de notre bouche, pour offrir de l'encens à la reine du ciel, en lui versant des libations, comme nous et nos pères, nos rois et nos princes l'avons fait dans les villes de Juda. et sur les places publiques de Jérusalem, et nous avions du pain en abondance, et nous nous réjouissions, et nous ne voyions aucun mal. Mais depuis que nous avons cessé d'offrir de l'encens à la reine du ciel et de lui verser des libations, nous manquons de tout, et nous sommes consumés par l'épée et par la famine. Et lorsque nous avons offert de l'encens à la reine du ciel et versé des libations sur elle, lui avons-nous préparé des gâteaux pour l'adorer et lui avons-nous versé des libations sans le consentement de nos maris?"* (Prophète Jérémie 44:16-19) À cause de cet entêtement et de cette désobéissance, les Israélites furent plus tard livrés entre les mains de leurs ennemis.

Ces paroles et ces événements furent rappelés plus tard par l'apôtre: "*Et Dieu se retira et les livra au culte de l'armée des cieux; comme il est écrit dans le livre des prophètes: M'avez-vous offert des victimes et des sacrifices dans le désert pendant quarante ans, maison d'Israël? Au contraire, vous portiez le tabernacle de Moloch et l'étoile de votre dieu Renfan, figures que vous vous êtes faites pour adorer. Alors je te porterai au-delà de Babylone.*» (Actes des Apôtres 7:42-43) Si Jéhovah punissait les Israélites pour ces pratiques, et précisément pour avoir adoré ces dieux qu'ils comparent à Jésus, comment les Juifs allaient-ils créer un Messie qui représentait tout ce qui violait les lois? codes, si Jésus lui-même ordonnait au peuple d'obéir à Dieu? C'est pourquoi il affirmait: "*Ainsi, quiconque enfreint un de ces très petits commandements, et enseigne ainsi les hommes, très peu sera appelé dans le royaume des cieux; mais quiconque les pratique et les enseigne sera appelé grand dans le royaume des cieux.*» (Apôtre Matthieu Lévi 5:19)

Et une autre fois, il dit à un jeune homme riche qui lui demandait comment hériter du Royaume de Dieu: "*Mais si tu veux entrer dans la vie, observe les commandements. Il lui dit: Lesquels? Et Jésus dit: Tu ne tueras pas. Vous ne devez pas falsifier. Tu ne voleras pas Vous ne ferez pas de faux témoignage. Honorez votre père et votre mère; et, Tu aimeras ton prochain comme toi-même.* (Apôtre Matthieu Lévi 19:17-19) Par la suite, de manière résumée, Jésus expose son approbation de la loi de Jéhovah: "*Et l'un d'eux, interprète de la loi, demanda à le tester, disant: Maître, quel est le grand commandement?Dans la loi? Jésus lui dit: Tu aimeras le Seigneur ton Dieu de tout ton cœur, de toute ton âme et de toute ta pensée. C'est le premier et grand commandement. Et la seconde est similaire: Tu aimeras ton prochain comme toi-même. De ces deux commandements dépendent toute la loi et les prophètes.»* (Apôtre Matthieu Lévi 22:35-40)

Un autre des parallèles qui tentent d'associer Jésus à Mithra est le fait qu'il est lié aux serments, aux promesses, aux contrats, à l'honnêteté, à l'amitié et aux rencontres, ainsi qu'à être considéré comme le doux soleil du lever du soleil. Mais qu'est-ce que cela a à voir avec Jésus? La seule chose que le Christ enseigne ici est l'amour de l'amitié et de la camaraderie, en plus d'enseigner évidemment, à travers son exemple, l'honnêteté, mais pour partir de ces exemples il n'est pas nécessaire de copier qui que ce soit. Jésus n'est pas le soleil, encore moins le soleil du matin, bien qu'il ait pouvoir sur l'étoile du matin: "*À celui qui vaincra et gardera mes œuvres jusqu'à la fin, je lui donnerai autorité sur les nations, et il les gouvernera avec un barre de fer.", et ils seront brisés comme un vase de potier; comme je l'ai aussi reçu de mon Père; et je lui donnerai l'étoile du matin.»* (Apocalypse de Jean 2:26-28)

Jésus n'est évidemment pas une étoile en tant que telle, et d'ailleurs, s'il donne cette étoile au vainqueur, se donne-t-il lui-même? Or, il est évident que le concept de l'étoile du matin ne peut pas être quelque chose de littéral, puisqu'il dit lui-même: "*Moi Jésus, j'ai envoyé mon ange pour vous témoigner ces choses dans les églises. Je suis la racine et la postérité de David, l'étoile brillante du matin.»* (Apocalypse de Jean 22: 16) Si Jésus associe le fait de descendre de David au symbole de l'étoile du matin, il peut s'agir de l'étoile de David, encore une fois un symbole. Dans la culture hébraïque, les anges sont représentés comme des étoiles. En fait, on dit que Satan était l'étoile du matin, quelque chose qui fait simplement référence à un titre qu'il détenait et que Jésus lui enlève. Le simple concept fait référence à l'origine des choses, à la lumière qui a eu lieu pour la première fois, puisque Jésus est connu comme "*l'image du Dieu invisible, le premier-né de toute création*". (Lettre de Paul aux Colossiens 1:15) Nous parlons de Jésus ayant les plus grands titres qu'aucune divinité ait jamais eu et ayant une origine et une nature encore plus grandes que toutes.

Qu'est-ce que tout cela signifie? que les dieux qui étaient censés être avant lui sont considérés par Jéhovah comme des anges déserteurs, que Jésus a ridiculisés avec son arrivée, son ministère, sa mort et sa résurrection: "Et vous, étant morts par vos péchés et par l'incirconcision de votre chair, il vous a donné la vie *ensemble avec lui, vous pardonnant tous vos péchés, annulant l'écriture des décrets qui étaient contre nous, qui nous étaient contraires, l'enlevant du chemin et la clouant sur la croix, et* ***dépouillant les principautés et les pouvoirs, il les exhiba publiquement, triomphant sur eux sur la croix.*** **»** (Lettre de Paul aux Colossiens 2:13-15) On peut continuer à trouver des incohérences sur les parallèles apparents de Jésus avec ces divinités, comme la référence au Rig Veda, où le rôle de dieu lune ou Chandra, attribué plus tard à Shiva, est mentionné., qui a reçu Mithra. La lune, comme je l'ai déjà dit, est un symbole anti-hébreu, en tant que culte – bien qu'il soit basé sur le calendrier lunaire. Comme nous le verrons avec le prochain candidat, l'histoire des dieux ennemis de Jéhovah n'était pas un mythe ou une figure de style, puisqu'il s'agissait de personnages qui, comme l'affirment les théoriciens des astronautes du passé, sont descendus du ciel sur la terre dans des temps très anciens et sont devenus des dieux.

ZOROASTRON. Or, parmi ces divinités, la seule personnalité humaine attribuée comme prédécesseur de Jésus est Zoroastre. On raconte qu'il est né d'une vierge, qu'il a été baptisé dans une rivière, qu'il a commencé à prêcher à l'âge de 30 ans, qu'il a été tenté dans le désert par des démons, qu'il a rendu la vue à un aveugle, qu'il il révéla les mystères du ciel, la résurrection de l'âme et le salut, et qu'il était célébré en mangeant son corps comme symbole – une sorte d'Eucharistie telle que développée par les catholiques. Et bien, bien qu'il soit un humain, en fait, un prophète, comme Jésus l'est également, rien de ce qui précède ne peut être soutenu historiquement. La raison est simple, on sait peu ou rien de lui directement, et les quelques références connues sont entourées de mystère et de légende.

En tant que références officielles à Zoroastre, aucune des affirmations ci-dessus n'est enregistrée, sauf qu'il était l'un des premiers précurseurs du monothéisme et qu'il avait fortement influencé l'ancienne Perse et l'Afghanistan. Il parlait pratiquement des mêmes choses qui ont été entrevues plus tard également dans le christianisme et l'islam, qui étaient crues par les Hébreux et qui étaient similaires aux idées que le pharaon Akhénaton en est venu à croire et les Romains à une époque où ils considéraient qu'en effet il y avait un seul Dieu, appelé Numen. Il est donc plus probable que tous ces prétendus parallèles soient une invention de ceux qui tentent de discréditer Jésus de Nazareth. Les enseignements de Zoroastre ou de Zarathoustra, selon la langue utilisée, sont compilés dans ce qui reste de l'Avesta, où il expose ses croyances sous forme de chants.

HORUS. Son nom signifie "l'Exalté", un titre très approprié pour une divinité. Jésus signifie "Salut", car il est venu humblement pour sauver les hommes de leurs péchés. Horus est directement associé à l'Apollon grec, dont le surnom était Phoebus, le dieu solaire, successeur d'Hélios. Horus a été identifié comme un faucon ou un homme à tête de faucon. Depuis l'Ancien Empire, le pharaon est la manifestation d'Horus sur Terre, même si à sa mort, il deviendra un Osiris et fera partie du soi-disant dieu créateur Ra. Durant le Nouvel Empire, il était associé au dieu Râ, sous le nom de Ra-Horajty. C'est un élément central de la Grande Ennéade (le panthéon fondamental et primitif de l'Égypte ancienne). Il fait partie de la triade osiriaque: Osiris, Isis, Horus. Pour ces raisons, le catholicisme a cimenté l'idée d'un Dieu trinitaire: Dieu le Père, Dieu le Fils et Dieu le Saint-Esprit, idée catégoriquement rejetée par le judaïsme, et qui ne peut en aucun cas être soutenue par la Bible, puisque ce sont des idées polythéistes. Certes, les Israélites ont absorbé une grande partie de l'influence égyptienne pendant leur séjour dans cette nation, mais c'est précisément pour cette raison qu'ils ont dû passer 40 ans dans le Sinaï pour déboguer ces idées et absorber celles que Yahveh (Jéhovah) leur avait apportées. Cependant, son nom, Israël, était clairement hébreu: Ish-Ra-El (L'Homme-Voit-Le Très-Haut), par la promesse de Dieu à Jacob, petit-fils d'Abraham, en qui il changea son nom: "Et Dieu lui dit: Ton *nom est Jacob; Ton nom ne sera plus Jacob, mais Israël sera ton nom; et il appela son nom Israël.»* (Genèse 35:10. La Torah) Des siècles plus tard, ses descendants entrèrent en Égypte pour y vivre. Le mot "Ra" est aussi ancien qu'énigmatique, mais si Horus est souvent associé à un seul œil, ou Ra, c'est parce qu'il voit tout. D'où vient l'expression "celui qui voit tout". Le mot "El" a également son origine en Canaan, puisque cette voix venait de Mésopotamie, plus précisément d'Acad, où les dieux étaient appelés "Ilu".

De ce mot bien connu, pour décrire des divinités, mais Allah ou El, car c'étaient clairement les manières d'appeler une divinité, pour autre chose. Par la suite, Jéhovah a pris la peine de changer les traditions et la valeur des mots dans toutes ces régions. Certains se trompent encore en essayant de trouver en Jésus une origine hindoue ou égyptienne, voire grecque, en essayant surtout de l'associer à un tout opposé à lui-même: un dieu de la guerre. Peu de temps après sa naissance, Horus, fils d'Osiris, fut caché par sa mère Isis et confié aux soins de Tot, dieu de la sagesse, qui l'instruisit et l'éleva jusqu'à devenir un guerrier exceptionnel. De toute évidence, Moïse était également caché dans son enfance, et quiconque a lu le Livre de Jasher saura qu'Abraham était également caché dans son enfance pour ne pas mourir aux mains de Nimrod.

De plus, on en sait moins sur l'enfance de Jean-Baptiste ou de son prédécesseur, le prophète Élie, que sur Jésus lui-même. Jésus n'a jamais été formé pour être un guerrier ou pour combattre ou entrer en combat, en effet, le roi David a dit de lui: "Le Seigneur a dit à *mon Seigneur: Assieds-toi à ma droite, jusqu'à ce que je fasse de tes ennemis ton marchepied.»* (Psaume 110:1. Écrit par le roi David ou par Asaph) Jéhovah disait à Jésus de prendre le commandement pendant que Jéhovah élimine ses ennemis, afin que Jésus puisse ensuite prendre le contrôle du Royaume. Il existe également des preuves que le père d'Horus, Osiris, a été assassiné et qu'après l'échec de sa résurrection, il est devenu juge des enfers. Cela a-t-il quelque chose à voir avec l'histoire de Jésus ou de notre Père céleste? En tout cas, Horus est un dieu guerrier par nature et à part entière, un dieu solaire et un chef de toute l'Égypte – bien qu'il n'ait commencé qu'avec la Basse-Égypte, jusqu'à ce qu'il batte son oncle Seth et le bannisse.

En plus de ces idées, les représentations d'Horus sont variées et dépendent de la région de l'Égypte et du mandat dans lequel chaque région a été développée. Presque toutes les épithètes liées à la bataille et au passage du soleil sont appliquées à Horus, même dans sa propre enfance. De toute évidence, il n'y a pratiquement aucune relation entre cette divinité et Jésus de Nazareth. Horus remplissait déjà ses fonctions d'enfant, mais Jésus ne montrait que sa précocité et sa sagesse, puisque "*son heure n'était pas venue*", comme l'affirmait son disciple Jean. C'est après son baptême dans le Jourdain que Jésus a commencé son ministère, et il l'a fait dans ce qui restait d'Israël sous le règne de Tibère à Rome. Il convient également de souligner qu'il était absurde qu'une tradition de Jésus soit née en Judée au premier siècle, comme le prétendent ses opposants. Une autre chose très différente sont les inventions que Rome a générées au quatrième siècle, en donnant naissance à la religion universelle (le catholicisme), où elle a pris les idées de tous les peuples d'antan et a créé un mélange qui a obscurci le véritable message de Jésus et de ses disciples... dans toutes ces régions.

Le problème de ne pas connaître l'histoire ancienne, la littérature hébraïque, l'archéologie et la mythologie est que l'on peut arriver à ces grossières incohérences et erreurs, très délicates, car elles remettent en question l'identité du personnage le plus important de toute notre histoire: Jésus, le Messie.. En plongeant dans le passé, nous devons reconnaître qu'il y avait des anges qui ont déserté le ciel et sont descendus sur Terre pour vivre à leur manière. Pour cette action, ils ont été expulsés du Royaume des Cieux. Ces anges, que nous appelons aujourd'hui extraterrestres en raison de notre vocabulaire avancé, sont devenus des dieux, principalement en Égypte, à Babylone et en Inde. Plus tard, ils se sont installés en Canaan puis en Grèce, jusqu'au moment où Jéhovah a commencé une guerre directe contre eux. Depuis lors, il est possible qu'ils aient émigré vers la Scandinavie, l'Afrique du Sud, l'Extrême-Orient et l'Amérique, fuyant les combats que Jéhovah et ses armées ont menés contre eux.

Pour cette raison, il est impératif d'être conscient de toutes ces choses et d'y enquêter avec diligence. Jésus est venu, alors que ces dieux étaient déjà pratiquement éclipsés, pour enseigner à l'humanité que la mort n'est pas la fin et qu'une résurrection d'entre les morts et une vie éternelle nous attendent, lorsqu'un jugement sur tous les hommes aura lieu, pour déterminer le sort de chacun. Cependant, Jésus n'a pas pu venir avant en raison de la souveraineté de ces dieux, qui ont connu leur plus grand apogée ou âge d'or, depuis l'époque du jardin d'Eden jusqu'à la chute de la dix-huitième dynastie égyptienne, environ. C'est ainsi que Paul l'expliquait, se référant à cette période sans Dieu, comme étant la "mort": "*Néanmoins, **la mort a régné depuis Adam jusqu'à Moïse,** même sur ceux qui n'avaient pas péché à la manière de la transgression d'Adam, qui est une figure de celui à venir.*» (Lettre de Paul aux Romains 5:14)

Jésus historique

Comme une touche de grâce dans cette guerre de religion, la place de Jésus-Christ est devenue secondaire lorsqu'il s'agit de lui donner de l'importance, mais première lorsqu'il s'agit de vouloir démasquer le catholicisme. Comme je l'ai déjà dit, le problème de Rome était de prendre l'histoire des Hébreux et de l'utiliser à son avantage, puisque les Juifs n'étaient plus là pour se plaindre de cet arbitraire. Pourquoi ne l'étaient-ils pas? Parce qu'ils avaient été expulsés de Judée par les Romains, après les trois guerres judéo-romaines du premier siècle, et qu'ils furent également expulsés de Rome, comme l'écrivait le médecin Luc: "Après ces choses, Paul quitta Athènes *et se rendit à Corinthe. Et il trouva un juif nommé Aquila, originaire du Pont, récemment arrivé d'Italie avec sa femme Priscille, parce que Claude avait ordonné à tous les Juifs de quitter Rome.* (Actes des Apôtres 18:1-2)

Ceci est confirmé par Gayo Suetonio Tranquilo, en réalisant la biographie de Claudio, vers l'an 121 dC: "*il a expulsé les Juifs de Rome*", ajoutant que c'était parce qu'"*ils provoquaient continuellement des émeutes*", parce qu'ils harcelaient les chrétiens. Cela apparaît dans son ouvrage intitulé "De la vie des Césars". On sait également que les Juifs ont perdu les guerres contre les Romains dans l'ancienne Judée, commençant ainsi la détérioration de leur contrôle sur les Saintes Écritures, qui sont restées à Babylone avec des textes pertinents tels que la Septante – bien que le Sanhédrin ait voulu éviter cette traduction grecque pour empêcher les Juifs de savoir que Jésus est le Messie dont les prophètes d'Israël avaient prévenu qu'il viendrait.

L'histoire publique de Jésus a été grandement obscurcie depuis le début de son ministère en Judée, en Galilée et à Césarée. Ses principaux adversaires étaient les membres les plus noirs du Sanhédrin, qui l'appelaient Belzébuth et le magicien samaritain. Par la suite, avec la disparition de Jésus, le travail de ses missionnaires et de ceux qui ont été envoyés a été dur, précisément contre les Juifs partout où parvenait son message, puisque la moitié acceptait que Jésus était l'Envoyé, mais d'autres le niaient et faisaient une forte guerre contre Juifs messianiques. Après la chute de Jérusalem en 135 après JC, les Juifs disparurent – littéralement – de la carte et furent contraints d'émigrer dans toutes les directions et de rester en exil. Jérôme a pris la littérature des Hébreux et a traduit ce qu'on appelle aujourd'hui la Bible en latin, mais sans la permission ni l'approbation des Juifs, auxquels se rapportait cette histoire.

C'est Constantin le Grand qui légalisa la religion chrétienne par l'édit de Milan en 313, donnant naissance à son époque au catholicisme, puissamment organisé lorsqu'il convoqua le premier concile de Nicée en 325, où le christianisme obtint une légitimité légale dans l'empire romain. Empire pour la première fois, bien qu'en soi il n'ait rien à voir avec le christianisme primitif, connu sous le nom de judéo-messianisme. Vers l'an 112 après JC. C., Pline le Jeune, légat impérial dans les provinces de Bithynie et du Pont (situées dans l'actuelle Turquie), écrivit une lettre à l'empereur Trajan pour lui demander ce qu'il devait faire des chrétiens (Pline le Jeune. Épître X, XCVI, C Plinius Traiano Imperatori), dont il fit exécuter beaucoup. Dans cette lettre, il mentionne le Christ à trois reprises à propos des chrétiens. À la troisième occasion, il dit que les chrétiens " *affirmaient que toute leur culpabilité et leur erreur consistaient à se réunir un jour fixe avant l'aube et à chanter devant des chœurs alternatifs un hymne au Christ en tant que dieu* ".

Peu de temps après, vers l'an 116, l'historien romain Tacite écrivit ses "Annales" et mentionna également Jésus. Dans le livre XV des Annales, Tacite raconte le terrifiant incendie de Rome en 64. On soupçonnait que l'incendie avait été ordonné par l'empereur Néron. Tacite écrit que "*pour mettre fin aux rumeurs, Néron présenta comme coupables et fit subir les tourments les plus élaborés ceux que le vulgaire appelait chrétiens, haïs pour leurs ignominies. Celui dont ils tiraient leur nom, le Christ, avait été exécuté sous le règne de Tibère par le procureur Ponce Pilate; l'exécrable superstition, momentanément réprimée, éclata de nouveau non seulement à travers la Judée, origine du mal, mais aussi à travers la Ville...»* (Annales, 15, 44, 2-3) Plus tard, dans la seconde moitié du IIe siècle, l'écrivain Luciano de Samosata, originaire de Syrie, a fait référence à Jésus dans deux satires burlesques ("De la mort du pèlerin" et "Protée").

Dans le premier d'entre eux, il parle des chrétiens ainsi: "*Ensuite, d'ailleurs, de cet homme qu'ils continuent d'adorer, qui a été crucifié en Palestine pour avoir introduit cette nouvelle religion dans la vie des hommes.. D'ailleurs, leur Le premier législateur leur a dit convaincu qu'ils étaient tous frères et donc, dès qu'ils commettent ce crime, ils nient les dieux grecs et adorent ce sophiste crucifié et vivent selon ses préceptes.* " À la fin du premier siècle, le Syrien Mara ben Sarapion faisait ainsi référence à Jésus dans une lettre à son fils: "*Quel bénéfice les Athéniens obtinrent-ils en tuant Socrate, crime qu'ils durent payer de famines et de pestes? Ou les habitants de Samos en brûlant Pythagore, si leur pays était bientôt noyé sous le sable? Ou les Hébreux en exécutant leur sage roi, s'ils se voyaient bientôt privés de leur royaume? Un dieu de justice a vengé ces trois sages. Les Athéniens moururent de faim; ceux de Samos furent engloutis par la mer; les Hébreux furent tués ou expulsés de leur pays pour vivre dispersés partout. Socrate n'est pas mort, grâce à Platon; Pythagore non plus, à cause de la statue d'Era; ni le roi sage, grâce aux nouvelles lois promulguées par lui.»*

Cependant, le fait qu'il n'y avait pas de Messie au premier siècle, à l'exception de Jésus, est irréfutable. Ce n'est pas qu'ils aient existé à une autre époque, mais que des personnalités importantes ont existé, beaucoup comme sauveurs, d'autres comme libérateurs – comme Moïse lui-même en 1 500 avant JC. C.-, mais pas au premier siècle, encore moins selon ces normes. De toute évidence, il y avait plus de personnes appelées Jésus dans l'ancien Israël divisé, le conquérant israélite Josué lui-même, l'apprenti de Moïse, reçoit le nom hébreu "Yeshua" (Salut), comme Jésus – puis viennent les adaptations des noms en latin, comme Yeshua en Yehoshua ou Jesua ou Yesous. Le terme grec spécifique pour Christ était cependant unique. C'était l'équivalent de l'hébreu Mashiaj, que nous appelions Messie, et qui de la langue hébraïque traduisait "Oint".

Bien qu'il n'y ait pas deux Christs connus dans ce contexte et avec ces caractéristiques, le nom grec de Jésus est donc celui qui l'identifie historiquement, en plus de donner un nom aux chrétiens. La New Encyclopædia Britannica (1995) déclare: "*Ces récits indépendants montrent que dans l'Antiquité, même les opposants au christianisme ne doutaient pas de l'historicité de Jésus, qui a commencé à être remise en question, sans aucun fondement, à la fin du XVIIIe siècle, tout au long du XIXe siècle et au début du XXe*". Au premier siècle même, l'historien samaritain Thallos faisait également allusion dans ses écrits aux ténèbres survenues à l'occasion de la mort de Jésus et tentait de l'expliquer comme une éclipse de soleil. Cette partie de ses écrits fut plus tard citée par les historiens romains Julio Africano et Phlegon Tralliano. Dans un autre cas, le Talmud (un recueil de littérature rabbinique ancienne) contient plusieurs références à Jésus. Ils sont inspirés par une attitude polémique antichrétienne, ce qui leur confère un caractère calomnieux.

Ces points peuvent être d'une certaine utilité pour une enquête historique sur Jésus, non pas tant à cause de ce qu'ils affirment faussement, mais à cause de ce qu'ils supposent: l'existence historique de Jésus, sa condamnation à mort avec l'intervention des autorités religieuses juives, son miracles (rejetés comme un produit de la magie): "*A la veille de la fête de Pâques, Jésus fut pendu. Quarante jours auparavant, le héraut avait proclamé: "Il est emmené pour être lapidé, pour avoir pratiqué la magie et avoir induit Israël à l'apostasie. Celui qui a quelque chose à dire pour sa défense, venez le dire.» Comme personne ne s'est manifesté pour le défendre, il a été pendu la veille de la fête de Pâques.»* (Sanhédrin 43a). Dans le royaume d'Israël, il y avait un célèbre historien juif qui parlait de Jean-Baptiste (Antiquités juives 18: 5: 2), mais il faisait également valoir sa connaissance de la vie publique de Jésus.

Cet homme est le plus connu des témoins extra-bibliques qui ont parlé de Jésus: l'historien juif du premier siècle Titus Flavius Josephus. Flavius Josephus a fait référence à Jésus dans deux passages de ses Antiquitates judaicae (Antiquités juives 18: 3: 3). Le premier d'entre eux est le célèbre Testimonium Flavianum vers 93-94 après J.-C. Le texte reçu se lit comme suit: "*Il existait alors un sage, nommé Jésus, s'il est permis de l'appeler homme; parce qu'il a accompli de grands miracles et qu'il a été le maître de ces hommes qui acceptent la vérité avec plaisir. Elle attira de nombreux Juifs et de nombreux Gentils. C'était le Christ. Évalué par nos princes responsables, Pilate le condamna à la crucifixion. Ceux qui l'avaient aimé auparavant ne cessèrent de le faire, car il leur apparut de nouveau vivant le troisième jour: les prophètes l'avaient annoncé et mille autres faits merveilleux à son sujet. Depuis lors jusqu'à aujourd'hui, il existe un groupe de chrétiens qui porte son nom.*» Bien qu'il puisse sembler qu'un témoin juif soutenait manifestement Jésus, ce n'est pas le cas si l'on connaît l'histoire et les persécutions des Juifs. Il y a eu de grandes dissensions, car certains l'ont accepté et d'autres non.

Ailleurs Josèphe écrit: "*Ananias était un sadducéen sans âme. Il convoqua astucieusement le Sanhédrin au moment propice. Le procureur Festus était décédé. Le successeur, Albino, n'en avait pas encore pris possession. Il fit juger par le Sanhédrin Jacques, le frère de Jésus, [appelé Christ] et quelques autres. Il les accusa d'avoir enfreint la loi et les livra à la lapidation.*» (Antiquités juives, 20:9:1) Bien que le médecin d'Antioche, le Syrien Loucas, qui écrivit "l'évangile" qui porte son nom (Luc) et les Actes des Apôtres, fut le meilleur éditeur et notaire du premier siècle, qui a compilé le meilleur qu'il a pu de la vie publique de Jésus et de ses disciples – il fut lui-même apprenti de Paul: "*Puisque beaucoup ont déjà essayé de mettre de l'ordre dans l'histoire de choses qui ont été très vraies parmi nous, peut-être comme celles-ci qui dès le commencement l'ont vu de leurs yeux et ont été les ministres de la parole qui nous a été enseignée, il m'a aussi semblé, après avoir soigneusement étudié toutes choses depuis leur origine, de vous les écrire dans l'ordre, ô très excellent Théophile, afin que vous connaissez peut-être bien la vérité des choses qui vous ont été instruites.»* (Docteur Luc 1:1-4)

L'œuvre de Luc fut, un siècle plus tard, récapitulée par Jérôme à Rome, sachant qu'il existait une grande littérature sur Jésus, qui aujourd'hui a disparu ou reste volontairement cachée – compte tenu de tous les manuscrits qui ont été brûlés, détériorés et détruits. à travers les siècles, comme le célèbre Évangile selon les Hébreux. Quoi qu'il en soit, Tibère César écrit à Pilate dans des textes très concis, à propos de la condamnation injuste de Jésus: "*Parce que tu as eu l'audace de condamner à mort Jésus le Nazaréen de manière violente et totalement inique et, avant même de prononcer une sentence condamnatoire, tu mettez-le entre les mains des Juifs insatiables et furieux; Puisque, en outre, vous n'aviez aucune compassion pour ce juste, mais qu'après avoir teint la canne et lui avoir fait subir un châtiment horrible et un supplice par la flagellation, vous l'avez livré, sans que ce soit sa faute, au supplice de la crucifixion, pas avant d'avoir accepté des cadeaux pour sa mort...*

... parce que, finalement, vous avez manifesté, oui, de la compassion avec vos lèvres, mais vous avez livré avec votre cœur à des Juifs sans foi ni loi; pour tout cela, tu vas toi-même être conduit devant moi, chargé de chaînes, pour que tu présentes tes excuses et que tu rendes compte de la vie que tu as livrée à la mort sans aucune raison. Mais malheur à votre dureté et à votre impudeur ! Depuis que cela est parvenu à mes oreilles, je souffre dans mon âme et je sens que mes entrailles s'effondrent. Eh bien, une femme est venue devant moi, qui dit qu'elle est sa disciple (c'est Marie-Madeleine, de qui, selon ce qu'elle dit, elle a chassé sept démons), et elle témoigne que Jésus a opéré des guérisons merveilleuses, faisant le les aveugles voient et les boiteux marchent, entendent les sourds,

nettoient les lépreux, et que toutes ces guérisons se vérifiaient par sa seule parole. Comment as-tu consenti qu'il soit crucifié sans raison? Parce que si vous ne vouliez pas l'accepter comme Dieu, vous auriez dû au moins avoir pitié de lui en tant que médecin. Même le rapport astucieux qui m'est parvenu de votre part exige votre punition, puisqu'il y est affirmé qu'il était supérieur à tous les dieux que nous vénérons.»

Et dans une autre lettre, Tibère lui explique: "*Comment s'est passé le livrer à la mort? Eh bien, sachez que, de même que vous l'avez injustement condamné et ordonné de le tuer, de la même manière je vais vous exécuter de plein droit; et non seulement à vous, mais aussi à tous vos conseillers et complices, de qui vous avez reçu le pot-de-vin de la mort.»* Dans cette correspondance, Tiberio César appliquera à Ponce Pilate la loi du talion. Il est étrange qu'un Romain applique la loi juive à un païen comme Pilate. Le tribunal qui a jugé Jésus ressemblait davantage à un "tribunal de vengeance", où le droit pénal romain, le droit procédural et le droit hébreu émanant du Pentateuque et des commandements de Dieu donnés à Moïse étaient violés. Bien sûr, tout cela est une preuve irréfutable, non seulement d'origine écrite, mais d'innombrables témoignages de la présence physique de Jésus à travers l'histoire, et où, exposer chaque témoignage est déjà l'objet d'un autre type d'enquête, tout comme ceux qui prétendent, ridiculement, que la question des ovnis est un phénomène d'hystérie collective.

De la Bibliothèque du Congrès des États-Unis.

Il n'y a pas si longtemps, une certaine personne a découvert dans la Bibliothèque du Congrès des États-Unis à Washington des lettres qui relataient l'existence historique de Jésus de Nazareth. Le professeur Alexander Backman les a traduits après les avoir reçus d'un de ses amis, qui les avait retirés de ladite bibliothèque. Il a publié ces documents à Ensanada (Basse-Californie, Mexique) le 27 avril 2011. Ces écrits étaient des lettres personnelles entre Tibère César et

Ponce Pilate, également de Pilate et Hérode. Certaines de ces lettres, conservées sous la garde de Rome, provenaient même de civils, de soldats et d'autres laïcs. Parmi ces paroles mentionnées, nous parlons des caractéristiques physiques de Jésus et de sa manière d'être: "*Un jeune homme apparut en Galilée prêchant avec une humble onction une loi nouvelle au nom de Dieu qui l'avait envoyé.»*

Cette lettre précise ajoutait: "*Un jour, j'ai observé parmi un groupe de personnes un jeune homme penché sur un arbre, s'adressant à la foule d'une manière calme. On m'a dit que c'était Jésus. C'est ce que j'aurais facilement pu soupçonner. La différence entre Lui et ceux qui l'écoutaient était si grande que ses cheveux et sa barbe dorés donnaient à son apparence un aspect céleste. Il semblait avoir environ 30 ans. Je n'ai jamais vu un visage plus doux et plus serein.*" Cela aurait été la première expérience personnelle de Ponce Pilate lors de sa rencontre avec Jésus, selon ses propres mots. Dans une autre lettre, un habitant de la Judée, au début du premier siècle, sous le règne de Tibère César, nommé Publius Lentrelus, parlait de Jésus en disant: "Il vit en Judée à cette époque un homme d'une vertu singulière dont le nom *est Jésus-Christ, que les barbares considèrent comme un prophète, mais qui est aimé et adoré par ses disciples [comme] la postérité du Dieu immortel. Il appelle les morts des tombes et guérit toutes sortes de maladies d'un seul mot ou d'un seul toucher. [...] Tout son discours, que ce soit en paroles ou en actes, est éloquent et sérieux. [...] Ses manières sont extrêmement agréables, mais il a souvent pleuré en présence des hommes. Il est tempéré, modeste et sage.»*

Ces deux derniers textes se trouvent dans le livre d'E. Raymond Capt, "Le Tombeau de la Résurrection", et leurs sources apparaissent pour la première fois dans les écrits de saint Anselme de Cantorbéry, au XIe siècle. Parmi ces écrits se trouve également une lettre datée du "*5 Calende de Abril*", de Ponce Pilate à l'empereur romain Tibère César, tentant de se justifier du crime contre Jésus. Et de même, il existe quelques autres traces d'autres lettres adressées à César Auguste, concernant également les affaires de Jésus en Judée, et d'autres faisant de Pilate presque un martyr qui fut condamné, bien qu'il ait essayé d'éviter la condamnation de Jésus. En effet, grâce aux écrits, par exemple, de Flavio Josefo, il est attesté que Jésus a été condamné et assassiné le 3 avril et qu'il est ressuscité le 5 - plus ou moins, puisqu'il est entendu qu'il est resté dans l'Hadès pendant 3 jours., et non 2 -, vers l'an 33 de notre ère.

Un autre enregistrement se trouve dans "The Archko Volume", où apparaît un chapitre intitulé "L'interview de Gamaliel", où ce sage pharisien, le professeur de Paul, déclare son intérêt à rencontrer Jésus, et quelqu'un lui répond: " *Si un jour tu le rencontres, tu le rencontreras. savoir le reconnaître. Bien qu'il ne soit pas seulement plus qu'un homme, il a quelque chose en lui qui le distingue de tout autre homme [...] Ce juif est convaincu qu'il est le Messie du monde... cette même personne qui est née d'une vierge à Bethléem il y a vingt-six ans.»* Le dit Volume Archko a été traduit en anglais par les docteurs McIntosh et Twyman de la Loge des Antiquaires de Gênes (Italie), à partir des manuscrits de Constantinople et des archives de la Liste du Sénat, tirées, à leur tour, du Vatican à Rome en 1896. De même, à partir d'autres lettres d'un musée syriaque des VIe-VIIe siècles transmises au British Museum, le Dr Tischendorf a tiré du matériel pour son œuvre "Apocalypse Apocryphae" (prolegg p. 56) – également avec une copie grecque d'un Musée de Paris -, des paroles sont lues entre Ponce Pilate et Hérode, essentiellement d'angoisse, pour la décision injuste de consentir au meurtre de Jésus.

Parmi ce matériel, un dialogue entre Jésus, déjà ressuscité, avec Procla, la femme de Pilate, plusieurs soldats romains et Ponce Pilate, qui alla chercher Jésus en Galilée lorsqu'ils découvrirent qu'il était vivant: "Qu'est-ce que c'est? *Croyez-vous en moi? Procla, tu dois savoir que dans le pacte que Dieu a donné aux pères, où il est dit que tout le monde qui a péri devra vivre de ma mort, que tu as vue. Et maintenant, tu vois que je vis, moi que tu as crucifié. Et j'ai souffert beaucoup de choses, jusqu'au moment où j'ai été mis dans la tombe. Mais maintenant, écoutez-moi et croyez en mon Dieu-Père qui est en moi. Parce que j'ai libéré les liens de la mort et que j'ai brisé les portes du Shéol (Hadès); et* ***ma venue aura lieu après.***"

Des preuves qui démystifient le mythe

Le principal problème qui existe, quand il s'agit de vouloir parler de Jésus, est qu'ils ne veulent pas accepter les versions historiques qui existent à son sujet, du simple fait que, que ce soit vrai ou non, ils essaient toujours d'associer lui avec la religion. De l'histoire connue de Jésus dans l'Historia Patria de Israel – que Rome appelait la “Bible” – il y a 3 récits de 3 de ses disciples: Matthieu Lévi, ancien collecteur d'impôts; Jean, fils de Zébédée, pêcheur; et Juan Marcos, qui accompagna plus tard Bernabé et Pablo. Puis est apparu un médecin important d'Antioche qui a enregistré non seulement l'enfance de Jésus, mais aussi la vie de Paul jusqu'à sa comparution devant César - y compris les événements les plus significatifs de l'Église primitive et des apôtres de Jésus. Jérôme a également pris en compte les paroles de Jésus documentées par un autre disciple, Thomas Didyme, ainsi qu'une lettre de Barnabas - l'un des disciples de Jésus qui était avec lui depuis le début - et un récit "Selon les Hébreux", qui déjà aujourd'hui a disparu, et qui parlait aussi de la vie publique de Jésus en Judée.

Il est ironique que la religion elle-même soit contre Jésus. Il est normal que la franc-maçonnerie et le pouvoir mondial existent, mais qu'en est-il de la religion? Le catholicisme est une religion anti-biblique, par nature, et anti-chrétienne, même si sa coquille donne l'impression du contraire. Comme dans la franc-maçonnerie, dans le catholicisme, les gens des rangs inférieurs, jusqu'au cardinal, ne savent pas qu'ils servent Lucifer, que les francs-maçons appellent Iblis, terme arabe pour désigner Satan. Les Juifs, qui détiennent un grand pouvoir mondial, essaient également de nier Jésus, et si

quelqu'un pose beaucoup de questions sur lui, ils disent qu'il était un sorcier ou un magicien, comme le dit le document babylonien du Sanhédrin. Ensuite, les musulmans, bien qu'ils le voient comme un prophète, ne laissent rien, surtout en Egypte - qui représente symboliquement et est établi comme une plate-forme pour le retour de Jésus - il y a quelque chose qui légitime le christianisme, ainsi que tout ce qui peut donner raison à Israël de gagner du territoire géographique. Malgré tout, la science a dépassé l'inimaginable.
Le Chronoviseur. Certains scientifiques du Vatican ont fait une découverte intrigante il y a plusieurs décennies. Devant la place Saint-Marc, et de l'autre côté du Grand Canal, à Venise, est enfermé l'un des mystères les plus déconcertants -et ignorés- de nos jours. Sur l'île de San Giorgio, entièrement recouverte d'installations gérées par des moines bénédictins et de la Fondation Giorgio Cini, dédiée au soin et à l'éducation des enfants orphelins de pêcheurs, le père Pellegrino Ernetti se cache de son passé. Professeur de "Prélolophonie" (musique d'avant l'an mille) au Conservatoire Benedetto Marcello de Venise, Ernetti cache ses recherches sur le thème du Temps. Le Père Ernetti n'a pas voulu donner beaucoup d'explications à ce sujet, sur la manière dont il avait, avec l'aide d'une grande équipe de scientifiques européens, conçu - au milieu des années quarante - une machine capable de photographier le passé. "*Le principe est très simple: les ondes visibles et sonores du passé ne sont pas détruites. Et ce n'est pas le cas parce qu'ils sont de l'énergie. La grandeur de notre invention, que nous appelons Chronovisor, réside dans le fait de pouvoir récupérer cette énergie et recomposer les scènes*".
D'où les fameuses psychophonies qui étudient aussi les voix qui restent rebondissantes ou statiques au même endroit pendant des siècles. Ernetti fit plusieurs déclarations hâtives à la presse italienne de la fin des années 40. Il affirmait avoir recomposé, dans sa version originale, l'œuvre officiellement disparue Thyeste, préparée par Ennius Cinquième et jouée à Rome vers 169 après J.-C. Il affirmait

également avoir obtenu le texte original des Tables de la Loi remises par Jéhovah à Moïse sur le mont Sinaï, outre d'autres “photographies” uniques obtenues lors de la destruction de Sodome et Gomorrhe, et d'autres épisodes bibliques transcendantaux, dont Jésus, qui aurait été photographié sur le Golgotha. L'axe de sa démarche se concentre sur l'aveu de l'existence de l'éther, où seraient rassemblées chacune des actions extérieures entreprises par les êtres humains. Selon Emetti, chacun de nous émet des millions d’ondes tout au long de sa vie, qui restent piégées quelque part.

Plus tard, grâce à l'utilisation des instruments appropriés pour accéder à cette étape d'information et décoder les ondes recherchées - dans lesquelles, selon le chercheur français Robert Charroux, un oscillographe cathodique serait utilisé pour reconstituer les émissions originales - vous pourrez accédez aux images et aux sons souhaités. L'entretien suivant a été réalisé par le chercheur et aujourd'hui directeur de la revue Más Allá, Javier Sierra: “*Mais tout est fini*”, *dit le Père Ernetti. J'ai déjà parlé. Le pape Pie XII nous a interdit de divulguer des détails sur cette enquête, car la machine du passé est très dangereuse. Cela peut couper la conscience de la liberté de l'homme, car avec cet appareil, il sera possible de savoir ce que vous avez fait ce matin, où, quand, comment...*»

Cheval de Troie. Peu de temps après, au cours de la décennie suivante, dans les années 1950, les États-Unis et l’Union soviétique ont appris à voyager dans le temps. Cela semble totalement absurde, mais il s’agit d’une déclaration émanant de sources militaires de haut rang comme l’officier du renseignement naval Milton William Cooper, le colonel Phillip Corso et d’autres officiers encore en vie aujourd’hui qui appartiennent à l’immense équipe du Disclosure Project dirigée par Steven Greer. Le Disclosure Project est un groupe de plus de 200 personnes appartenant aux forces armées et à la politique, qui révèlent désormais les secrets du gouvernement des États-Unis concernant les guerres, la technologie secrète, les voyages spatiaux, les relations avec les civilisations extraterrestres et les transactions occultes à des fins de domination mondiale (je traite de ces sujets dans mes ouvrages "Wandering Stars, the History of the UFO Phenomenon", "Armageddon, E-5" et "Recognizing the End Time").

Les études dans ce domaine, comme l'échec de l'expérience de Philadelphie, n'étaient que le début d'un travail plus approfondi de développement technologique, avec 50 ans d'avance sur ce que nous connaissons officiellement. El libro de JJ Benítez "Caballo de Troya", puede no estar muy lejos de ser la recopilación de una historia que ocurrió en el seno militar de investigación de los EE.UU. para viajar al pasado, a la época de Jesús de Nazaret y hacer un seguimiento de su vida pública (personalmente no conozco todos los detalles de estas obras, pero tengo conocimiento del hilo de la temática, y especialmente estudio, hace tiempo, teorías de la conspiración, entre las cuales está la tecnología revertida y los viajes en le temps).

Sang de Jésus. Bien que cela commence à friser la logique, il est nécessaire, en tant que chercheur, d'évaluer toutes les probabilités et de ne rien exclure, à condition qu'il existe des probabilités qui aideront le lecteur et l'étudiant à comprendre l'importance de la vie historique. de Jésus, de son message et de sa mission, hier, aujourd'hui et demain. Il y a plusieurs décennies, le chercheur américain Ron Wyatt, avec l'aide d'un soldat israélien, a inspecté la zone de Jérusalem où se trouvait le Golgotha (site de la crucifixion de Jésus) et a découvert, après de nombreux efforts, une grotte contenant du sang pétrifié. Wyatt était célèbre pour avoir découvert l'Arche de Noé en Turquie et pour avoir amené le gouvernement turc à remporter un nouveau centre d'accueil avec une vue privilégiée sur un bateau en bois de 120 m de long posé sur Ararat dans les montagnes de l'Oural. Lorsque M. Wyatt a apporté ce sang à certains de ses amis à l'Université hébraïque de Jérusalem, ils l'ont étudié minutieusement.

Aujourd'hui, vous pouvez encore retrouver tous les détails de cette enquête, qui a révélé quelque chose de surnaturel dans le sang de Jésus, celui que Wyatt avait trouvé sur le Golgotha à Jérusalem: il ne contenait que 24 chromosomes. Nous savons que l'homme donne 23 chromosomes et la femme 23 autres, qui forment un individu basé sur 46 chromosomes, où se trouvent toutes les informations ADN. Cependant, cet homme était surnaturel et n'avait qu'UN seul chromosome du père et, de plus, ce sang était VIVANT. Espérons que nous commencerons à ouvrir les yeux sur l'importance de Jésus, sans le voile de la religiosité, ni exclusivement en tant que simple prédicateur de belles paroles qui ont captivé le monde.

Le créateur

Le concept de Créateur est la première chose que chaque tribu ou groupe ethnique sur Terre a prise en compte. Même Platon philosophe sur l'existence d'un promoteur des choses, qu'il appelle Démiurge. Ergo, qui est ce Dieu? On parle généralement de la même identité, qui est le Père de tous, Créateur, Dieu et Juge des choses existantes. Lui-même est interrogé par des humoristes, des critiques, des athées, des étudiants et des enseignants, en raison du désir social qu'un super-héros apparaisse et résolve tous nos problèmes. Ne pas comprendre qui est Dieu est la raison pour laquelle les gens en arrivent généralement à ce triste point. Comme je le mentionne dans les chapitres 1 et 2 de “Atteindre la Divinité”, le concept de Dieu est générique et, par définition, s'adresse à Allah et à Jéhovah – peut-être la même personne -, mais pas à celui que Jésus a appelé “l'Unique”. *Père*”. Ce qui devient l'équipe de Jéhovah Elohim a créé une scène pour Adam, Ève et leur lignée, leur donnant l'autonomie sur la planète, faisant confiance à leur bon jugement pour la “soumettre” *et* la soumettre (Genèse 1: 28. La Torah)..

Les moyens étaient à notre portée, ainsi que le soutien d'En-Haut. Cependant, l'humanité s'est pervertie et a commencé à vivre de manière égoïste, en faisant du mal aux autres, de sorte que Dieu a décidé d'établir un jour où "il *punira le monde pour sa méchanceté*" (Prophète Isaïe 13:11), et il jugera "*chacun selon soit son œuvre.*» (Apocalypse de Jean 22:12) Tout ce qui arrive aujourd'hui dans le monde est la faute de Satan, certes, mais aussi du manque de bonne volonté et d'altruisme des hommes. C'est pourquoi un dicton célèbre dit: "*la seule chose qui manque pour que le mal triomphe, c'est que les hommes bons ne fassent rien".*»

Le vulgarisateur scientifique viennois Thomas Vasek, appuyé par les travaux du physicien Stephen D. Unwin, "Probabilités de l'existence de Dieu", établit que Dieu, et son non-être, commencent à 50%, ce qui revient à "ne pas être" ne sachant rien" et divise l'univers d'étude en cinq domaines: 1) "la création du cosmos" conclut en faveur de Dieu, élevant son score à 67%, puisque tout ce qui y est ajouté est "un peu plus possible" que le cosmos ait été créé depuis toute la science connue nous empêche de penser que "quelque chose vient de rien". 2) "l'ordre du cosmos" joue aussi en sa faveur, puisque l'étude de ses conditions physiques montre "un univers si improbable" que, s'ils changeaient d'un iota, il s'effondrerait; cela n'arrive pas et laisse très bien à Dieu 80% de chances. Il est intéressant de noter que dans tous les autres domaines de l'activité humaine, nous constatons que "le design a besoin d'un designer".

Ainsi, la méthodologie de détection de conception est une condition préalable dans de nombreuses disciplines, notamment l'archéologie, l'anthropologie, la médecine légale, la science criminelle, la jurisprudence, le droit d'auteur, l'ingénierie inverse, la crypto-analyse, la génération de nombres aléatoires et la SETI (Search for Extraterrestrial Intelligence). En général, nous constatons que la "complexité spécifique" est un indicateur fiable de la présence d'une conception intelligente. Le hasard peut expliquer la complexité, mais pas la spécification. Une séquence aléatoire de lettres est complexe, mais elle n'est pas spécifique (dénuée de sens).

Un sonnet shakespearien est à la fois complexe et spécifique (il a un sens). Nous ne pouvons pas avoir de sonnet shakespearien sans Shakespeare. Pas de création sans Créateur.

Ainsi, Dieu, en tant que Père Universel, est exempté des affaires de la Terre, puisqu'il n'a fait que sa part de créateur et de contrôleur des êtres vivants. A sa place, sur Terre, on a vu un de ses ministres, connu dans les Écritures sous le nom de "L'Ancien des Jours", et qui est explicitement mentionné dans le livre du prophète Daniel, dans l'Apocalypse de Jean et dans le Livre de Hénoc. C'est cet homme brillant et majestueux, celui qui représente Dieu et est connu sous le nom de Jéhovah. Cet homme est celui qui a dirigé le plan avec Israël et qui préside les forces militaires qui doivent libérer le cosmos de la tyrannie, avec l'aide d'un prince et archi-stratège nommé Mijael (Miguel ou Michael), qui est le défenseur guerrier d'Israël. Bien que cela ressemble à de la science-fiction, tout cela est mis en avant dans les livres du scribe proto-hébreu Enoch, qui a documenté les affaires célestes avant le déluge et a été l'un des premiers à annoncer la venue du Messie. Pourquoi, alors, le Père n'est-il pas impliqué dans cette histoire?

Parce qu'il est "*saint, saint, saint*" et qu'il est exempté de là où est le mal, puisqu'il n'y est pour rien, et qu'il a aussi délégué sa création entre les mains de ceux qu'il confie, afin qu'en temps voulu ils le délivrera purifié et racheté: "*Car la création a été soumise à la vanité, non de sa propre volonté, mais à cause de celui qui l'a soumise dans l'espérance; car aussi la création elle-même sera libérée de l'esclavage de la corruption, pour accéder à la glorieuse liberté des enfants de Dieu.»* (Lettre de Paul aux Romains 8:20-21)

Albert Einstein, le scientifique le plus célèbre du XXe siècle, alors qu'il était sur le point d'avoir 71 ans, atteignant ses derniers jours de vie dans un lit d'hôpital, a même pris des notes sur les draps, où, grâce à des calculs mathématiques, il a essayé de trouver une formule physique qui résumait toute l'existence de l'univers et de la vie, ce qui s'appellerait TST (Theory Above Everything), ou comme il le disait: connaître "l'Esprit de Dieu". Pendant ce temps, cette obsession de vouloir prouver l'existence de Dieu dans les derniers jours de sa vie le conduisait au ridicule devant ses collègues physiciens qui n'acceptaient pas sa théorie, car elle entre en collision avec la mécanique quantique.

Cette science prévoit l'imprévisibilité des mouvements des particules subatomiques. Selon les théoriciens quantiques, tout ce qui existe actuellement est le résultat de l'existence du hasard, c'est-à-dire qu'il s'agit d'un simple cas de nature; de plus, selon ces scientifiques, tout se résume dans un lancer de dés, la loi des chances. Quelles sont les chances d'obtenir un six ? Cependant, le grand génie ne croyait pas au "peut-être-probablement", à ce moment-là il prononça la phrase qui restera dans l'histoire: "DIEU NE JOUE PAS AUX DÉS". Derrière chaque orbite des planètes, chaque étoile, chaque galaxie, chaque molécule, chaque atome, bref chaque être, il y a une intelligence SUPRÊME capable de se déplacer et d'interagir avec tout ce qui existe, y compris la vie elle-même, qui s'appelle DIEU.

Ultra-créationnisme

Le créationnisme est la philosophie qui suppose qu'une ou plusieurs divinités ont créé tout ce qui existe, tant universellement qu'au niveau de la nature (les hommes, les animaux, les plantes et tout ce qui les entoure). Le créationnisme est généralisé comme une branche chrétienne qui entend faire la guerre au darwinisme, cependant, le créationnisme est appliqué à toute autre idéologie, comme la religion bahaïe ou l'ancienne culture nordique, où leurs dieux en tant qu'êtres divins formaient tout à partir du néant ou de parties d'un être primordial. Dans le christianisme, le judaïsme et l'islam, le créationnisme souligne que le Dieu "Yehovah", le dieu unique, a tout créé en 6 jours il y a environ 6 000 ans, ou tout au plus 10 000 ans. Parmi certaines de ces choses créées se trouverait l'homme "Adam", d'où proviendraient tous les êtres humains. Cette appréciation, comme l'évolutionnisme, est un "point de vue", plutôt qu'un concept correct tiré de textes sacrés.

Les études de Felix G. Katchinsky soutiennent qu'Adam et Eve n'ont pas été les premiers êtres humains à exister, même s'ils auraient néanmoins pu exister il y a plus de 6 000 ans. Le rabbin Felix G. Katchinsky, après plus de 25 ans de recherche sur les Saintes Écritures hébraïques, souligne explicitement qu'Adam et Ève vivaient probablement dans un monde déjà habité par d'autres êtres humains. Pour ceux d'entre nous qui connaissent l'hébreu, il est plus clair d'affirmer que les 6 jours de la genèse seraient 6 périodes de temps indéterminées au cours desquelles l'univers et les êtres vivants n'ont pas été créés, mais plutôt un établissement militaire destiné à rétablir l'ordre sur la planète Terre après un chaos précédent.

Ses références sont intéressantes, car elles permettent d'entrevoir une manière de voir le début des temps avec un prisme différent et en même temps innovant. Aujourd'hui, une vision plus précise du créationnisme attribuerait simplement la création de la vie au Dieu Unique Tout-Puissant, non pas il y a 6 000 ans mais il y a des milliards d'années, et pas nécessairement dans notre monde en premier lieu. Cette pensée plus sensée affirmerait que le créationnisme moderne est dans l'erreur et constitue une tentative forcée de donner de la valeur aux mythes et aux légendes qui constituent les fondements fondamentaux des principes de nombreuses grandes religions. Le créationnisme objectif dirait que l'univers a été créé avec tout ce qui existe en lui, des formes de vie les plus subtiles et simples aux plus complexes et macrodimensionnelles, en passant par les univers parallèles, les dimensions, les lois de la physique, les ondes radio du son, de l'air, de l'eau, du feu, des minéraux et des gaz qui existent, etc.

Mais cet événement se serait produit soudainement il y a 15 à 21 milliards d'années, et les concepts bibliques et coraniques – pour

citer ces exemples maintenant – ont été sérieusement mal interprétés ou modifiés de manière biaisée dans le passé à des fins oppressives.
Cet autre segment ou vision créationniste donnerait plus de fondement à la vie extraterrestre et moins à la religiosité comme source ou origine de nombreuses choses faites et événements survenus dans la préhistoire de notre monde. Partant du fait qu'à un moment donné l'UNIQUE a créé la base de la vie, ses enfants, appelés aujourd'hui extraterrestres et autrefois anges, auraient “recréé” la vie dans l'univers. Certains d'entre eux ne seraient pas nécessairement des "anges" en tant que soldats-hérauts, mais en tant que membres de la royauté ou de dirigeants politiques, ils exécuteraient les ordres de l'UN, comme on peut le comprendre dans les croyances des sectes OVNI de la Scientologie et des Raëliens, ainsi que comme le point de vue mormon (bien que toutes ces lignes de pensée modernes s'opposent aux enseignements de Jésus).
Ces "étrangers" seraient appelés Dieux, de l'hébreu "Elohim", parmi eux une faction uniquement appelée "Jéhovah", tandis qu'il y aurait une contrepartie qui, rejetant les paramètres de l'univers, tromperait le monde en se faisant passer pour des "dieux". ", comme nous le voyons dans la collection de mythologies et légendes du monde entier. Pas nécessairement parce qu'une personne n'est pas évolutionniste devrait-elle être créationniste, ni qu'elle ne devrait pas être évolutionniste parce qu'elle n'est pas créationniste, les limites et les “partis” sont créés par les hommes eux-mêmes. La vérité n'est pas sujette à des appels ou à des écoles préfabriquées. Ceci se crée lentement avec les connaissances acquises, l'expérience, la volonté humaine et la synthèse du matériel culturel qui aborde l'histoire du monde.

Le créationnisme contre l'évolutionnisme

Jusqu'à il y a environ 200 ans, le monde occidental ne réfutait pas l'idée selon laquelle un Dieu unique aurait créé, par sa puissance divine, tout ce qui existe dans le cosmos, y compris toutes les formes de vie. Lorsque les idées de Lamarck et de Darwin sont apparues, le système d'idées de la création divine a commencé à être considéré comme un point de vue sans valeur. L'idée archaïque de la création divine n'a pris forme que pour l'héritage des mythologies, des légendes et des religions comme un point de vue fabuleux pour créditer le pouvoir d'un dieu qui, pour beaucoup, comme dans le cas du marxisme, serait un purement création humaine pour se justifier ou ce qui revient au même, l'idée ou l'existence de Dieu aurait été fabriquée par les masses elles-mêmes comme une nécessité et un réconfort psychologique. Chaque année, de plus en plus d'étudiants estiment que "*la communauté scientifique est divisée sur l'évolution*" et que "*l'évolution est une théorie non vérifiée*".

Une enquête réalisée en 2001 par "The Gallup" (une organisation qui étudie la nature et le comportement humain depuis plus de 70 ans) montre que près de la moitié des Américains croient au créationnisme. 45% des personnes interrogées pensent que Dieu a créé l'être humain il y a moins de 10 000 ans, une idée très proche de la thèse créationniste. 37% des autres groupes estiment que le doigt de Dieu est de toute façon intervenu à un moment donné malgré leur croyance en l'évolution des espèces. Certains des supports que les créationnistes utilisent dans la guerre entre ces deux postulats (créationnisme et évolutionnisme) partent du fait qu'il y a quelques années Stephen Jay Gould et Niles Eldredge ont observé que les "grandes lignes évolutives" apparaissent très souvent soudainement dans les archives fossiles. Ils ont proposé qu'un changement évolutif à grande échelle se déroule peut-être progressivement à certaines époques géologiques, alors qu'il se produit plus rapidement à d'autres. Ainsi, comme cela n'a pas été observé en pratique, cela complique l'hypothèse acceptée puisque ces changements brusques sont encore plus difficiles à étayer par le hasard au fil des années.

Ce principal support amène, selon ses défenseurs, à considérer que Dieu a tout créé du jour au lendemain. La vérité est que, bien que l'affirmation selon laquelle tous les groupes d'animaux et de plantes dans les archives fossiles apparaissent soudainement d'un jour à l'autre et disparaissent tout aussi rapidement, ce qui exclut un processus d'évolution, soit exacte, cette affirmation n'est pas recevable. que Dieu a tout créé il y a environ 6 000 ans, ou tout au plus il y a 10 000 ans, puisque les archives fossiles sont pragmatiques en clarifiant l'antiquité millionnaire de chaque groupe animal et végétal. Une étude réalisée par Stuart Kauffman, biochimiste à l'Université de Pennsylvanie, étudie comment des systèmes biologiques complexes peuvent s'auto-organiser à partir de composants simples. Certains créationnistes éminents suggèrent que ce "don moléculaire" représente une alternative à la sélection naturelle, bien que les évolutionnistes croient que les premières formes de vie sont probablement apparues d'elles-mêmes à partir de la soupe primordiale.

Le problème est que la température de ce "bouillon originel" et de l'atmosphère rendait la vie impossible à tout organisme. Ce qui veut dire qu'aucune forme de vie, encore moins cellulaire, n'aurait survécu dans les conditions aussi infernales qui ont régné sur la planète Terre pendant des milliards d'années. Les fondateurs de l'ID (Intelligent Design), une branche nouvelle et plus audacieuse du créationnisme, tels que Michael J. Behe, biochimiste à l'Université de Pennsylvanie, et d'autres biologistes, biochimistes, chimistes, physiciens, philosophes et historiens font la guerre au darwinisme, et supposer que le créateur de l'homme pourrait même être d'origine extraterrestre. Behe propose l'idée de la complexité irréductible des systèmes naturels. En d'autres termes, il existe des systèmes très complexes au niveau moléculaire, tels que le flagelle bactérien et le mécanisme de coagulation sanguine, qui ne peuvent en aucun cas avoir évolué de manière autonome, et qui sont en eux-mêmes une preuve de conception et non le produit du hasard.

De son côté, William A. Dembski, mathématicien à l'Université Baylor, invoque que la biodiversité ne s'explique pas par le hasard de l'évolution et soutient que "*l'action de l'intelligence créatrice laisse derrière elle un signe ou une preuve caractéristique qui peut être filtrée et détectée*". (Source: Revue "Muy Interesante" n° 283 - décembre 2004)

Le lecteur commencera à voir que tout ce que nous appelons science, plutôt que d'être l'étude de la vérité, est devenu un simple point de vue soumis à certains canons et paramètres. que vous ne pouvez pas quitter, à moins de vouloir être considéré comme "ignorant" et perdre le soutien du système qui prévaut aujourd'hui. Ce que nous considérons ou croyons être de la science n'est pas ce qu'il devrait être, et notre esprit brûlé n'accepte que ce que la société considère comme acceptable, que ce soit la vérité ou non.

"*Car Christ ne m'a pas envoyé pour baptiser, mais pour prêcher l'Évangile; non pas avec la sagesse des paroles, afin que la croix du Christ ne devienne pas vaine. Parce que la parole de la croix est une folie pour ceux qui sont perdus; mais pour ceux qui sont sauvés, c'est-à-dire pour nous, c'est la puissance de Dieu. Car il est écrit: Je détruirai la sagesse des sages, Et je rejetterai l'intelligence des intelligents. Où est le sage? Où est le scribe? Où est le débatteur de cet âge? Dieu n'a-t-il pas rendu folle la sagesse du monde? Car puisque dans la sagesse de Dieu le monde n'a pas connu Dieu par la sagesse, il a plu à Dieu de sauver les croyants par la folie de la prédication.*» (Première Lettre du missionnaire Paul aux Corinthiens 1, 17-21)

L'holographie de l'univers

Passant directement à un autre scénario, parlons maintenant de l'origine de l'univers et de ses lois. Est-il possible que l'univers et tout ce qu'il contient soit le produit du hasard? Si nous regardons la première de ces conceptions, à propos du cosmos, nous nous demandons quelle force a généré le Big Bang? D'où vient la matière qui le compose? Qu'est-ce qui existait avant? Ce sont des questions que les gens ne se posent pas toujours, et la réponse ne peut pas être justifiée par la non-existence de Dieu, sinon c'est comme ça: Quelle force a généré tout le plasma de l'univers? Et encore plus: qu'est-ce que l'univers? Comment est-il possible que tout soit parti de rien? Un bruit étrange détecté par le GEO600 (détecteur d'ondes gravitationnelles inauguré en 2006 à Hanovre, Allemagne) a mis les chercheurs qui travaillaient dessus, jusqu'à ce que le physicien Craig Hogan, directeur du Fermi National Accelerator Laboratory (Fermilab), aux USA, a affirmé que GEO600 avait trébuché sur la limite fondamentale de l'espace-temps.

C'est le moment où l'espace-temps cesse de se comporter comme le continuum lisse, décrit par Albert Einstein, pour se dissoudre en "grains" (de la même manière qu'une image photographique peut paraître granuleuse à mesure qu'on la regarde de plus près).). Selon Hogan, " *il semble que GEO600 ait été frappé par les convulsions quantiques microscopiques de l'espace-temps* ". Le physicien affirme que si cela est vrai, alors les preuves nécessaires auraient été trouvées pour affirmer que nous vivons dans un gigantesque hologramme cosmique. La théorie selon laquelle nous vivons dans un hologramme découle d'une compréhension de la nature des trous noirs et, même si elle peut sembler absurde, elle repose sur une base théorique assez solide. Les hologrammes des cartes de crédit et des factures sont imprimés sur des films plastiques bidimensionnels. Lorsque la lumière réfléchit sur eux, elle recrée l'apparence d'une image tridimensionnelle.

Dans les années 1990, le physicien Leonard Susskind et le prix Nobel Gerard 't Hooft ont suggéré que le même principe pourrait s'appliquer à l'univers entier. Si tel est le cas, nous devrions commencer par changer notre "puce mentale" en ce qui concerne tout ce qui nous entoure, et comprendre que le "hasard" ne pourrait pas créer un hologramme tridimensionnel de milliards d'années-lumière. Réfléchissons, si la théorie de l'évolution cosmique était correcte et que tout était le produit du hasard, nous trouverions certains liens, tels que: Qu'est-ce qui a créé les lois par lesquelles l'univers est gouverné? D'où viennent-ils: du son, de la lumière, des ondes radio ou de la matière noire? Par exemple. Si tout est un produit de la Providence, serait-ce aussi le fait que notre univers n'était pas physique mais "holographique"? La plus petite unité utilisée pour comprendre le modèle de la "vie" est l'atome, et en l'utilisant comme référence, tenons compte du fait qu'elle est principalement constituée d'un "rien" apparent.

De la même manière, il faut penser que s'il existe d'autres dimensions, si l'univers est une projection tridimensionnelle -que certains considèrent comme "artificielle"-, et que contrairement à ce qu'Albert Einstein soulevait autrefois, l'univers est de plus en plus va plus vite, l'évolution cosmique ne répond pas à la question la plus élémentaire: qu'est-ce donc que l'univers? Pensons que si l'univers était né d'une explosion, la vitesse de déplacement de toute la matière dans le cosmos serait de moins en moins lente, et non pas plus grande. C'est comme si une force inconnue les poussait de plus en plus vite.

Mais qu'est-ce que l'univers? Son propre terme est archaïque et limité, puisqu'il inclut un "vers unique" (univers) ou une "version unique", puisque ce n'est pas ce que l'on découvre aujourd'hui. Ce que nous pensons être l'univers fait plus de 93 milliards d'années-lumière, bien que ce chiffre soit toujours recalculé et reste en deçà des nouvelles études. Si nous pensons que nous vivons dans un hologramme vieux de 21 milliards d'années, que s'est-il passé pendant tout ce temps, si nous ne savons presque rien de notre passé récent? Ceci est dit dans certaines sources ufologiques et pseudo-épigraphiques, voire scientifiques. On dit également que ce que nous savons du cosmos englobe 11 dimensions, même si nous voyons et expérimentons à peine la Quatrième Dimension. Chaque dimension ou univers a ses propres lois, mais qui les a établies? "*Il y a bien plus que ce que nous expérimentons avec nos 5 sens*" (David Icke).

Un univers aux multiples dimensions?

Et qu'en est-il des autres dimensions qui composent notre univers? Des scientifiques nord-américains ont détecté en 2009 des indices de l'existence d'autres dimensions au-delà des trois dimensions connues. Grâce aux données du télescope Amanda, enfoui au pôle Sud, ils ont pu observer une douzaine de collisions de neutrinos de haute énergie avec d'autres particules élémentaires, obtenant ainsi la preuve des dimensions supplémentaires suggérées par la théorie des supercordes. En analysant les données fournies, des scientifiques nord-américains ont observé que les collisions de neutrinos ont une énergie 10 000 fois supérieure à celle des neutrinos émis par notre Soleil avec d'autres particules élémentaires, obtenant ainsi la preuve de l'existence d'autres dimensions. Les neutrinos sont des particules élémentaires de masse pratiquement nulle formées par des réactions nucléaires.

Alors que le Soleil et d'autres phénomènes cosmiques produisent des neutrinos de faible énergie, les neutrinos de haute énergie sont produits par des cataclysmes cosmiques lointains et extrêmement violents, tels que les trous noirs, les supernovae et le Big Bang. Une fois formés par des cataclysmes cosmiques, les neutrinos de haute énergie se déplacent à une vitesse proche de celle de la lumière et ne s'arrêtent jamais. Comme elles ont une masse pratiquement nulle, elles entrent rarement en collision avec d'autres particules, ce qui leur permet de voyager en ligne droite jusqu'aux limites de l'Univers, en traversant les étoiles, les planètes, les champs magnétiques et des galaxies entières comme si elles n'existaient pas réellement. Des milliards de neutrinos traversent la Terre chaque nanoseconde, transportant avec eux des informations cruciales sur une série de phénomènes cosmiques et leurs origines. Ils sont cependant très difficiles à détecter, sauf lorsqu'ils entrent en collision avec un atome.

La collision désintègre le noyau de l'atome et le neutrino se transforme en une autre particule appelée muon.
A ce sujet, nous pourrions évoquer les trous noirs et comment la recherche sur ceux-ci a permis d'en savoir plus sur les dimensions de notre univers. Les trous noirs sont des objets massifs qui deviennent si pliables que leur gravité attire tout ce qui se trouve à proximité, comme de puissants aspirateurs dans l'espace. Certains très petits trous noirs, appelés "trous noirs extrêmes", perdent leur masse à des moments critiques. Comment cela est-il possible compte tenu de l'extrême densité? et comment peuvent-ils exercer la gravité sans masse? Andrew Strominger a théorisé que la réponse à son état sans masse réside dans son extra-dimensionnalité. "*Strominger a découvert que dans six dimensions spatiales, la masse d'un trou noir extrême est proportionnelle à sa surface. À mesure que la surface rétrécit, la masse finira par devenir nulle. La résolution obtenue a donné l'existence d'exactement six dimensions spatiales*" (Hugh Ross, "Why I Believe In the Miracle of Divine Creation", tiré de l'anthologie apologétique "Why I Am A Christian" de Norman L. Geisler et Paul K. Hoffman).
"*Une théorie résout deux grands dilemmes. Voici ce que nous dit la théorie: l'univers a été créé avec dix dimensions d'espace-temps en expansion rapide. Lorsque l'univers n'avait que 10 à 43 secondes, le mouvement lorsque la gravité se séparait de la force forte-électrofaible, cinq de ces dix dimensions ont cessé de s'étendre. Aujourd'hui, ces six dimensions font toujours partie de l'univers, mais elles sont tout aussi entassées que lorsque le cosmos n'avait que 10 à 43 secondes* (ndlr: «entassés" est aussi appelé "espace Calabi-Yau»). *Ses sections transversales ne mesurent que 10 à 33 centimètres, si petites qu'elles sont presque indétectables par mesure directe. Six séries de preuves indiquent que cette théorie est correcte. Le plus convaincant est peut-être que la théorie des chaînes donne, en prime par produit, toutes les équations*

de la relativité restreinte et générale.» Tout cela se confond avec la mécanique quantique.

Le Big Bang

La théorie du Big Bang soutient que tout le potentiel du cosmos, soit quelque quarante mille milliards de galaxies, provenait d'un petit point, plus petit qu'un proton, qui était un cadre de référence probabiliste vide de la mécanique quantique, appelé "champ scalaire". De plus, ce point vide, un "faux vide", contenait non seulement le potentiel d'"un univers" mais "de cent millions d'univers». Comme l'a si bien décrit poétiquement Gregg Easterbrook: "*Vous croyez que lorsque le Big Bang a retenti, l'univers s'est étendu d'une taille minuscule à une taille cosmologique en bien moins d'une seconde, l'espace lui-même se jetant violemment hors du torrent de la physique.» pur, l'arc de la vague du nouveau cosmos se déplaçant à une vitesse des milliards de fois supérieure à la vitesse de la lumière. Vous croyez que ce processus a déclenché des distorsions si puissantes pendant un instant que l'univers naissant a été déformé à un degré surréaliste. La courbure extrême a provoqué la matérialisation de "particules virtuelles" normalement rares à partir d'un monde quantique inférieur aux nombres de cornes d'abondance, la matière de l'existence étant "créée pratiquement à partir* de *rien", comme l'a dit un jour Scientific American.* (Gregg Easterbrook, "Science Sees The Light", The New Republic, 12 octobre 1998).

Hubble a découvert une relation linéaire entre la distance à une galaxie éloignée et son "redshift", l'augmentation apparente de la longueur d'onde du rayonnement émis. Au début des années 1900, les astronomes ont observé que la lumière provenant de galaxies lointaines se déplaçait vers la longueur d'onde la plus longue, ou rouge, du spectre, interprétée comme un éloignement rapide des galaxies les unes des autres. Un décalage vers le bleu indiquerait que les galaxies se rapprochent. En 1965, les radioastronomes ont détecté de faibles ondes radio partout où ils pointaient leurs radiotélescopes. Cela a confirmé la prédiction faite dans les années 1940 par George Gamow, Ralph Alpher et Robert Hermanque selon laquelle si l'univers s'étendait à partir d'une singularité, alors il devait exister partout dans le ciel un faible fond de rayonnement provenant de cet événement de singularité. zéro.

Cette adhésion au modèle Big Bang fut encore confirmée en 1922 et en 1933 par le satellite COBE qui démontra que le rayonnement du plan cosmique fixait le profil spectral d'un irradiateur parfait avec une précision meilleure que 0,03 % sur toute la gamme de longueur d'onde et comme celle-ci a un billion de fois plus d'entropie (efficace dans la distribution de l'énergie) qu'une bougie allumée avec une entropie d'environ 2,0. Seul un Big Bang très chaud peut expliquer la gigantesque entropie de l'univers. Cela jette définitivement dans l'oubli le concept de l'univers en expansion et en contraction cyclique, et prouve également que l'univers ne fait qu'être en expansion. Prédictions vérifiables de la synthèse des éléments légers dans les premières minutes du Big Bang, l'abondance universelle de l'Hélium, remarquablement constante de galaxie en galaxie, témoigne d'une origine cosmologique commune.

Le deutérium est détruit dans les étoiles mais n'est pas produit, et même des traces de deutérium sont observées dans tout le milieu interstellaire, tout comme l'abondance de lithium, qui est également révélatrice d'un dénominateur commun de création. Comment expliquer que le Big Bang soit apparu et avec lui les Lois de l'Univers, 10 dimensions et, selon certains, 22 univers parallèles - créant un multivers - étant ce que nous voyons seulement un énorme cube tridimensionnel de environ 22 milliards d'années d'antiquité? Il y a trop de coïncidences pour ne pas les attribuer à un être supérieur.

Qu'est-ce que le Cosmos?

Le nom “cosmos” vient du mot koiné (grec ancien) “cósmon” qui signifie: “univers vivant”, et son équivalent hébreu et araméen est “olam”, qui signifie: “univers des vivants”. Les deux mots sont traduits en espagnol par: “monde”. Ainsi, le mot communément utilisé par nous pour désigner “monde” est “la totalité des choses créées”, et il est utilisé à mauvais escient pour désigner exclusivement notre sphère. Ainsi, si depuis l'Antiquité le mot cosmos équivaut à monde, et vice versa, le monde est l'univers des vivants, terme générique et pluriel de “mondes”, tel qu'il est régulièrement utilisé dans la Bible.

Dans d'autres textes anciens non bibliques, nous voyons d'autres appréciations intéressantes, comme ce que disait le patriarche Abraham il y a plus de 3 000 ans: “*Eli (Mon Dieu) [est l'] UNIQUE, Créateur Universel, n'a pas de commencement: il est éternel. Les hommes sont ses enfants et il est son héritage. "Les mondes sont infinis et l'homme doit vivre dans tous ceux qui existent aujourd'hui; mais la création continue et ne s'arrête pas." "Tous les mondes communiquent entre eux dans l'amour et la justice, et Eli y est magnifié". Parce que j'ai parlé avec Adam et il ressemblait à un ange; parce que j'ai parlé avec Eva et je l'ai vue donner naissance à un sauveur et c'est un fils d'Eli, qui vivait déjà dans un autre monde. "Je suis de la race d'Adam et mes enfants sont de la race d'Adam, qui doivent sauver la première race qui a peuplé la Terre; Parce qu'Adam et sa famille sont venus d'Eli avec la lumière et la sagesse.* " (Testament secret d'Abraham).

Adam et sa famille sont venus sauver la race originelle qui a peuplé la Terre? La Bible n'enseigne-t-elle pas qu'Adam et Ève furent les premiers? Les chrétiens ne croient-ils pas que la Terre est le centre de l'univers et que les hommes sont le couronnement de la création? Comment, alors, Abraham parle-t-il d'autres mondes et dit-il que Seth, le troisième fils d'Adam, d'où l'on dit que l'espèce humaine est originaire, vivait déjà dans un autre monde? Les anges sont-ils des êtres humains? Alors où sont-ils et d'où viennent-ils? Comment Abraham a-t-il eu connaissance de l'existence d'autres mondes?

Comment un homme archaïque pourrait-il avoir connaissance de l'existence d'autres mondes et des humains vivant dans ces mondes et communiquant entre eux? En effet, il reste encore beaucoup de choses à mettre en lumière.

Comment tout cela est-il arrivé?

Selon la théorie de l'évolution cosmique, de l'évolution des étoiles à partir du gaz et des planètes dans leur processus de refroidissement, nous voyons la réponse scientifique à la formation de la Terre qui dit que notre monde s'est formé grâce aux forces d'attraction gravitationnelles entre les planètes de notre système solaire et le mouvement de rotation qui se poursuit dans tout l'univers depuis le Big Bang, ainsi que les températures élevées qui les ont "soudés". Selon ce postulat officiel, le noyau terrestre se serait solidifié en une masse de nickel et d'autres minéraux durs qui maintiendraient les masses externes jusqu'à la croûte terrestre attirées vers le centre de la planète. Cependant, cette théorie est moins probable à la lumière de la logique que du fait que notre orbe pourrait être concave. À l'heure actuelle, les scientifiques ont découvert que notre propre espace interplanétaire n'est pas vide.

Par exemple, il y a des molécules d'eau dans l'espace, vestiges de ce que l'on pense être des nuages de cristaux de glace qui semblent avoir englouti les étoiles au début de leur développement. Cette découverte conforte les références mésopotamiennes persistantes aux eaux du Soleil, mélangées aux eaux de Tiamat. Des molécules basiques de matière vivante ont également été découvertes "flottantes" dans l'espace interplanétaire – malgré le fait que la température soit si proche du zéro absolu –, brisant la croyance selon laquelle la vie ne peut exister que dans une certaine plage d'atmosphères ou de températures. Un autre fait qui détruit les théories établies et qui tentent de tout justifier sans la main divine, est le fait qu'il existe de la "musique" dans l'espace, comme le son

enregistré pour la première fois près de Jupiter. En outre, l'idée selon laquelle la seule source d'énergie et de chaleur disponible pour les organismes vivants est celle émise par le Soleil a également été écartée. Ainsi, la sonde spatiale Pioneer X a découvert que Jupiter, bien qu'elle soit beaucoup plus éloignée du Soleil que la Terre, était si chaud qu'il devait avoir ses propres sources d'énergie et de chaleur.
Les scientifiques sont également arrivés à la conclusion inattendue que la vie n'a pas seulement évolué sur les planètes extérieures (Jupiter, Saturne, Uranus, Neptune), mais qu'elle y a probablement évolué. Ces planètes sont constituées des éléments les plus légers du système solaire. Ils ressemblent davantage à la composition de l'univers en général, offrant dans leur atmosphère une profusion d'hydrogène, d'hélium, de méthane, d'ammoniac et probablement de néon et de vapeur d'eau, tous les éléments nécessaires à la production de molécules organiques. À son tour, la science moderne est parvenue à la conclusion que la vie n'a pas évolué sur les planètes telluriques, avec leurs composants chimiques lourds, mais aux confins extérieurs du système solaire.

La vie peut-elle être générée en toutes circonstances?

Est-ce une coïncidence si seuls les hommes ont évolué sur Terre? S'il existe une vie intelligente sur notre monde et qu'elle est néanmoins la seule que nous connaissons, les mêmes conditions ne pourraient-elles pas être assurées sur d'autres planètes? La découverte de la vie sur d'autres mondes se rapproche chaque jour, selon les centres astronomiques. Les scientifiques de la NASA ont réussi à détecter des molécules de base pour l'activité biologique sur une planète gazeuse extrasolaire, dans le cadre de ce que le Jet Propulsion Laboratory (JPL) de l'agence spatiale américaine a décrit comme l'objectif de trouver un corps cosmique dans lequel pourraient se trouver des organismes vivants. La NASA a indiqué dans un communiqué que la planète n'est pas habitable, mais qu'elle présente une activité chimique qui, si elle se produisait sur une planète rocheuse comme la Terre, pourrait indiquer la présence de vie. " *C'est la deuxième planète en dehors de notre système solaire où de l'eau, du méthane et du dioxyde de carbone, des éléments potentiellement importants pour les processus biologiques sur les planètes habitables, ont été découverts* ", a déclaré Mark Swain, scientifique du JPL. " *La détection de composés organiques sur deux exoplanètes soulève désormais la possibilité qu'il soit courant de trouver des corps similaires contenant des molécules liées à la vie* ", a-t-il ajouté.

L'exoplanète a été identifiée comme étant HD 209458b, un gigantesque corps gazeux plus grand que Jupiter qui orbite autour d'une étoile située à 150 années-lumière dans la constellation de Pégase. En décembre 2008, les scientifiques du JPL ont découvert du dioxyde de carbone dans une autre exoplanète gazeuse de la taille de Jupiter identifiée comme HD 189733b. Des observations antérieures réalisées par les télescopes spatiaux Hubble et Spitzer avaient révélé la présence également de vapeur d'eau et de méthane sur cette planète.

L'annonce de la découverte de molécules organiques sur la planète HD 209458b a été faite après qu'un groupe international de chercheurs a signalé la détection de 32 nouvelles exoplanètes supplémentaires depuis l'observatoire de La Silla, dans le nord du Chili. Ce chiffre porte à environ 400 le nombre de planètes détectées au-delà du système solaire. Swain et son équipe scientifique ont fait leur découverte en utilisant des instruments spectroscopiques pour décomposer la lumière provenant de la planète afin d'identifier ses composants chimiques. La présence des molécules organiques a été détectée avec la caméra infrarouge de Hubble et leur quantité a été mesurée par le spectromètre de Spitzer, indique le communiqué. " *Cela montre que nous pouvons détecter des molécules impliquées dans le processus de vie* " sur des planètes situées au-delà du système solaire, a déclaré Swain. En outre, il a ajouté que les scientifiques ont désormais

la possibilité de comparer les atmosphères des deux exoplanètes pour établir leurs différences et leurs similitudes.
Swain a donné comme exemple que la quantité d'eau et de dioxyde de carbone est similaire dans les deux, mais le HD 209458b montre une abondance de méthane plus élevée que le HD 189733b. "*La plus grande quantité de méthane peut nous dire quelque chose. Cela signifie peut-être qu'il y a quelque chose de spécial dans la formation de cette exoplanète* ", a-t-il ajouté. Début 2009, la NASA a lancé dans l'espace la sonde Kepler, dont la mission principale est de rechercher des planètes rocheuses qui pourraient avoir des caractéristiques similaires à celles de la Terre. Selon les astronomes, cette mission prendra plus de dix ans avant de trouver une planète susceptible d'héberger des signes de vie comme celle de la Terre. Swain a précisé que lorsque la détection de composés organiques se produit, " *cela ne signifie pas nécessairement que la vie existe sur cette planète car il existe d'autres moyens de générer ces molécules* ". Selon le scientifique, les exoplanètes sont trop éloignées de la Terre pour leur envoyer des sondes et la seule façon de les étudier est d'utiliser des télescopes, dont les systèmes spectroscopiques sont un outil important pour déterminer leur composition chimique et leur dynamique. (Source: http://ellaboratoriodedarwin.blogspot.com/2009_10_01_archive.html [1])

La terre

L'une des nombreuses énigmes auxquelles nous sommes confrontés est l'apparition de la vie sur Terre. La Terre s'est formée il y a environ 4 500 000 000 (4,5 giga années) et les scientifiques pensent que les formes de vie les plus simples étaient déjà présentes quelques centaines de millions d'années plus tard. C'est tout simplement trop tôt pour l'obtenir. Selon diverses indications, les formes de vie les plus anciennes et les plus simples, vieilles de plus de 3 milliards d'années,

1. http://ellaboratoriodedarwin.blogspot.com/2009_10_01_archive.html

possédaient des molécules d'origine biologique et non d'origine non biologique, comme on le croyait et comme on l'enseigne encore. Cela signifie que la vie qui existait sur Terre si peu de temps après la naissance de la planète devait nécessairement être le descendant d'une forme de vie antérieure, et non le résultat de la combinaison d'éléments chimiques et de gaz sans vie. Ce que tout cela suggère aux scientifiques déconcertés, c'est que la vie, qui n'aurait pas pu évoluer facilement sur Terre, n'a pas évolué sur Terre.

En termes géologiques, l'éon Phanérozoïque est défini comme l'histoire de la planète depuis 570 millions d'années jusqu'à nos jours. C'est la période qui a été étudiée avec plus de détails et d'attention, en raison de la richesse des vestiges géologiques et pour la constitution des archives fossiles classiques. L'ensemble de l'intervalle de temps entre la formation de la planète et le début du Phanérozoïque – de 4,55 Ga à 0,57 Ga avant aujourd'hui – a été appelé Précambrien ou, de manière plus appropriée, Préphanérozoïque. Cette période occupe 90 % de l'histoire de la planète, elle-même divisée en l'éon hadéen (4,55 Ga à 3,9 Ga), l'Archéen (3,9 à 2,5) et le Protérozoïque (2,5 Ga à 0,57 Ga). À l'époque archaïque, le phénomène que nous appelons "l'origine de la vie", la "transition de la chimie à la biologie", a dû se produire. En fait, il y a des raisons de penser que la vie microbienne anaérobie – c'est-à-dire développée en l'absence d'oxygène moléculaire – était florissante il y a 3,5 Ga.

Au cours de l'ère protérozoïque, une tectonique géologique moderne existait déjà et la diversité biologique, non pas morphologique mais biochimique, était très remarquable. Il y a environ 2 Ga (2 milliards d'années) avant aujourd'hui, la transition vers une atmosphère contenant de l'oxygène moléculaire s'est produite. Cet événement unique dans l'histoire planétaire, enseigne-t-on, a peut-être été le catalyseur d'innovations évolutives telles que le sexe ou la multicellularité, et nous conduit, 1,5 Ga plus tard, à ce que l'on appelle l'explosion cambrienne, une manifestation incroyable et

soudaine de diversité morphologique initié avec les faunes de l'Édiacarien et des Schistes de Burgess.
Dans la revue scientifique Icarus (septembre 1973), il publia un article affirmant que le lauréat du prix Nobel Francis Crick et le Dr Leslie Orgel avançaient la théorie selon laquelle "la vie sur Terre pourrait provenir de *minuscules organismes d'une planète lointaine*". Ils ont publié leurs études en raison du malaise connu des scientifiques face aux théories en cours sur les origines de la vie sur Terre. Pourquoi n'y a-t-il qu'un seul code génétique pour toute vie terrestre? Si la vie a commencé dans un terreau primordial, comme le pensent la plupart des biologistes, une certaine variété de codes génétiques a dû se développer. Et dans cet ordre, pourquoi le molybdène joue-t-il un rôle clé dans les réactions enzymatiques essentielles à la vie, alors que le molybdène est un élément chimique si rare sur Terre? Pourquoi des éléments si abondants sur Terre, comme le chrome ou le nickel, sont-ils si peu importants dans les réactions biochimiques?
Mais ce qui était le plus unique dans la théorie avancée par ces deux scientifiques, Crick et Orgel, était non seulement que toute vie sur Terre aurait pu provenir d'un organisme venu d'une autre planète, mais aussi qu'une telle "insémination" était délibérée – que des êtres intelligents de une autre planète lancera "la graine de vie" de sa planète vers la Terre dans un vaisseau spatial, dans le but exprès de commencer la chaîne de la vie sur Terre. Curieuse déclaration pour un prix Nobel. Si la théorie de la formation des planètes était correcte, cela n'expliquerait pas pourquoi la Lune est plus ancienne que la Terre, si l'on croyait qu'elle (la Lune) s'est détachée de la Terre. Or, à cette folle théorie de l'apparition de la vie sur Terre s'ajoute le fait que les groupes de contact actuels affirment que la majorité de la vie animale, principalement les dinosaures, a été amenée de Mars sur Terre et que les premières formes de vie sur ce globe ont été amenées

de La Constellation du Cygne. Cependant, avant d'approfondir la nature de la Terre et la vie qui y vit, parlons de la Lune.

Les premières formes de vie

En science, comme dans de nombreux autres domaines de la connaissance, il est très important de préciser clairement ce que nous entendons par chaque mot que nous utilisons. Lorsque nous parlons d'évolution, nous devons clarifier de quel type d'évolution nous parlons, puisque cette hypothèse tente de s'accrocher à de nombreux paramètres différents. Dans leur empressement à défendre la macroévolution (qui est la transformation de la matière en êtres humains, par exemple) par des processus naturels, les évolutionnistes apportent souvent des preuves de la microévolution (qui est une variation dans la limite d'une espèce), ainsi ses défenseurs confondent volontairement microévolution et macroévolution, à tel point qu'aujourd'hui l'un et l'autre concepts sont évoqués ensemble. Les noms de certains organismes, comme Hallucigenia, montrent à quel point les taxonomistes se sont émerveillés devant une telle diversité - nous ne savons rien de ces organismes, puisque nous ne pouvons cultiver en laboratoire que moins de 1% des espèces de micro-organismes existantes -.

Toutes les théories sur lesquelles nous nous appuyons pour supposer l'existence de la création sont encore de vaines spéculations du "changement d'esprit" que nous appelons science. Souvent, lorsque les scientifiques tentent de dater l'âge de l'univers sur la base de 15 milliards d'années-lumière, ils découvrent qu'il existe des centaines d'étoiles bien plus anciennes que l'âge de l'univers. À l'heure de vérité, nous ne sommes pas allés sur le Soleil pour découvrir comment son hydrogène et son hélium ne sont pas consommés après des millions d'explosions thermonucléaires au milieu de l'espace avec des températures proches de zéro (−273,15 °C ou −459,67). °F); nous ne savons pas non plus avec certitude l'origine de la Lune; nous ne connaissons que des miettes quant à l'origine de l'univers; Nous tenons pour acquis les concepts incorrects concernant les planètes de notre système solaire, y compris la Terre.

Comment pouvons-nous considérer les hypothèses de fables comme des histoires fiables? Comment pouvons-nous prendre pour acquis des théories qui ne sont que de la propagande visant à nier Dieu par un monde athée? La connaissance et les approches de tout ce qui nous entoure doivent être basées sur des structures et des informations objectives et non subjectives ayant des objectifs tendancieux et manipulateurs des masses.

Il y a 1 200 millions d'années, la vie sur Terre succombait à une météorite. Si la vie venait juste d'émerger, comment a-t-elle survécu? Et quelle coïncidence si le peu qui restait a réussi à donner des formes plus complexes qu'une bactérie. Si la vie sur Terre venait tout juste d'émerger, les découvertes archéologiques commençaient à nous contredire. Si l'on accepte l'idée que la vie a été apportée ici, il faudrait relire quelques citations de Sixto Paz Wells: "*Les visiteurs sont venus dans notre monde depuis un système planétaire de la constellation du Cygne, à 6 000 années-lumière de notre système solaire. Ils ont planté des spores dans notre monde, il y a environ 3 milliards d'années, pour changer l'acidité des mers et les rendre alcalines, et ainsi modifier les conditions chimiques de la planète. Cette première humanité ou civilisation extraterrestre est connue sous le nom d'Antarctique, ou des "Pères Anciens".*» Selon SP Wells, les humains Pléiadiens rapporteraient des modèles de vie d'Orion, ce qui pourrait expliquer les nombreuses représentations de cette constellation dans la préhistoire.

Depuis 1990, Christopher Chyba - de l'Institut pour la Recherche d'Intelligence Extraterrestre - proposait que l'eau et les gaz présents dans l'atmosphère terrestre provenaient de collisions avec des comètes, des météorites, etc. cela apportait non seulement de l'eau et des gaz, mais aussi des acides aminés et d'autres molécules organiques. La preuve que cela aurait pu être le cas est que la présence de kérogène, d'éthane et de méthane a été détectée dans les comètes de Halley, Hale-Bopp et Hijakutake. Aujourd'hui, cette théorie, appelée “panspermie” par les scientifiques qui la soutiennent, désigne la nébuleuse d'Orion comme l'origine possible des premières molécules sur Terre.

Conception exclusive pour soutenir la vie

1. Les commutations de température terrestres sont conservées dans des délais raisonnables en raison de l'orbite pratiquement circulaire de la Terre autour du Soleil.
2. La Lune tourne autour de la Terre à une distance de 384 000 km, provoquant les marées sur Terre. Si la Lune était à seulement 1/5ème de son emplacement, les continents seraient complètement submergés deux fois par jour.
3. Les températures extrêmes sont en outre atténuées par la vapeur d'eau et le dioxyde de carbone présents dans l'atmosphère, qui provoquent l'effet de serre.
4. La planète Terre est positionnée à la bonne distance du Soleil pour recevoir exactement la bonne quantité de chaleur nécessaire à la vie. Les autres planètes de notre système solaire sont soit trop proches du Soleil, soit trop éloignées pour accueillir la vie.
5. Toute permutation respectable du taux de rotation de la Terre rendrait la vie inadmissible. Par exemple, si la Terre tournait sur 1/10 de sa rotation actuelle, toute la vie végétale brûlerait à cause de la chaleur pendant la journée ou gèlerait la nuit.
6. L'atmosphère terrestre sert également à protéger la planète contre environ 20 millions de météorites qui y pénètrent quotidiennement à des vitesses proches de 48 km/s. Sans

cette protection, le risque pour la vie serait colossal.

7. La Terre bénéficie d'une réserve abondante d'eau, substance essentielle à la vie en raison de ses propriétés physiques extraordinaires et essentielles.
8. L'épaisseur de la couche terrestre et la profondeur des océans semblent soigneusement calculées. Un élargissement de quelques centimètres en épaisseur ou en profondeur perturberait si fortement l'absorption de l'oxygène libre et du dioxyde de carbone que l'existence des plantes et des animaux n'existerait plus.
9. L'axe de notre orbe pointe à 23,5° de la perpendiculaire au plan de son orbite. Cette inclinaison ajustée aux révolutions de la Terre autour du Soleil détermine les saisons de l'année, qui sont décidément essentielles à l'augmentation des réserves alimentaires.
10. L'atmosphère de notre globe (couche d'ozone) fonctionne comme un bouclier de défense contre le rayonnement mortel des rayons ultraviolets, empêchant l'anéantissement de toute vie.
11. Cette planète a la bonne dimension physique et la masse exacte pour supporter la vie, permettant un équilibre minutieux entre les forces gravitationnelles (essentielles pour maintenir l'eau et l'atmosphère) et la pression atmosphérique.
12. Le champ magnétique terrestre offre une protection considérable contre les rayonnements cosmiques nocifs.
13. Les deux principaux éléments de notre atmosphère planétaire sont l'azote (78 %) et l'oxygène (20 %). Cette distribution fine et critique est fondamentale pour toutes les formes de vie.

“Des combinaisons aussi nombreuses, parfaites et complexes de conditions interdépendantes et de facteurs essentiels pour des formes de vie délicates, pointent sans aucun doute vers une conception intelligente avec un but. Croire qu'un système de survie aussi compliqué, soigneusement planifié et équilibré est le résultat d'un simple changement est vraiment absurde. L'observateur honnête et objectif n'a sûrement pas d'autre recours que de conclure que le système Terre-Soleil a été soigneusement et intelligemment conçu par Dieu pour l'homme.» (Huse, Scott M., "L'effondrement de l'évolution"). Autres sources: Riegle, DD, Creation or Evolution, “Creation or Evolution”, Zondervan Publishing House, Grand Rapids, Michigan, 1971, pp.18-20. // Huse, Scott M. L'effondrement de l'évolution, “L'effondrement de l'évolution”, Grand Rapids: Baker Books, 1997, troisième édition.

Contredit-elle l'hypothèse évolutionniste?

L'hypothèse évolutive soulève 6 concepts primordiaux, bien qu'elle soutienne souvent un concept évolutif des idées d'un autre concept évolutif. Les six concepts de base de l'évolution:

- **Cosmic Evolution** (une grosse explosion produit de l'hydrogène)
- **Evolution chimique** (les éléments supérieurs évoluent)
- **Stellar Evolution** (les étoiles et les planètes évoluent à partir du gaz)
- **Evolution organique** (la vie évolue à partir des roches)
- **Macroévolution** (changements entre espèces végétales et animales)
- **Microévolution** (changements au sein des espèces)

Parmi tous ces éléments, seule la microévolution peut être considérée comme ayant été observée et peut être considérée comme une “science”. On dirait que les 5 autres sont acceptés par “la foi”. La science et la foi peuvent-elles être réconciliées? Le hasard peut-il être un test empirique? Allons-y étape par étape en traitant chaque sujet à la loupe. Gardons également à l’esprit qu’aujourd’hui la Macroévolution est incluse dans l’étude de la Microévolution. Le vaste univers est un voisin inconnu dont nous apprendrons toujours et ne cesserons jamais de nous étonner. Comment tout est-il apparu? C’est une question très courante chez les êtres humains, mais que savons-nous de l’univers? C’est déjà une autre question que peu se posent. Habitués à ce qu'on nous dise quoi penser, quoi croire, quoi étudier ou enquêter, nous sommes toujours coupables, comme le bétail ou comme un soldat, d'être emmenés d'ici à là sans remettre en question les faits. Points que les évolutionnistes veulent ignorer:

1. Des milliers d’espèces n’ont subi aucun changement malgré le fait que des millions d’années se sont écoulées.
2. Le protozoaire (micro-organisme) dont nous sommes censés provenir n’a subi aucun changement au cours des 6 000 dernières années. En 6 000 ans, aucune modification ou mutation n'a été observée chez un singe.
3. Il existe des animaux modernes comme les éléphants, les gorilles et les tigres qui sont sans doute une dégénérescence d'espèces primitives, si l'on se base sur le point de vue évolutionniste, qui n'est plus évolution mais “évolution régressive”.
4. La plupart des espèces apparaissent assez soudainement dans les annales zoologiques, sans jamais trouver rien qui ressemble à un organisme de transition.
5. Bien que les géologues estiment qu'il existe plus d'un million d'espèces animales, les évolutionnistes ont été incapables de trouver la moindre trace acceptable d'un état intermédiaire. Pour accepter l’évolution, il leur faudrait

trouver plus de 3 millions de chaînons manquants.
6. Les scientifiques conviennent qu'ils n'ont pas trouvé de forme de vie sous-humaine ayant vécu sur Terre.

Violations de la théorie

1. La croyance en l'évolution est une violation de **la première loi de la thermodynamique,** la loi de conservation de l'énergie. Il dit: La matière n'est ni créée ni détruite, elle se transforme seulement. Rien dans l'économie actuelle du droit naturel ne peut expliquer ses propres origines. L'énergie nécessaire à une évolution innovante, par exemple pour faire pousser des pattes à un poisson pour sortir d'un étang, viole les lois inviolables de la physique. La structure actuelle de l'univers est celle de la conservation. Par exemple, la libération d'énergie lors d'une fission atomique n'est pas une création d'énergie mais une transformation de la matière en énergie. Chez l'être humain lui-même, il crée plus de bioélectricité qu'une batterie de 120 volts et plus de 25 000 joules de chaleur corporelle. D'où vient l'énergie "supplémentaire" nécessaire au développement d'une créature supérieure?

2. La croyance en l'évolution viole **la deuxième loi de la thermodynamique**, la loi de la dissipation de l'énergie. L'énergie disponible pour un travail utile dans un système fonctionnel a tendance à se dissiper, même si l'énergie totale reste constante. Les systèmes structurés progressent d'un état plus ordonné et plus complexe à un état moins ordonné, désorganisé et aléatoire. Ce processus est connu sous le nom d'"entropie". Théoriquement, une situation étrange, limitée et temporaire pourrait aboutir à un état plus ordonné. Mais selon cette loi, la tendance de tous les systèmes est à la détérioration. L'évolution viole directement la deuxième loi de la thermodynamique. Les évolutionnistes en sont conscients et il faudra donc des milliards d'années de violations constantes de la deuxième loi de la thermodynamique. Statistiquement, l'évolution

est non seulement hautement improbable, mais pratiquement impossible.

3. L'évolution viole **la loi de la biogenèse** selon laquelle la vie vient uniquement d'une vie préexistante et ne se perpétue que dans son propre genre. Bio = vie; Genèse = générations. La croyance en l'évolution est essentiellement une croyance en une "génération spontanée" où, dans un scénario, la vie apparaît lorsque la foudre frappe pour la première fois quelque chose de dense et qu'une cellule vivante se forme d'une manière ou d'une autre. Pasteur (1860), Spallanzani (1780) et Redi (1688) ont réfuté que les asticots puissent provenir de la viande pourrie, les mouches des peaux de banane, les abeilles du bétail mort, etc., etc. Lorsque la matière détériorée était scellée et pré-stérilisée, il n'y avait aucune trace de vie ni de contamination biologique.

Partie III
PERFECTION GÉNÉTIQUE

" *L'univers est un super-ordinateur qui interagit avec, pas de codes binaires, mais avec l'imagination.*
Michael Tsarion (historien alternatif)

Impossible en soi

Notre philosophie anthropocentrique entrave toujours notre vision de la réalité, et ne nous permet pas de voir plus loin. Cette idée nous a fait réfléchir à la théorie selon laquelle la vie serait née sur Terre à partir de matière inanimée et morte. Pour le "miracle de la vie", il suffisait de "remuer" quelques gouttes du bouillon original et, avec une petite étincelle électrique, des protéines très complexes seraient produites. Les miracles sont-ils scientifiques? Il faut savoir qu'il est impossible que cette prétendue première vie primitive ait été créée sur Terre par “ses propres forces”. Rappelons que la plus petite unité que nous connaissons est l'atome, qui est subdivisé en particules subatomiques qui font aujourd'hui l'objet d'études pour en savoir plus sur le monde microscopique. Comme on ne sait pas quelle force maintient les atomes ensemble, on a supposé qu'il y aurait une unité appelée “gluon” qui les maintiendrait ensemble.

Cette force hypothétique qui unit les atomes n'est rien d'autre qu'une simple fantaisie puisque personne ne les a jamais vus ni mesurés, c'est-à-dire qu'ils n'existent pas. Les électrons de l'atome tournent autour du noyau des centaines de millions de fois tous les millionièmes de seconde et le noyau de l'atome est constitué de particules appelées neutrons et protons. Les neutrons n'ont pas de charge électrique et sont donc neutres, mais les protons ont une charge positive. Une loi de l'électricité dit: "*des charges semblables se repoussent*". Puisque tous les protons du noyau ont une charge positive, ils devraient se repousser et se disperser dans l'espace. Il doit y avoir une puissance que nous ignorons qui maintient les atomes ensemble: "*en Lui toutes choses subsistent*", ils sont maintenus. (Lettre de Paul aux Colossiens 1:17)

" *Chaque organisme est tel qu'il est en raison d'une longue série d'étapes, toutes improbables.* " Carl Sagan (éminent scientifique du 20e siècle). Le hasard dans l'univers est la manière courante de voir les choses, de sortir le Créateur du tableau. Sans tenir compte de points aussi élémentaires que le fait qu'une femme a des chromosomes XX et un homme un XY, ce qui crée un être similaire – si c'était YY, rien ne se produirait, ce serait un hybride. Un autre exemple est celui des globules rouges, qui ne contiennent pas d'ADN et, à l'exception des spermatozoïdes et des ovules, il existe 46 chromosomes dans tout le corps. Dans le sperme et l'ovule, il y en a 23, ce qui montre clairement qu'il ne peut pas s'agir d'une coïncidence. Penser que chaque détail de l'univers, y compris la vie et la procréation, n'est que hasard, est risible. Un point de chevauchement, plus ou moins, dans l'un de ces éléments romprait l'équilibre et rendrait impossible un résultat pur, naturel ou sain. Ce serait comme dire qu'une femme est à moitié enceinte (soit elle l'est, soit elle ne l'est pas).

Certes, pour commencer à voir les choses différemment, il faudrait revenir à l'époque de Darwin, mais non pas pour l'écouter, mais plutôt pour son contraire, Gregorio Mendell, qui déjà en 1860 commençait à parler de transmission génétique des parents aux enfants. Les mêmes lois de la génétique font de l'évolution une hypothèse pseudo-scientifique. Quoi qu'il en soit, voyons les choses par nous-mêmes, par pure logique: le corps humain compte 100 000 milliards de cellules (à l'intérieur de chaque cellule il y a deux paires de gènes). Si le génome humain était lu au rythme d'un mot par seconde, il nous faudrait – 8 heures par jour – un siècle pour le lire. L'ADN, qui ressemble à un ressort très fin, a, où qu'il se trouve, la même composition chimique en ce qui concerne chacune de ses protéines. L'ADN est constitué de spirales où se trouvent les informations qui détermineront ce que nous serons. Chaque chromosome est constitué d'une cellule et tous les chromosomes de toutes les cellules de notre corps s'étendent sur près de 2,6 milliards de kilomètres.

Le brin d'ADN est aussi long que la distance entre la Terre et la galaxie suivante. La carte ADN est composée de telle manière et dans un tel langage que nous pouvons la lire et la comprendre. Comment est-ce possible ? Laissez un athée répondre. Le sens de la logique nous dit que la perfection, la finition et l'élaboration détaillées de toutes les choses existantes, fondamentalement en ce qui concerne la vie, doivent être le résultat d'un esprit puissant, ingénieux et supérieur dans toutes les règles - et est-ce peut-être par simple hasard, différents organes reproducteurs sont créés et travaillent pour quelque chose de commun? Si Aristote commençait seulement à savoir qu'il y avait une participation héréditaire du père et de la mère, comment se fait-il que les prophètes d'Israël, qui sont beaucoup plus âgés et n'étaient pas endoctrinés par la science, connaissaient la génétique? Aristote, le célèbre philosophe, a commencé ses spéculations vers le IVe siècle avant JC. C., bien après Jérémie (700 avant JC) ou le roi David (900/1000 avant JC).

" *Avant de te former dans le sein maternel, je te connaissais, et avant que tu naisses, je t'ai sanctifié, je t'ai donné comme prophète aux nations.*" (Prophète Jérémie 1:5) Comment est-il possible que la microbiologie ait été connue sans science avancée? Le rapport du roi Salomon écrivait: "*Parce que* ***tu as formé mes entrailles; Tu m'as créé dans le ventre de ma mère.***" (Psaume 139: 13) Ce ne sont pas les seules références bibliques à des connaissances qu'il n'était pas normal d'avoir à l'époque. Voyons-le avec le prophète Isaïe lui-même en 800 avant JC, lorsqu'il dit de Jéhovah: "*Il est assis sur le cercle de la Terre*" (Prophète Isaïe 40:22). Nous savons que le concept de la Terre comme sphère ou rond Le monde n'était pas connu jusqu'à la conquête de l'Amérique, bien qu'en Égypte, ils aient découvert officieusement que la Terre était ronde. La Bible parle d'autres mondes, d'autres civilisations, de la Terre creuse, de la dernière période glaciaire et d'autres choses impossibles à connaître. Maintenant, après avoir pris quelques minutes pour le découvrir par nous-mêmes, laissons la science elle-même répondre à une foule de questions et de paradigmes que nous tenons apparemment pour acquis.

De la première cellule et molécules

Si toutes les formes de vie pouvaient être rapportées à une forme originelle, celle-ci serait "la cellule", puisqu'elle est la plus petite forme de vie, et qu'elle doit elle-même avoir une "naissance", elle doit venir de quelque part. En d'autres termes, il faut rechercher la composition de la cellule et de ses micro-parties. Gardons toujours à l'esprit que la base de toute vie connue est la cellule; la cellule est constituée de macromolécules; les chaînes de macromolécules sont des atomes disposés en rangées. Ces particules subatomiques forment un monde de mouvement constant et de rayonnement diffus: un atome effectue "10 à 23" pulsations par seconde. Ainsi on quitte le monde matériel pour retrouver l'inconcevable, appelé Dieu par les uns et esprit par les autres: " *Il n'y a pas de hasards, nous sommes tous des concepts mathématiques* ". (Michael Tsarion, historien alternatif). Il faut donc maintenant analyser même la molécule la plus éphémère de la cellule, et cette cellule doit être réduite dans sa substance fondamentale à un ensemble d'éléments chimiques.

Mais comment les éléments chimiques ont-ils été disposés dans l'ordre nécessaire pour créer la substance génétique héréditaire ou la cellule elle-même? Des questions similaires ont conduit à la naissance de “l’évolution chimique”, et c’est sur cette base que Manfred Eigen a postulé que la chimie était soumise à des lois physiques. On sait que la physique a prouvé l’existence de charges électriques négatives ou positives dans chaque particule de matière. Cette loi est également valable pour les molécules; selon leur composition, ils doivent s'attirer ou se repousser. Mais sur ce point, les réponses sont tout aussi glissantes, car les longues chaînes macromoléculaires du bouillon original étaient non seulement liées, mais dissoutes de la même manière.

De nombreuses protéines sont nécessaires à la formation cellulaire, la plus petite protéine imaginable étant constituée d'au moins 239 molécules. Par conséquent, une molécule de protéine est un monstre de différents acides aminés et enzymes qui doivent tous se rassembler dans un ordre défini. Le professeur James F. Coppedge, directeur de longue date du Center for Biological Probability Research, à Northbridge, en Californie, a calculé la probabilité d'un tel processus de classement entre 1:10 et “23”, c'est-à-dire dans une loterie. le prix de 1 contre 10 000 000 000 000 000 000 000 0. Et etc. Si l’on suppose que cette cellule, née d’un hasard impossible, a été créée dans les conditions du bouillon et de l’atmosphère d’origine, comment a-t-elle survécu? L’atmosphère à cette époque était principalement composée de méthane et d’ammoniac, c’est-à-dire que l’oxygène aurait eu les effets d’un poison mortel pour la cellule.

Ainsi, la biologie et la chimie prébiotique ne peuvent prouver qu’une cellule ne peut se reproduire que si elle contient un programme d’ADN complet, quoique modeste. Celui-ci est envoyé d'une cellule à une autre, et ceci à la suivante, etc. Jusqu’à former une vie simple comme une bactérie par exemple. L’évolution ne parvient pas à expliquer l’existence même d’une “simple cellule”. L'organisme unicellulaire le plus simple possède dans ses gènes et ses chromosomes autant de données qu'il y a de lettres dans les plus grandes bibliothèques du monde: un billion de lettres. Il existe des centaines de milliers de gènes dans chaque cellule. La plupart des formes de vie possèdent des cellules si complexes et parfaitement ordonnées qu'il n'y a aucune place pour qu'elles apparaissent par hasard. Il est impossible qu'un processus aléatoire puisse organiser une telle quantité de données. La possibilité mathématique qu'un corps humain se forme accidentellement est la même que celle d'une explosion dans une presse à imprimer qui pourrait former un dictionnaire, même si cette explosion se produisait encore et encore pendant des siècles.

Sir Fred Hoyle, athée et créateur de la théorie de "l'état continu" sur l'origine de l'univers, estime que les chances que le hasard puisse former la vie sur la planète sont si faibles qu'elles peuvent être comparées au hasard "d'une tornade *traversant une casse pourrait assembler un Boeing 747 à partir des matériaux trouvés sur place."* ("Hoyle sur l'évolution", Nature, Vol. 294, 12 novembre 1981, p. 105). Hoyle et Chandra Wickramasinghe, un astronome mathématicien, ont calculé la possibilité que la vie ait pu apparaître spontanément n'importe où dans un univers d'un rayon de 15 000 milliards d'années-lumière et vieux d'au moins 10 000 milliards d'années. Ils ont constaté que la probabilité que cette probabilité se produise est inférieure à 1 sur 1 avec 30 zéros. Sir Fred Hoyle et le Dr Wickramasinghe sont arrivés à contrecœur à la conclusion que la vie doit avoir été créée par une intelligence supérieure (telle qu'une sorte d'intelligence panthéiste qui a créé les spores d'une manière ou d'une autre dans d'autres parties de l'univers et qui ont ensuite été entraînées sur Terre). Car il est extrêmement complexe qu'ils soient issus de processus naturels.

Fred Hoyle fait une autre comparaison colorée en utilisant une créature à fourrure prisée par les évolutionnistes: "*Quelle que soit la taille de l'environnement que l'on considère, la vie ne peut pas avoir un début aléatoire. Même si nous avions des troupes de singes tapant au hasard sur un clavier, les singes ne seraient pas capables de produire les œuvres de Shakespeare pour la raison pratique que l'univers observable tout entier n'est pas assez grand pour contenir les hordes de singes nécessaires, les claviers requis et sûrement les poubelles nécessaires au dépôt des fausses tentatives. Il en va de même pour les matériaux vivants.»* (p. 148). Les hommes feront tout leur possible pour rationaliser qu'il n'existe pas de concepteur personnel de l'univers qui ait intelligemment façonné toute vie. L'évolution est une théorie sans preuves scientifiques pour la soutenir. C'est une foi vide de sens pour ceux qui ne veulent pas croire en Dieu et elle devrait être enseignée comme une simple religion parmi d'autres; une religion inspirée par Karl Marx pour développer sa théorie de la lutte des classes et influencée par Adolf Hitler avec son "surhomme aryen" supérieur et évolué.

Beaucoup ont été sacrifiés pour sa vision utopique et amorale impitoyable. L'évolution est un système de croyance qui considère le fœtus à naître comme un embryon animal qui n'a pas droit à la vie et ne le considère pas comme une création de Dieu. "*Toute personne connaissant le Rubik's cube [cube composé de cubes plus petits de six couleurs différentes; le jeu consiste en ce que tous les cubes de chacune des six faces ont la même couleur] admettra qu'il est presque impossible à un aveugle qui déplace les faces au hasard de résoudre le jeu. Imaginez maintenant 1050 aveugles, chacun avec un Rubik's cube avec leurs couleurs mélangées, et essayez de concevoir la probabilité qu'ils résolvent tous le jeu simultanément. On aboutirait alors probablement, par mélange aléatoire, à un seul des nombreux biopolymères [grosses molécules, comme les acides nucléiques d'ADN et d'ARN, ou protéines] dont dépend la vie. L'idée selon laquelle non seulement les biopolymères, mais aussi le programme de fonctionnement d'une cellule vivante, pourraient être obtenus par hasard dans une "soupe" organique primordiale ici sur Terre est manifestement totalement absurde.»* Cette citation vient de Sir Fred Hoyle, professeur de recherche

honoraire à l'Université de Manchester et au Cardiff University College.
Professeur de mathématiques à l'Université de Cambridge. C'est un scientifique connu et très respecté. Selon lui, le développement aléatoire de la vie sur Terre est "*extrêmement absurde*". Hoyle dit également dans un autre ouvrage consacré aux biomolécules: «.. *il faut envisager non seulement un seul événement pour obtenir une enzyme, mais un nombre immense de tentatives telles que celles qui sont censées s'être produites dans une soupe biologique au début du développement de l'enzyme. enzyme." Terre. Le problème est qu'il existe environ deux mille enzymes, et la probabilité de les obtenir toutes dans un essai aléatoire n'est que de 1 sur (10 20) 2 000 ou 1 divisé par 10 40 000, une probabilité ridiculement faible qui ne se produirait guère, même si l'univers entier, c'était une soupe biologique.* Le moins que l'on puisse dire est que les chances que les biopolymères et les enzymes se forment et s'assemblent spontanément sont, selon Hoyle, "*ridiculement faibles*".

Chances aléatoires pour la vie

La bactérie elle-même, déjà à titre d'exemple, est en elle-même une forme de vie finie avec une certaine fonction; il faut donc recevoir son programme génétique ADN de la première cellule. Comment le programme de construction de la bactérie entière est-il arrivé à la première cellule bactérienne? D'où l'ADN de la première cellule a-t-il reçu "l'ordre" et le "besoin" de construire une bactérie? Par ailleurs, par quelle magie une bactérie a-t-elle été transformée en une autre, aux "fonctions complètement différentes"? Pour la probabilité que la bactérie la plus simple soit produite par modification accidentelle, le professeur Harold Morowitz, physicien à l'université de Yale, aux États-Unis, a calculé ce qui suit: 1:10 à 100 000 000 000.. Cela fait autant de zéros à droite, ce qui ne serait pas le cas. rentrent dans ce livre. "*La probabilité que la vie soit née par hasard à une*

occasion sur 1 046 est de 10 à 255. La petitesse de ce nombre signifie qu'il est pratiquement impossible que la vie provienne d'une association aléatoire de molécules. La proposition selon laquelle une structure vivante aurait pu apparaître en un seul événement grâce à une association aléatoire de molécules doit être rejetée.» (Quastler, Henry - L'émergence de l'organisation biologique, New Haven et Londres, Yale University Press, 1964)
Non seulement la cellule (la plus petite unité de vie) n'aurait pas pu apparaître par hasard dans les conditions primitives et incontrôlées des premiers jours de la Terre, mais même les laboratoires les plus avancés du XXe siècle n'auraient pas pu synthétiser quelque chose de similaire. Les acides aminés (les composants essentiels des protéines qui composent la cellule vivante) ne peuvent pas construire à eux seuls les organes internes de la cellule tels que les mitochondries, les ribosomes, les parois cellulaires ou le réticulum endoplasmique, encore moins une cellule complète. Pour cette raison, défendre que la vie aurait pu survenir dans une première cellule par simple hasard est le fruit d'un fantasme entièrement basé sur l'imagination.
"*Obtenir une cellule par hasard nécessiterait au moins une centaine de protéines fonctionnelles appréciées simultanément en un seul endroit. Cela équivaut à cent événements simultanés, chacun avec une probabilité indépendante qui ne peut guère dépasser 10 – 20, ce qui donne une probabilité combinée maximale de 10 – 2 000.»* (Denten, Michael. Evolution: A Theory in Crisis, Warwickshire, Burnett Books Limited, 1985) Le scientifique de Harvard John A. Ball, réfléchissant sur le sujet, a déclaré: "... La plupart des évolutionnistes croient qu'elle a été générée (la vie) il y a longtemps, *mais peut-être ne l'a-t-il jamais été... Peut-être que la Terre a été infectée ailleurs...*"
Concernant les calculs plus mathématiques et les probabilités pour l'origine de la vie, certains présentent même les meilleures formules pour voir objectivement la logique de penser l'évolution comme une réalité plutôt que comme une façon de voir la vie: "La molécule de

base du code génétique est l'ADN. *Plus un organisme comporte de parties, plus il est complexe. Les formes biologiques les plus simples (bien qu'elles n'aient pas la capacité de se reproduire) sont les virus. Un virus possède des milliers de nucléotides ou de "parties" d'ADN ou d'ARN. Par souci de simplicité, inventons un virus qui ne comporte que cent parties. S'il n'existe qu'une seule manière correcte de commander les pièces, les probabilités que cela se produise en un seul événement sont de 1/100 ! Ce chiffre se lit "factorielle d'un sur cent", et "factorielle de cent" (100 !) signifie 100 x 99 x 98 x 97.. et ainsi de suite jusqu'à.. x 3 x 2 x 1. Laissez-moi vous donner vous un exemple de combinaison. Si vous aviez deux blocs de bois, de combien de façons pourriez-vous les disposer en ligne droite? La réponse est 2!, c'est-à-dire 2 x 1 = 2. Si vous aviez trois blocs, les combinaisons possibles seraient 3!, ou 3 x 2 x 1 = 6 combinaisons. Si j'en avais 4, ils seraient 4!, soit 24 (4 x 3 x 2 x 1)...*

... Plus le nombre de pièces est grand, plus le nombre de combinaisons possibles est grand. Techniquement, les "parties" de notre virus pourraient être disposées autrement qu'en ligne droite, augmentant ainsi considérablement le nombre de combinaisons possibles. Mais nous sommes généreux ici. Désormais, la combinaison de 100 en ligne droite peut être effectuée d'environ 9,33 x 10 157 manières différentes. Cependant, dans le cas des êtres vivants, aucune combinaison ne fera l'affaire. La vie suppose un équilibre délicat et donc une combinaison très précise des éléments constitutifs. Notre problème est maintenant de déterminer si 30 milliards d'années sont suffisamment longs pour que 100 pièces se combinent à un rythme de 1 036 combinaisons par seconde et donnent naissance à la vie. L'équation est simple. Trente milliards d'années, cela fait 3 x 10 10 ans. En secondes, 3 x 10 10 ans x 365 (jours) x 24 (heures) x 60 (minutes) x 60 (secondes) ce temps correspond à environ 9,46 x 10 17 secondes...

... Si ce nombre de secondes est multiplié par le nombre de combinaisons qui se produisent chaque seconde dans notre exemple, le résultat est 9,46 x 10 17 secondes x 10 36 combinaisons par seconde = 9,46 x 10 53

combinaisons, que nous pouvons arrondir à 1054 combinaisons. Même s'il s'agit d'un nombre important, il est extrêmement petit par rapport aux 10 157 combinaisons possibles. Soustraire 10 157 - 10 53 donne 9 999.. x 10 156. Par conséquent, tout le temps dans le monde n'est même pas suffisant pour qu'une seule cellule simple de 100 parties prenne vie. La probabilité ne diffère pratiquement pas de zéro. Si nous devions observer des cellules avec des centaines d'autres parties, restreindre le temps disponible (8 à 10 fois moins selon les évolutionnistes eux-mêmes) et ajouter quelques détails plus réalistes concernant le nombre de combinaisons et les conditions environnementales, les chances contre cela seraient toujours beaucoup plus élevé.» (Source: http://www.maic.net/evolucion/matematica.htm [1])

Comment c'était à l'époque?

On pense que sur la Terre primitive, il n'y avait toujours aucun être vivant. Le modèle actuellement utilisé par de nombreux scientifiques nous montre une croûte assez chaude, constituée de roches primitives baignées par des mers en ébullition continue et en équilibre avec des nuages chargés de pluie et d'électricité statique, qui se sont déchargés sous forme de violents orages avec éclairs et éclairs. Au fur et à mesure que la température baissait, selon l'avis de la science, d'autres substances nécessaires à la formation éventuelle des premières molécules capables de s'auto-reproduire se sont formées au hasard: formiate, aspartate, lactate, glycine, ribose, adénine et glucose. Pourquoi ces molécules peuvent-elles se former? Tout cela, bien sûr, n'était pas le résultat du hasard, mais plutôt l'intervention d'une force non humaine, à laquelle s'ajoutait également le “semis” de modèles de vie, basés non seulement sur des connaissances chimiques inimaginables, mais aussi sur leurs connaissances intimes. et relation secrète avec la géométrie. Par exemple, l'utilisation du “tétraèdre”.

1. http://www.maic.net/evolucion/matematica.htm

Il est intéressant de savoir que le carbone, l'azote et l'oxygène sont fondamentalement des tétraèdres, qui cherchent d'une manière ou d'une autre à assumer cette géométrie de telle manière qu'ils auront la plus grande stabilité lorsque deux électrons de spin opposé se trouveront dans les quatre sommets du tétraèdre. Ceci est important, car toute autre structure sera moins stable et susceptible de réagir avec d'autres atomes. Depuis 1990, Christopher Chyba de l'Institut pour la Recherche d'Intelligence Extraterrestre proposait que l'eau et les gaz présents dans l'atmosphère terrestre provenaient de collisions avec des comètes, des météorites, etc. cela apportait non seulement de l'eau et des gaz, mais aussi des acides aminés et d'autres molécules organiques.

L'évolution biochimique parle aussi de la formation de molécules dans l'espace interstellaire et sur Terre. AI Oparin et J. BS Haldane ont suggéré cette possibilité, et HC Urey et S. L. Miller l'ont simulée expérimentalement. Mais entre le mélange de molécules organiques le plus complexe que l'on puisse imaginer et la cellule vivante la plus simple, il existe un gouffre qui semble infranchissable aux yeux de la science d'aujourd'hui. Alors, qu'est-ce que la vie? le physicien R. Feynman a répondu: "*Je ne sais pas ce qu'est la vie mais je sais parfaitement quand mon chien est mort.*" Héraclite d'Éphèse disait: "*Nous ne pouvons comprendre l'essence des choses que lorsque nous connaissons leur origine et leur développement*".

Les métaux pourraient être d'origine extraterrestre

Selon James Brenan, co-auteur d'une étude sur le sujet, il aurait déclaré: "*La température extrême à laquelle le noyau terrestre s'est formé il y a plus de 4 000 millions d'années aurait complètement dévasté tous les métaux précieux de la croûte rocheuse et les aurait déposés. au cœur.*» La question qui se posait à ces scientifiques était donc: Pourquoi y a-t-il des concentrations détectables de métaux précieux comme le platine et le rhodium dans la partie rocheuse de la Terre?

" *Nos résultats indiquent que ceux-ci n'auraient pas pu se retrouver là par un processus interne connu et qu'ils auraient plutôt dû être ajoutés sous la forme d'une 'pluie' de débris extraterrestres, tels que des comètes et des météorites", explique le chercheur.* Les géologues spéculent depuis longtemps qu'il y a 4,5 milliards d'années, la Terre était une masse froide de roche mélangée à du fer métallique qui fondait sous l'effet de la chaleur générée par l'impact d'objets de la taille d'une planète, permettant au fer de briser la roche et de former le noyau terrestre. Les scientifiques ont recréé la pression et les températures extrêmes de ce processus, soumis à un mélange similaire de températures supérieures à 2 000 degrés Celsius, et ont mesuré la composition de la roche et du fer résultants. Parce que la roche est débarrassée de son métal au cours du processus, les scientifiques supposent que la même chose se serait produite lors de la formation de la Terre et qu'une sorte de source externe, telle qu'une pluie de matière extraterrestre, a contribué à la présence de certains métaux précieux dans la roche. Terre: la partie rocheuse externe de la Terre actuelle. "*La notion de pluie extraterrestre pourrait également expliquer un autre mystère, à savoir comment la partie rocheuse de la Terre est parvenue à contenir de l'hydrogène, du carbone et du phosphore, les composants essentiels à la vie, qui ont probablement été perdus lors du violent début de la Terre", conclut Brennan.*

Le mystère cellulaire

La cellule vivante, qui cache encore de nombreux secrets que nous n'avons pas pu révéler, constitue l'une des principales difficultés auxquelles est confrontée la théorie de l'évolution. Un autre dilemme terrible du point de vue de l'évolution concerne la molécule d'ADN qui se trouve dans le noyau de la cellule. Il s'agit d'un système codé de 3,5 milliards d'unités qui contient tous les détails de la vie. L'ADN (acide désoxyribonucléique) aurait été découvert dans les années 1940 et 1950 par cristallographie aux rayons X. Il s'agit d'une molécule géante dotée d'un plan et d'une conception superbes qui ne pourraient être le résultat du hasard. Pendant de nombreuses années, le prix Nobel Francis Crick a cru à la théorie de l'évolution moléculaire, mais a dû admettre à un moment donné qu'une molécule aussi complexe ne pouvait pas être apparue spontanément par hasard à la suite d'un processus évolutif.

En 1980, deux gènes de l'hémoglobine ont été séquencés. Bien que les deux codent pour le même produit, leurs séquences nucléotidiques différaient de 0,8 % si seules les substitutions d'un acide aminé par un autre étaient prises en compte, et de 2,4 % si les acides aminés présents dans un gène et absents dans un autre étaient inclus dans la comparaison. D'autres gènes séquencés ultérieurement dans d'autres organismes ont conduit à la même conclusion: dans la séquence d'ADN, les organismes peuvent être hétérozygotes. La grande variation révélée par ces études constitue un des fondements de la théorie neutraliste, un autre des défis de la théorie synthétique. Son principal exposant est Motoo Kimura, et selon lui, la plupart des gènes mutants sont sélectivement neutres, c'est-à-dire qu'ils n'ont pas d'avantage sélectif ni plus ni moins que les gènes qu'ils remplacent; Au niveau moléculaire, la plupart des changements évolutifs sont dus à une dérive génétique à partir de gènes mutants sélectivement équivalents.

La dérive génétique est un changement purement aléatoire dans la fréquence des gènes, puisque toute population est constituée d'un nombre fini d'individus. La raison est la même que celle pour laquelle il est possible d'obtenir "face" plus de 50 fois lorsque l'on lance une pièce 100 fois. Kimura s'est arrêté pour réfléchir à la probabilité de mutation selon laquelle un mutant, apparaissant dans une population finie, présenterait lui-même un avantage sélectif. Autrement dit, quelle est la probabilité que ce gène se propage dans la population? Kimura est parvenu à trois conclusions:

1. Pour une protéine donnée, le taux de substitution d'un acide aminé par un autre est approximativement le même dans de nombreuses lignées phylogénétiques différentes.
2. Ces substitutions, au lieu de suivre un modèle, semblaient se produire de manière aléatoire.
3. Le taux total de changement de l'ADN était très élevé, de l'ordre d'une substitution de base nucléotidique tous les deux ans dans une lignée évolutive de mammifère.

Concernant la variabilité au sein des espèces, il a été constaté que la plupart des protéines étaient polymorphes, c'est-à-dire qu'elles existaient sous différentes formes, et dans de nombreux cas sans effets phénotypiques visibles ni corrélation avec l'environnement. Ainsi, Kimura est arrivé à deux conclusions:
1er La plupart des substitutions de nucléotides devaient être le résultat d'une fixation aléatoire de mutants neutres ou quasi neutres, plutôt que le résultat d'une sélection darwinienne.
2ª De nombreux polymorphismes protéiques devaient être sélectivement neutres ou presque neutres et leur persistance dans la population serait due à l'équilibre existant entre la contribution du polymorphisme par mutation et son élimination aléatoire.
Le biologiste évolutionniste russe Alexander Oparin a affirmé que la première cellule vivante issue d'un ancêtre commun à tous les êtres selon la théorie de l'évolution pourrait exister. Dans les années 1930, Oparin a formulé un certain nombre de théories montrant comment la première cellule vivante pourrait se former par hasard à partir de la matière. Cependant, tout cela a échoué et Oparin a dû avouer: " *Malheureusement, l'origine de la cellule reste un problème, en réalité le point le plus sombre de toute la théorie de l'évolution* ". (Alexander Oparin, Origin of Life. p. 196) Jeffrey Bada, professeur de biochimie et défenseur de la théorie de l'évolution, avouait dans la revue Earth de février 1998, dans un de ses articles sur l'évolution:

"Aujourd'hui, *alors que nous partions Au XXe siècle, nous sommes toujours confrontés au plus grand problème non résolu que nous avions lorsque nous sommes entrés dans ce siècle: comment la vie est-elle née sur Terre?"*

La théorie de la génération spontanée

Cette théorie était populaire à la fin du Moyen Âge et soutenait que les êtres vivants pouvaient facilement naître d'êtres non vivants. Il était courant de penser que les vers de boue et les cochenilles apparaissaient spontanément dans les endroits humides. Pour cette raison, certaines expériences ont été réalisées pour tenter de prouver cette théorie. Pour eux, au début, les larves présentes dans la viande pourrie étaient une "preuve" que la vie pouvait être générée à partir de matière non vivante. Mais plus tard, on a compris que les larves ne se formaient pas spontanément, mais émergeaient d'œufs microscopiques déposés dans la viande par les mouches. À l'époque de Darwin, il était très courant de croire que la vie pouvait provenir de matière non vivante, mais quelques années après la publication de "L'Origine des espèces", le célèbre biologiste français Louis Pasteur réfuta scientifiquement la théorie de l'évolution. Pasteur, après diverses études et expériences, arrive à cette conclusion remarquable: "*La matière peut-elle s'organiser? Non! Il n'existe actuellement aucun exemple connu sous lequel on puisse dire que des êtres au microscope apparaissent dans le monde sans parents auxquels ils ne ressemblent pas.*» (Louis Pasteur, Origine de la vie, p. 4-5)

Probabilités de vie du point de vue mathématique

Le professeur Bruno Vollmert, professeur de génie chimique des substances macromoléculaires et à l'époque directeur de l'Institut des polymères de l'université de Karlsruhe, a passé des décennies avec son équipe à étudier la création d'ADN dans des laboratoires équipés d'équipements de pointe. équipement. Le résultat de l'enquête a été accablant pour tous les évolutionnistes: " *il n'est PAS possible que l'ADN ait pu être produit spontanément* ". Vollmert dit qu'un chimiste des polymères ne peut ni être convaincu ni persuadé que les mélanges originaux sont apparus par hasard dans des chaînes de macromolécules semblables à l'ADN; il en va de même, selon lui, de la croissance des brins d'ADN au cours de l'histoire de la Terre, d'une classe d'animaux à la suivante. Les propres mots de Vollmert: "*Le darwinisme est donc une façon de voir le monde, une idéologie, et non une théorie scientifiquement prouvée.. Je crois que le darwinisme représente une erreur fatale qui doit son succès sans précédent, en fin de compte, une fois de plus, à un désir anthropocentrique.*

Puisque la formation de la vie n'a pas été élucidée sans équivoque, le professeur Fred Hoyle, ancien directeur de l'Institut d'astronomie théorique à Cambridge, et le professeur Nalin Chandra Wickramasinghe, directeur du département de mathématiques appliquées et d'astronomie à l'université de Cardiff, au Pays de Galles - que nous avons mentionnés plus tôt-, ont étudié les possibilités de créer la vie, sur la base de leurs connaissances mathématiques. Ils se demandaient si les enzymes auraient pu provenir d'une soupe terrestre originale grâce à l'évolution chimique. La conclusion des deux scientifiques est la suivante: "*Nous supposons que le bouillon contient 20 acides aminés biologiquement importants dans la même concentration. Nous avançons la proposition prudente selon laquelle les 10 points ci-dessus sont décisifs pour le bon fonctionnement biologique. Plus de "20 à 10" essais seraient nécessaires pour produire une seule enzyme capable de fonctionner; et la probabilité de produire par hasard une quantité d'azote de ces enzymes s'élève à "1:20 à 10N". Avant que N n'atteigne 100, le nombre d'essais serait devenu supérieur au nombre d'atomes présents dans toutes les étoiles de l'Univers tout entier. Nous sommes donc presque obligés de conclure que la vie doit être un phénomène cosmique.* »

L'écart impossible

Robert Shapiro, professeur de chimie à l'Université de New York et expert en ADN, explique cette croyance des évolutionnistes et le dogme matérialiste sur lequel ils se fondent: "Par conséquent, un autre principe évolutif est nécessaire pour combler le fossé entre les mélanges d'éléments chimiques naturels simples et le premier réplicant efficace. *Ce principe n'a pas encore été décrit en détail ni démontré, mais il est anticipé et porte des noms tels que "évolution chimique" et "auto-organisation de la matière"*. Selon Demirsoy, la possibilité de formation fortuite du cytochrome-C, une protéine essentielle à la survie, est "*aussi improbable que la possibilité qu'un singe écrive l'histoire de l'humanité sur une machine à écrire sans commettre la moindre erreur*".

L'origine des mitochondries est la cellule, et il accepte ouvertement l'explication du "hasard", même si elle est "totalement contraire à la pensée scientifique": "*Le cœur du problème est de savoir comment les mitochondries ont acquis ce caractère distinctif, car l'obtenir par hasard, même de la part d'une cellule, cela nécessite des possibilités extrêmes incompréhensibles.. L'enzyme qui assure la respiration et agit comme un catalyseur à chaque étape et de manière différente, constitue le cœur du mécanisme. Une cellule doit contenir toute cette séquence enzymatique, sinon elle est inutile. Bien que cela soit contraire à la pensée biologique, afin d'éviter des explications ou des spéculations plus dogmatiques, nous devons accepter, même à contrecœur, que toutes les enzymes respiratoires existaient pleinement dans la cellule avant que la première cellule n'entre en contact avec l'oxygène.*

Acides aminés de différents organismes

La séquence d'acides aminés d'une protéine provenant de deux organismes différents peut être facilement comparée en alignant les deux séquences et en comptant le nombre de positions dans lesquelles les chaînes diffèrent. Ils peuvent être quantifiés avec précision et constituent une toute nouvelle approche pour mesurer les différences entre les espèces. Au fur et à mesure des travaux ultérieurs dans ce domaine, il est devenu clair que chaque protéine particulière avait une séquence légèrement différente selon les espèces et que les espèces étroitement apparentées avaient des séquences étroitement apparentées. Lorsque les séquences d'hémoglobine de différents mammifères, tels que l'homme et le chien, ont été comparées, la divergence des séquences était d'environ 20 %, tandis que lorsque l'hémoglobine de deux espèces différentes, telles que l'homme et la carpe, a été comparée, il a été constaté que la divergence séquentielle était d'environ 50 %.

Ces comparaisons permettent de vérifier les hypothèses suggérées par l'orthodoxie néo-darwinienne. Par exemple, supposons que les bactéries existent depuis bien plus longtemps que les espèces multicellulaires, par exemple les mammifères. Supposons en outre que les bactéries soient plus étroitement liées aux plantes qu'aux poissons, aux amphibiens et aux mammifères, dans cet ordre. Si tel est le cas, nous devrions en constater la preuve dans les séquences d'acides aminés des protéines courantes. Autrement dit, tous les groupes mentionnés utilisent le cytochrome-C, une protéine utilisée dans la production d'énergie. Les différences dans cette protéine devraient être cohérentes avec une séquence évolutive. Cependant, la comparaison du cytochrome-C bactérien, les protéines correspondantes du cheval, du pigeon, du thon, du ver à soie, du blé et de la levure, montre que ces dernières sont toutes équidistantes de celle de la bactérie. La différence entre la bactérie et la levure n'est pas moindre qu'entre la bactérie et le mammifère, ou entre n'importe laquelle des autres classes.

Cela ne change pas non plus si nous choisissons d'autres classes ou des protéines différentes. Les classes traditionnelles d'organismes sont identifiables grâce à la hiérarchie typologique, et les distances relatives entre elles sont similaires, quelles que soient les séquences évolutives hypothétiques. Par exemple, Denton note que les amphibiens ne se trouvent pas entre les poissons et les vertébrés terrestres. Contrairement à la théorie orthodoxe, les amphibiens se trouvent à peu près à la même distance des poissons que les reptiles et les mammifères. La découverte la plus significative qui ressort de la comparaison des séquences d'acides aminés des protéines est qu'il est impossible de les classer dans une quelconque série évolutive et que tout le concept d'évolution s'effondre parce que le modèle de diversité au niveau moléculaire est conforme à celui-ci. à un système hiérarchique hautement ordonné. Chaque classe est, au niveau moléculaire, singulière, isolée et sans rapport entre eux par des intermédiaires. De plus, les ajustements accidentels de conception qu'exige l'évolutionnisme général sont des désastres logiques.

Les mutations aléatoires dues aux radiations, aux erreurs de copie ou à d'autres sources proposées aboutissent rarement à des ajustements de conception viables, et jamais à des conceptions parfaites plus avancées. Autre chose importante à garder à l'esprit, les acides aminés empêchent toute transmutation de l'espèce. Les tissus de n'importe quelle partie du corps prélèvent du sang "le même acide aminé correspondant", sans exception. Chaque tissu produit un tissu du même genre, ce qui empêche biologiquement tout processus évolutif. Le professeur évolutionniste turc Al de Misroy n'a eu d'autre choix que de dire à ce sujet: "*en fait, la probabilité de formation d'une protéine et d'un acide nucléique est plus petite que ce que l'on peut calculer. Qui plus est: les chances d'apparition d'une chaîne protéique donnée sont si faibles qu'on peut les qualifier d'astronomiques. La théorie évolutionniste selon laquelle la première cellule est apparue par hasard est complètement irrationnelle, comparable à dire que le Boeing 747 s'est formé par hasard.» Et cela encore au niveau cellulaire.*"

L'autopoïétique va-t-elle à l'encontre de l'évolution?

Un autre point contradictoire en biochimie, si l'on tente de soutenir l'hypothèse de l'évolution moléculaire, concerne "l'autopoïèse". Le concept d'autopoïèse a été introduit par F. Varela, de l'École Polytechnique de Paris. Une entité est autopoïétique lorsque, grâce à des processus chimiques, elle maintient et perpétue sa composition malgré les perturbations environnementales. Le mécanisme de l'autopoïèse est le métabolisme, l'ensemble des relations de composés organiques catalysées par des enzymes, en phase aqueuse ou interphases, qui se produisent à l'intérieur des êtres vivants. Les principales sources de démarrage de ce métabolisme sont la lumière visible et l'énergie chimique. Nous ne connaissons aucune entité qui ne soit autopoïétique. Nous ne connaissons pas non plus d'entité qui ne soit constituée d'eau et d'une diversité complexe de composés organiques, notamment d'acides nucléiques et de protéines, constituant une cellule.

Et dans le livre fascinant Mankind, Child of the Stars, Max H. Flint et Otto O. Binder détaillent une anomalie très importante: "...le molybdène, un métal très rare, joue un rôle important en tant qu'élément traçable *dans la psychologie de toutes les créatures sur Terre. Il est donc surprenant que la vie si dépendante d'un métal rare soit née dans un monde comme le nôtre, où le molybdène est si rare...*"

La carte ADN

La structure de la molécule d'ADN a été découverte par les scientifiques James Watson et Francis Crick en 1955. Ils ont découvert et démontré que la vie est beaucoup plus complexe qu'on ne l'imaginait. Pour confronter les évolutionnistes, Francis Crick, qui a reçu le prix Nobel pour cette découverte, a avoué que la structure de l'ADN n'aurait jamais pu surgir du hasard. Eh bien, qu'est-ce que le génome? Il faut dire que cela englobe le nombre total de chromosomes dans le corps. Les chromosomes contiennent environ 80 000 gènes, responsables de l'hérédité. Les informations contenues

dans les gènes ont été décodées et permettent à la science de connaître, grâce à des tests génétiques, de quelles maladies une personne peut souffrir au cours de sa vie. Le génome permet également de traiter des maladies jusqu'alors incurables, mais connaître le code d'un génome ouvre la porte à de nouveaux conflits éthico-moraux, par exemple la sélection d'embryons, ou le clonage d'êtres pour obtenir des cellules souches puis les éliminer. Cela menacerait la diversité biologique et rétablirait, entre autres choses, la culture d'une race supérieure, laissant les autres marginalisées.
Selon ses détracteurs, les personnes présentant un handicap génétique seraient exclues du travail, des assurances, de la sécurité sociale, etc. À l'instar de la discrimination qui existerait dans certains pays pour certains emplois auprès des femmes concernant la grossesse et les enfants par exemple. Le génome (nombre total de chromosomes, c'est-à-dire tout l'ADN: toute l'information de l'ADN) d'un organisme comprend dans ses gènes toutes les informations nécessaires à l'élaboration de toutes les protéines requises par l'organisme, celles qui déterminent l'apparence, le fonctionnement, le métabolisme, la résistance aux infections et autres maladies, ainsi que certaines de ses procédures. Autrement dit, c'est le code qui fait de nous ce que nous sommes (ADAM). Un gène est l'unité physique, fonctionnelle et fondamentale de l'hérédité, c'est une séquence de nucléotides ordonnés et situés à une position particulière sur un chromosome. Un gène contient le code spécifique d'un produit fonctionnel.
L'ADN, ou ADN, est la molécule qui contient le code de l'information génétique, qui consiste en un double brin hélicoïdal maintenu ensemble par des jonctions labiles entre les paires de bases nucléotidiques. Les nucléotides contiennent les bases adénine (A), guanine (G), cytosine (C) et thymine (T). L'importance de bien comprendre le génome réside dans le fait que la plupart des maladies ont une composante génétique, à la fois héréditaire et résultant de

réponses corporelles à l'environnement. Quelle puissance ou force a ordonné à ces chaînes de s'entrelacer? Une fois cela fait, quelle intelligence a ordonné à ces brins de s'assembler correctement avec les bases nécessaires à la constitution des brins d'ADN?

Ces deux brins enroulés en hélice qui composent la molécule d'ADN sont entrelacés l'un autour de l'autre, comme des échelles tournantes, dont les côtés constitués de molécules de sucre et de phosphate sont reliés par des liaisons azotées appelées "bases". Il existe une forme stricte d'union de bases, formant ainsi des paires adénine-thymine (AT) et cytosine-guanine (CG). Chaque cellule fille reçoit un ancien et un nouveau brin. Chaque molécule d'ADN contient de nombreux gènes, base physique et fonctionnelle de l'hérédité. Le gène envoie la séquence spécifique de nucléotides de base avec les informations nécessaires à la construction de protéines qui fourniront les composants structurels aux cellules et aux tissus ainsi que les enzymes nécessaires à une réaction biochimique essentielle. En fait, les virus et les bactéries sont fondamentaux à la vie, ils ne sont pas du tout nos ennemis.

Par exemple, en parlant d'ADN indésirable, certains ont suggéré que s'il était nettoyé, nous pourrions vivre jusqu'à 200 ans de plus, mais il a été découvert que la partie fondamentale du génome se trouve précisément dans cet ADN indésirable. Dans le génome, la fraction codant pour les protéines représente 1,5 % des gènes. Un gène est la somme de séquences de gènes regroupées spécifiquement pour chaque instant en fonction de l'environnement. Pour cette raison, même si nous possédons 90 % des gènes liés aux rats, cela ne change rien, puisque nous en partageons 40 % avec un certain type de plante écunet.

ADN et chromosomes

L'ordre ou la séquence d'ADN spécifie l'instruction génétique exacte requise pour créer un organisme particulier doté de ses propres caractéristiques. La taille du génome est généralement basée sur le total des paires de bases. Seulement 10 % du génome comprend la séquence de gènes codant pour les protéines. Entrecoupées de nombreux gènes se trouvent des séquences sans fonction codante, dont la fonction était inconnue jusqu'il y a quelques années. Les chromosomes peuvent être mis en évidence par microscopie optique et, une fois colorés, révèlent des motifs de bandes claires et sombres avec des variations régionales. Les différences de taille et de motif de bandes permettent de distinguer les 24 chromosomes les uns des autres; l'analyse est appelée "caryotype". Les anomalies chromosomiques majeures comprennent la perte ou des copies supplémentaires, ou des pertes majeures, des fusions ou des translocations détectables au microscope.

Ainsi, dans le "syndrome de Down", une troisième copie de la paire 21 ou "trisomie 21" est détectée. Analysons que quelque chose devait nous donner la possibilité d'avoir la vie, car sans l'ordre correct des chromosomes, il n'y aurait pas de fécondation. D'autres changements sont si subtils qu'ils ne peuvent être détectés que par analyse moléculaire; ils sont appelés "mutations". De nombreuses mutations sont impliquées dans des maladies comme la "mucoviscidose", la drépanocytose, les prédispositions à certains cancers, ou encore les grandes maladies psychiatriques, entre autres. Chaque personne a dans ses chromosomes, devant chaque gène paternel, son gène maternel correspondant. Lorsque cette paire de gènes materno-paternels (groupe allémorphique) est déterminante pour la même fonction ou le même trait héréditaire, l'individu est dit homozygote pour ce trait, au contraire, il est dit hétérozygote. A titre d'exemple, nous pouvons mentionner qu'un gène transmet le trait héréditaire de la couleur des yeux verts et l'autre la couleur des yeux marron.

Ce sont des hétérocytogazes pour le trait de couleur des yeux. Si, à son tour, l'un de ces gènes domine l'expression du trait par rapport à l'autre gène opposé, on dit qu'il s'agit d'un gène hérité dominant, sinon il est dit récessif. Les humains et les chimpanzés sont non seulement génétiquement différents, mais ils diffèrent également considérablement dans la manière dont ils stockent l'ADN. L'ADN, le modèle primordial de la vie, est emballé dans des chromosomes, et toutes les cellules dotées d'un noyau possèdent un nombre spécifique de chromosomes. Beaucoup croient à tort que les organismes, selon la théorie de l'évolution, partageant un ancêtre commun possèdent le même nombre de chromosomes. Il n'en est rien car le nombre de chromosomes dans les organismes vivants varie considérablement d'un organisme à l'autre. Par exemple, de 308 chez la mûre (Morus nigra) à 6 chez des animaux comme le moustique (Culex pipiens) ou le ver nématode (Caenorhabditis elegans) (Sinnot, EW, LC Dunn et T. Dobzhansky), Principes de génétique (Columbus, Ohio: McGraw Hill, cinquième édition, 1958)

Qu'un organisme ait plus ou moins de chromosomes ne fait aucune différence. Autrement dit, la complexité n'affecte pas le nombre de chromosomes. Le radiolaire (un simple protozoaire) dépasse les 800, mais les humains n'en possèdent que 46. Aujourd'hui, les chimpanzés possèdent 48 chromosomes. Exactement 2 de plus que l'humain, mais cette comparaison ne permet pas de créer une relation puisque selon cette règle l'homme serait un parent du lièvre (lepus europaeus), qui possède exactement le même nombre de chromosomes: 46; Ou encore le muntjac chinois (un petit cerf originaire des régions montagneuses de Taiwan). La différence entre les chromosomes de l'homme et du chimpanzé est la même que celle que l'homme a avec le hamster et le lapin. S'il n'y avait que la similitude des chromosomes de l'homme (Homo sapiens sapiens) et du chimpanzé (pan troglodytes), il faut garder à l'esprit que celui-ci (le chimpanzé) possède 48 chromosomes, tout comme une pomme de terre commune (solanum tuberosum).

Si le plan d'ADN lié aux chromosomes ne code que pour 46 chromosomes, comment la théorie évolutionniste peut-elle expliquer la perte de deux chromosomes entiers? Le but du chromosome est de se reproduire constamment. Si nous en déduisons que ce changement dans le nombre de chromosomes s'est produit au cours du processus évolutif, cela impliquerait que l'ADN stocké dans le nombre initial de chromosomes n'a pas bien fait son travail. Si l'on tient compte du fait que chaque chromosome porte un certain nombre de gènes, le fait que des chromosomes soient perdus n'a pas de sens physiologique et, très probablement, cela serait fatal pour la nouvelle espèce. Il n'existe aucun biologiste réputé qui suggère que la suppression d'un ou plusieurs chromosomes produirait une nouvelle espèce. Le simple fait de retirer un seul chromosome pourrait potentiellement supprimer les codes ADN de millions de facteurs vitaux du corps.

À ce sujet, Eldon Gardner a postulé: "*Cependant, le nombre de chromosomes est probablement plus constant que toute autre caractéristique morphologique disponible pour l'identification des espèces.*» (Gardner, Eldon J., Principes de génétique (New York: John Wiley and Sons). 1968, p. 211). Bref, il n'y a aucune raison de chercher là où il n'y en a pas. Les humains ont toujours eu 46 chromosomes et les chimpanzés 48. En d'autres termes, les humains ont toujours eu 46 chromosomes, tandis que les chimpanzés en ont toujours eu 48.

L'ADN de l'humain et du chimpanzé indique-t-il une relation évolutive?

L'ADN, la cellule et la complexité de la vie sont les principaux inconvénients de la théorie évolutionniste. En 1953, Francis Harry Compton Crick et James Dewey Watson ont proposé la structure à double hélice de l'ADN, le matériel génétique responsable de la vie. Demostrando el arreglo molecular de cuatro ácidos nucleótidos bases (adenina, guanina, citosina, y timidina o timina - A, G, C, y T) y cómo se combinan, Watson y Crick abrieron las puertas para determinar la composición genética de los humanos y les animaux. En 1962, ces deux scientifiques reçurent le prix Nobel de physiologie ou médecine pour leur découverte concernant la structure moléculaire de l'ADN. Treize ans après que Watson et Crick ont reçu leur prix Nobel, la déclaration a été faite "*que le polypeptide humain moyen est identique à plus de 99 pour cent à son homologue chimpanzé*". (King et Wilson, 1975, p. 114-115).

Cependant, cette similitude génétique dans les protéines et les acides nucléiques laisse un paradoxe majeur: si notre matériel génétique est si similaire, pourquoi ne ressemblons-nous pas ou ne nous comportons-nous pas comme des chimpanzés? King et Wilson ont reconnu la légitimité de ce dilemme lorsqu'ils ont fait remarquer: "*La similitude moléculaire entre les chimpanzés et les humains est extraordinaire car dans l'anatomie et la vie, ils diffèrent beaucoup plus que d'autres espèces apparentées.»* (King, Mary-Claire et AC Wilson, "Evolution at Two Levels in Humans and Chimpanzees", Science. Avril 1975). Ergo, cela semblait être la réponse idéale que les évolutionnistes voulaient pour étayer leur hypothèse. Un an après la cérémonie Nobel de Watson et Crick, le chimiste Emile Zuckerkandl a observé que la séquence protéique de l'hémoglobine chez l'homme et chez le gorille ne différait que de 1 sur 287 acides aminés.

Zuckerkandl a noté: "*Du point de vue de la structure de l'hémoglobine, il semble que le singe soit simplement un humain anormal, ou que l'homme soit un singe anormal, et que les deux espèces forment en fait une population continue.»* (Zuckerkandl, Emile, "Perspectives in Molecular Anthropology", Classification and Human Evolution, éd. SL Washburn (Chicago, IL: Aldine). 1963, p. 247). Les preuves moléculaires et génétiques n'ont fait que renforcer les fondements évolutifs de ceux qui ont témoigné de notre présumé ancêtre primitif. Le professeur de physiologie Jared Diamond a même intitulé l'un de ses livres Le troisième chimpanzé, dans lequel il considérait l'espèce humaine comme un grand mammifère parmi d'autres. Tout cela donnait raison aux évolutionnistes: les humains étaient identiques à plus de 98 % aux chimpanzés.

Cependant, après avoir passé sa vie à chercher des preuves de l'évolution des structures moléculaires, le biochimiste Christian Schwabe a été forcé d'admettre: "*L'évolution moléculaire est presque acceptée comme la méthode supérieure de la paléontologie pour la découverte des relations" évolutionnistes. En tant qu'évolutionniste moléculaire, je devrais être enthousiasmé. Au lieu de cela, il semble étonnant qu'il existe de nombreuses exceptions à la progression ordonnée des espèces déterminée par les homologies moléculaires; en fait, il y en a tellement que je pense que l'exception, les bizarreries, véhiculent le message le plus important.* (Schwabe, Christian, "Sur la validité de l'évolution moléculaire", Trends in Biochemical Sciences. Juillet 1986, p. 280). Après l'achèvement de la cartographie génomique en 2003, les résultats ont commencé à devenir différents. L'une de ces résolutions serait que 1,5 % du génome humain est constitué de gènes codant pour des protéines.

Ces gènes sont regroupés dans de petites régions qui contiennent des quantités considérables d'ADN "non codant" ou "indésirable" entre les groupes. La fonction de ces régions non codantes est encore totalement inconnue. Faisant progresser la science, les découvertes indiquent que même si tous les gènes humains étaient différents de ceux d'un chimpanzé, l'ADN pourrait toujours être similaire à 98,5 % si l'ADN "indésirable" des humains et des chimpanzés était identique. Jonathan Marks, anthropologue à l'Université de Caroline du Nord à Charlotte, a mis en évidence une certaine bizarrerie pertinente du problème qui est souvent négligée dans cette ligne de pensée de la "similarité". Puisque l'ADN est une série linéaire de bases A, G, C et T, il n'existe que quatre possibilités en un point donné d'une séquence d'ADN. Les lois du hasard montrent que deux séquences aléatoires d'espèces n'ayant pas d'ascendance commune concordent à raison d'un point sur quatre. Ainsi, même deux séquences d'ADN non liées seront identiques à 25 %, et non à 0 % (Marks, Jonathan, "98 % Alike? (What Similarity to Apes Tells Us About Our Understanding of Genetics)", The Chronicle of Higher Education, 12 novembre. mai 2000).

Ainsi, un humain et toute autre forme de vie terrestre basée sur l'ADN doivent être identiques à au moins 25 %. Marks a ensuite admis: "*De plus, la comparaison génétique est trompeuse car elle ignore les différences qualitatives entre les génomes.. Ainsi, même parmi des parents aussi proches que les humains et les chimpanzés, nous constatons que le génome du chimpanzé est estimé à environ 10 pour cent plus grand. qu'humain; qu'un chromosome humain contient une fusion de deux petits chromosomes de chimpanzé; et que les extrémités de chaque chromosome de chimpanzé contiennent une séquence d'ADN qui n'est pas présente chez l'homme.*" Regardons un élément transcendantal, à savoir que cette différence entre 1 et 2 % dans l'ADN implique 80 millions de nucléotides différents (3 à 4 milliards de nucléotides constituent le génome humain). Ce qui se situe sous le prisme logique, d'une différence assez grande.

Les vraies différences génomiques

Bert Thompson (Ph. D. d'Apologetics Press, Inc. 2005) a écrit: "*L'une des ruines des précédentes études de génétique moléculaire a été la limite à laquelle les chimpanzés et les humains pouvaient être exactement comparés. Les scientifiques n'utilisaient souvent que 30 ou 40 séquences connues de protéines ou d'acides nucléiques, et à partir de celles-ci, ils extrapolaient ensuite leurs résultats à l'ensemble du génome. Cependant, nous disposons aujourd'hui de la plupart des séquences du génome humain, pratiquement toutes rendues publiques. Cela permet aux scientifiques de comparer chaque paire de bases nucléotidiques entre les humains et les primates, ce qui n'était pas possible avant le projet sur le génome humain. En janvier 2002, une étude a été publiée dans laquelle des scientifiques avaient construit et analysé la carte génomique comparative d'un chimpanzé humain de première génération. Cette étude a comparé les alignements de 77 461 séquences finales de chromosomes bactériens artificiels (CBA) de chimpanzés avec des séquences génomiques humaines.* Fujiyama et ses collègues " *ont détecté des positions candidates, notamment deux groupes sur le chromosome 21 humain, suggérant de grandes régions de différence non aléatoires entre les deux génomes* ". (Fujiyama, Asao, Hidemi Watanabe et al., "Construction et analyse d'une carte comparative de clones humains-chimpanzés", Science, 4 janvier 2002). En d'autres termes, cette comparaison a révélé d'énormes différences entre les génomes des chimpanzés et des humains.

Les auteurs ont découvert que seulement 48,6 % de l'ensemble du génome humain correspondait aux séquences nucléotidiques du chimpanzé. "*Seuls 4,8 % du chromosome "Y" humain pourrait correspondre aux séquences du chimpanzé.*» Ajoutez, Bert Thompson. La réalisation de cette étude a comparé les alignements de 77 461 séquences de chimpanzés avec des séquences génomiques humaines obtenues à partir d'une base de données publique. Parmi celles-ci, 36 940 séquences finales n'ont pas pu être cartographiées dans le génome humain. Il a été supposé que près de 15 000 de ces séquences qui ne correspondaient pas aux séquences humaines "correspondaient à des régions humaines sans séquence ou provenaient de régions de chimpanzés qui s'écartaient considérablement de celles des humains ou ne correspondaient pas pour d'autres raisons inconnues" (295: 132).

Bien que les auteurs aient noté que la qualité et l'utilité de la carte devraient "s'améliorer de plus en plus à mesure que le séquençage du génome humain progresse" (295: 134), les données confirment déjà ce que les créationnistes disent depuis de nombreuses années: le chiffre de 98 à 99 % représente La similarité de l'ADN est extrêmement trompeuse. (Sources: Fujiyama, Asao, Hidemi Watanabe et al., "Construction and Analysis of a

Human-Chimpanzee Comparative Clone Map", Science, 4 janvier 2002; Bert Thompson, Ph.D. Apologetics Press. www.apologeticspress.org[2]) À la suite d'une autre étude, Barbulescu et ses collègues ont également découvert une autre différence significative entre les génomes des primates et des humains. Les auteurs ont écrit: "*Ces observations fournissent des preuves très solides que, pour une partie du génome, les chimpanzés, les bonobos et les gorilles sont plus étroitement liés les uns aux autres qu'aux humains.»* (Barbulescu, Madalina, Geoffrey Turner, Mei Su, Rachel Kim, Michael I. Jensen-Seaman, Amos S. Deinard, Kenneth K. Kidd et Jack Lentz, "Un provirus HERV-K chez les chimpanzés, les bonobos et les gorilles, mais pas les humains", Current Biology, 2001).

Cela démontre l'erreur des évolutionnistes qui affirment que les chimpanzés sont génétiquement plus proches des humains que des gorilles. Une autre étude utilisant une "analyse des différences figuratives" (ADF) interspécifiques entre les humains et les gorilles a révélé des séquences d'ADN spécifiques aux gorilles (Toder, RF Grutzner, T. Haaf et E. Bausch, "Species-Specific Evolution of Repeated DNA séquences in Great Apes", Recherche sur les chromosomes, 2001). Autrement dit, les séquences trouvées chez les gorilles, mais pas chez les humains, "*peuvent représenter une séquence ancienne qui est perdue chez d'autres espèces, comme l'homme et l'orang-outan, ou, plus probablement, elles représentent des séquences récentes qui ont évolué ou sont originaires spécifiquement.» le génome du gorille.*

Dès 1998, une différence structurelle entre la surface des cellules humaines et celle du singe s'est manifestée. Après avoir étudié des échantillons de tissus et de sang provenant de grands singes et de 60 humains de divers groupes ethniques, Muchmore et ses collègues ont découvert que les cellules humaines sont dépourvues d'une forme particulière d'acide sialique (un type de sucre) présente chez les

2. http://www.apologeticspress.org

mammifères (Muchmore, Elaine A., Sandra Diaz et Ajit Varki, "Une différence structurelle entre les surfaces cellulaires des humains et des grands singes", American Journal of Physical Anthropology, octobre 1998). "*Cette molécule d'acide sialique se trouve à la surface de chaque cellule du corps et on pense qu'elle accomplit de multiples tâches cellulaires. Cette différence apparemment minime peut avoir des effets considérables et expliquer pourquoi les chirurgiens n'ont pas pu transplanter d'organes de chimpanzés chez des humains dans les années 1960. "identiques aux nôtres", simplement à cause d'une coïncidence génétique.* Déclare Bert Thompson, Ph. D. d'Apologetics Press.

Parallèles et divergences

Le génome complet du nématode (Caenorhabditis elegans) a également été séquencé dans le cadre d'une étude parallèle au projet sur le génome humain. Parmi les 5 000 gènes humains les plus connus, 75 % d'entre eux se sont combinés à ceux du ver ("A Tiny Worm Challenges Evolution". Vidéo disponible sur: www.cs.unc.edu/~plaisted/ce/worm.html). L'homologie (similarité) ne prouve pas une ascendance commune, ou sommes-nous identiques à 75 % au ver nématode? " *Le fait que les créatures vivantes partagent certains gènes avec les humains ne signifie pas qu'il existe une ascendance linéaire.*" (Bert Thompson, Ph.D. d'Apologetics Press).

Le biologiste John Randall l'a admis lorsqu'il a écrit: "*Les anciens manuels d'évolution mettent l'accent sur l'idée d'homologie, soulignant les similitudes évidentes entre les squelettes de différents membres d'animaux. Ainsi, le dessin du membre "pentadactyle" (du grec: "cinq os") se retrouve sur le bras de l'homme, l'aile de l'oiseau et la nageoire de la baleine – et cela est considéré comme indiquant leur caractère commun. origine. Si ces différentes structures étaient transmises par la même paire de gènes, variaient de temps en temps par des mutations et étaient modifiées par la sélection environnementale, la théorie aurait du sens. Malheureusement, ce n'est pas le cas. On sait maintenant que les organes homologues sont produits par des complexes génétiques totalement différents selon les espèces. Le concept d'homologie en termes de gènes similaires transmis par une ascendance commune a échoué...»* (Fix, William R., The Bone Peddlers: Selling Evolution (New York: Macmillan) p. 189).

Elaine Morgan a commenté la différence entre les humains et les chimpanzés: "*Compte tenu de la relation génétique intime qui a été établie par comparaison des propriétés biochimiques des protéines sanguines, de la structure des protéines, de l'ADN et des réponses immunitaires, les différences entre un homme et un chimpanzé sont plus grandes frappant que les similitudes. Celles-ci incluent des différences structurelles au niveau du squelette, des muscles, de la peau et du cerveau; différences de posture associées à un mode de locomotion singulier; les différences dans l'organisation sociale; et enfin l'acquisition de la parole et de la manipulation, ainsi que la croissance spectaculaire des capacités intellectuelles qui ont conduit les scientifiques à nommer leur propre espèce Homo sapiens sapiens – sage et sage. Pendant la période où se produisaient ces changements évolutifs remarquables, d'autres espèces ressemblant à des singes étroitement apparentées évoluaient très lentement, et avec des résultats beaucoup moins remarquables ...*

... Il est difficile de résister à la conclusion selon laquelle quelque chose a dû arriver aux ancêtres de l'Homo sapiens qui n'est pas arrivé aux ancêtres des gorilles et des chimpanzés. (Morgan, Elaine, The Aquatic Ape: A Theory of Human Evolution (Londres: Souvenir Press). 1989, pp. 17-18) Autres sources: Shouse, Ben, "Revisiting the Numbers: Human Genes and Whales", Science, 22 février 2002; pilier de l'argumentation sur ce sujet concernant les chromosomes: Bert Thompson, Apologetics Press (230 Landmark Drive, Montgomery, Alabama, USA http://www.apologeticspress.org) L'étude du génome montre que notre ADN est similaire à une base

de données informatique ou à un ordinateur maître. Sans séquences spécifiques, cela ne fonctionne pas, et sans flux d'énergie, rien n'interagit. Qui ou quoi est cette force invisible qui donne vie à toutes les choses existantes, du monde microscopique au monde macroscopique? Si le génome nous montre les propriétés uniques et complexes de notre ADN.

Comment peut-on penser qu'il existe des altérations externes, qu'elles soient physiques, chimiques ou biochimiques, qui modifient l'information ADN sans qu'elles aient été créées également par une intelligence supérieure pour ladite fonction? L'inexplicable, «.. *le chaînon manquant dans l'histoire de l'évolution de l'homme, était la manipulation artificielle contrôlée pratiquée dans l'un de nos passés les plus lointains.»* (Erick von Däniken. auteur suisse de plusieurs "Best Sellers").

Mutation?

Les mutations sont définies comme des substitutions ou des cassures qui ont lieu dans la molécule d'ADN, qui se trouve dans le noyau cellulaire d'un organisme vivant et contient toute l'information génétique. Ces substitutions ou ruptures sont le résultat d'effets extérieurs tels qu'une action chimique ou un rayonnement. Chaque mutation est un "accident" qui endommage les nucléotides qui composent l'ADN ou change leur localisation. La plupart du temps, cela provoque tellement de dégâts et de modifications que la cellule ne peut pas les réparer. La mutation, à laquelle les évolutionnistes font souvent allusion, n'est pas une baguette magique qui transforme les organes vivants en une forme plus parfaite et plus avancée, comme cela n'arrive que dans les films et les contes fantastiques. L'effet direct des mutations est entièrement néfaste.

Les changements provoqués par les mutations ne peuvent ressembler qu'à ceux vécus par les habitants d'Hiroshima, de Nagasaki (Japon) et de Tchernobyl (URSS), c'est-à-dire la mort, le handicap et l'avortement de la nature.. La raison en est très simple: l'ADN a une structure très complexe et des effets perturbateurs ne peuvent que causer des dommages à cette structure. Selon BG Ranganathan: "*Les mutations sont petites, aléatoires et nuisibles. Ils sont rares et sont probablement inefficaces. Ces quatre caractéristiques des mutations impliquent qu'elles ne peuvent pas conduire à un développement évolutif. Un changement fortuit dans une montre ne peut pas l'améliorer. Très probablement, cela l'endommagera ou, au mieux, cela ne l'affectera pas. Un tremblement de terre n'améliore pas la ville qu'il frappe, mais provoque sa destruction.*» (BG Ranganathan, Origins?, Pennsylvanie: The Banner Of Truth Trust, 1988)

Des scientifiques de l'Université de Liverpool ont découvert que l'interaction entre deux espèces en lutte est plus importante dans le processus évolutif que l'interaction de l'organisme avec son environnement. La découverte a été publiée dans le numéro du 24 février 2010 de la prestigieuse revue Nature. Le Dr Steve Paterson et ses collègues de l'Université de Liverpool ont conçu une expérience pour voir laquelle des deux théories guide réellement l'évolution biologique. Des virus et des bactéries de deux espèces différentes ont été placés dans un environnement. Les scientifiques ont étudié comment les virus attaquaient les bactéries, comment les bactéries développaient leurs défenses, comment les virus essayaient de nouvelles méthodes d'attaque, comment les bactéries réagissaient, etc.

Après des centaines de générations, il a été découvert que les deux espèces évoluaient à un rythme accéléré par rapport à une population contrôlée de virus et de bactéries qui ne rivalisaient pas de cette manière. Cette expérience suggère que l'environnement n'est pas l'agent prédominant de l'évolution, mais la compétition pour la survie et l'autodéfense entre espèces, et même ainsi, elle n'implique pas qu'il existe un mutant externe ou une altération chimique pour modifier l'information génétique de la bactérie. ... mais une force inconnue qui la force à se faire vacciner. Mais elle ne cesse pas d'être une bactérie pour devenir une fourmi. Le Dr Lee Spetner est un expert en génétique et déclare dans son livre que "*Chaque mutation étudiée au niveau moléculaire réduit l'information génétique et ne l'augmente pas*". (Pas par hasard, The Judaica Press, New York, p.138, 1997)

La vie a-t-elle une origine extraterrestre?

Une équipe de scientifiques a obtenu une nouvelle indication selon laquelle certains ingrédients clés du développement chimique nécessaire qui a conduit à l'essor de l'ARN et de l'ADN pourraient provenir de l'extérieur de notre planète. La recherche a été réalisée par des experts de l'Imperial College de Londres, de la NASA, de l'Université du Maryland à Baltimore, de la Carnegie Institution de Washington, de l'Open University Space and Planetary Sciences Research Institute de Grande-Bretagne, de l'Université Radboud de Nimègue (Pays-Bas) et le Laboratoire d'Astrobiologie de l'Institut de Chimie de Leiden (Pays-Bas). La météorite tombée en 1969 près de Murchison, en Australie, est célèbre pour le grand nombre de composés organiques qui s'y trouvent, notamment des bases nucléiques, précurseurs des molécules constitutives de l'ARN et de l'ADN.

Cela a amené la communauté scientifique à considérer que la chute de météorites comme celle-ci dans une période archaïque pourrait fournir à la Terre les ingrédients clés pour l'émergence de la vie, et que donc les formes de vie dans notre monde auraient une origine extraterrestre en partie. Cependant, il y avait un doute sur l'origine des bases nucléiques présentes dans la météorite, car celle-ci aurait pu être contaminée par du matériel terrestre, et donc celles qui y seraient détectées n'auraient pas une origine extraterrestre mais complètement terrestre. Aujourd'hui, les auteurs de la nouvelle étude ont réussi à isoler la xanthine et l'uracile de la météorite et à les soumettre à une analyse isotopique. Le rapport entre les différents isotopes du carbone est une empreinte digitale indubitable de la provenance des molécules organiques. Ceux d'origine extraterrestre ont des abondances plus élevées de carbone 13 que de carbone 12.

Le résultat de l'analyse montre que les bases nucléiques présentes dans la météorite Murchison proviennent de l'extérieur de notre planète. Cela implique que l'hypothèse de l'origine extraterrestre de la vie dans notre monde est certainement plausible. "*Creemos que las primeras formas de vida pudieron adoptar nucleobases procedentes de fragmentos de meteoritos, para su uso en el código genético que las capacitó para transmitir rasgos beneficiosos a las generaciones siguientes*", declara la autora principal del estudio, Zita Martins, del Imperial College de Londres. D'autre part, il y a entre 3,8 et 4,5 milliards d'années, de grandes quantités de roches, comme la chute de Murchison en 1969, ont atteint la surface de la Terre depuis l'espace. Ce bombardement de météorites, qui a laissé de nombreux cratères sur les étoiles de notre système solaire, coïncide avec l'époque où, selon toutes les indications, la vie est apparue sur Terre. (Sources: Amazings.com/ciencia et masalladelaciencia.es)

Biologie évolutive du développement

La biologie évolutionniste du développement (ou officieusement "evo-devo", de l'anglais biologie évolutive du développement) est un domaine de la biologie qui compare le processus de développement de différents organismes afin de déterminer leurs relations phylogénétiques. Ainsi, l'évolution est définie comme un changement dans les processus de développement. L'approche adoptée par evo-devo est multidisciplinaire, regroupant des disciplines telles que la biologie du développement (dont la génétique du développement), la génétique évolutive, la systématique, la morphologie, l'anatomie comparée ou la paléontologie. Au cours des années 1980 et 1990, une grande quantité de données comparatives sur la séquence moléculaire de différents types d'organismes a été collectée et les bases moléculaires des mécanismes de développement codés par ces gènes ont commencé à être comprises en détail.

La biologie évolutionniste du développement a commencé à devenir une discipline grâce à la disponibilité de telles données. L'un des résultats les plus surprenants et probablement les plus contre-intuitifs de la recherche en biologie évolutionniste du développement est le fait que la diversité des plans corporels et de la morphologie des organismes dans de nombreux phylums ne se reflète pas nécessairement dans une diversité unique au niveau des séquences génétiques impliquées dans la régulation du développement. En fait, comme le soulignent Gerhart et Kirschner (1997), nous nous trouvons face à un apparent paradoxe: "*là où nous nous attendons à trouver de la variation, nous trouvons de la conservation, l'absence de changement*".

La totalité des choses créées, du Big Bang à rien en passant par tout, des particules subatomiques aux macromolécules et aux formes de vie complexes et intelligentes, doit avoir été créée par quelqu'un de supérieur. C'est le plus cohérent. Ergo, si tel est le cas, et que la théorie est fausse sur tous les points, d'où venons-nous si ce n'est par un processus évolutif à partir de particules éphémères? Ils nous ont appris qu'il existe des liens entre l'homme et l'homme qui soutiennent la théorie de l'évolution, cependant, ces affirmations sont totalement fausses comme nous le montrerons plus tard. Alors d'où viennent toutes ces espèces d'hominidés comme les Néandertaliens, Homo Habilis, Homo Erectus, etc. Les scientifiques se sont basés sur le fait qu'ils avaient évolué les uns vers les autres, mais des preuves et des études montrent qu'ils n'étaient pas aussi mignons qu'on nous l'a peint. On pourrait dire qu'il n'y a que deux groupes: les singes et les hommes.

Quelle Puissance a créé l'Amour dans l'ADN?

La peur a une fréquence de vibration longue et lente, tandis que l'amour a une fréquence très rapide et élevée. Pour montrer que les vibrations sont la base même de notre existence, Hans Jenny a développé dans les années 1940 ce qu'on appelle la "cymatique", démontrant que lorsque des vibrations sonores sont transmises via un support de communication, l'ensemble génère un modèle à suivre lorsque la fréquence augmente. La peur développe un schéma plus complexe, et c'est précisément ce qui arrive à notre planète et à l'humanité. Il existe 64 combinaisons possibles d'acides aminés dans la structure de notre ADN, composée de 4 éléments: le carbone, l'oxygène, l'hydrogène et l'azote. Selon la logique, nous devrions avoir les 64 combinaisons actives au sein de notre structure ADN. Cependant, il n'existe actuellement que 20 codes actifs.
Selon les études de Gregg Branden: "*... sur ces 64 possibilités, il apparaît que seuls 20 de ces codes sont actuellement en train de devenir notre ADN. Les 20 acides aminés. Il y a un interrupteur qui active et désactive la possibilité que ces codes apparaissent, et cet interrupteur est ce que nous appelons "émotion". C'est la première fois que nous observons des schémas émotionnels directement et physiquement liés au matériel génétique humain. Eh bien, la peur est une vague longue et lente, donc cette vague longue et lente de peur touche relativement peu d'endroits dans notre ADN, donc une personne qui vit en permanence dans un état de peur limite son "antenne" du spectre dont elle dispose. Considérant qu'une personne vit selon le modèle de l'amour, c'est ça l'amour, et vous pouvez voir qu'il a une fréquence plus élevée et une longueur d'onde plus courte, nous avons beaucoup plus de sites potentiels pour le codage génétique selon ce modèle. Cette information est étonnante. C'est la première fois que nous avons un lien numérique fort entre l'émotion et la génétique* ", ajoute Braden.
Il est important de comprendre pourquoi un autre chercheur, Vladimir Poponin, a mesuré de minuscules particules de lumière, appelées photons, à l'intérieur d'un tube à vide, notant que les

photons se dispersaient comme prévu. Lorsqu'il a introduit un échantillon d'ADN dans le tube à vide et mesuré à nouveau sa dispersion, il a été constaté que les photons ajoutés le long de l'axe du brin d'ADN par la suite, au fur et à mesure que l'échantillon d'ADN était retiré, les photons restaient alignés selon la même forme de l'ADN. Même sans que celui-ci soit présent. C'est ce qu'on appelle le "test ADN fantôme". La science dispose ici d'un pont important pour unir le physique et l'éthéré ou le spirituel. Les émotions affectent directement la structure de notre ADN, qui façonne le monde physique que nous vivons quotidiennement.

Dans le documentaire Esoteric Agenda, nous pouvons le voir de manière plus concise: "*Par conséquent, les messages laissés par les anciens et déjà expliqués sont quelque chose de plus que des prophéties sur un gouvernement ou un nouvel ordre mondial. Nous comprenons maintenant pourquoi l'étude des corps célestes était si importante. La rotation et l'orbite de tout ce qui compose notre univers fonctionnent comme une horloge, marquant les changements d'itinéraire et les transitions. Cela a aidé les anciens à comprendre que les changements survenus dans les corps célestes étaient un miroir qui reflétait les changements de toute existence. Le 21 décembre 2012 est simplement une transition naturelle d'une forme d'énergie à une autre. L'évolution transcendantale de l'homme. Cette date est ce qu'on appelle le point zéro. Notre Soleil, ainsi que notre planète Terre, diminuent son champ magnétique et effectuent sa rotation, en même temps que la fréquence de base de sa cavité résonante, également connue sous le nom de "résonance Schumann", augmente à mesure que la séquence de Fibonacci est prédite.*»

Autres expériences

Au niveau cellulaire, notre corps répond aux impulsions électromagnétiques, que les anciens appelaient le "cercle sacré". Les cellules reçoivent cette impulsion du cerveau, qui la reçoit du cœur, qui reçoit l'impulsion de la Terre. Cette impulsion vient du système solaire et arrive ici depuis la galaxie, qui vient finalement de l'univers tout entier. Nous partageons littéralement cette impulsion avec toute l'existence. Les scientifiques enregistrent depuis longtemps le pouls de la Terre, il est resté à environ 7,8 cycles par seconde. Cette valeur est restée constante jusqu'en 1986-1987, où elle a commencé à augmenter jusqu'à atteindre environ 9 cycles par seconde en 1996. En une décennie, elle a augmenté de 1,2 cycles par seconde. En 2012, cette impulsion devrait atteindre 13 cycles par seconde, comme l'indique la théorie de Fibonacci.

Tout comme la cymatique a montré que l'augmentation des fréquences donne naissance à des schémas plus complexes, nous vivons aujourd'hui le début d'un changement majeur dans les vibrations physiques et spirituelles. "*Il est difficile de comprendre ce qui arrivera exactement à notre corps physique, mais les écrits anciens des religions païennes, des monothéistes, des groupes mystiques et des ordres fraternels secrets, offrent quelques indications sur ce à quoi pourrait ressembler cette expérience.»* (Agenda Ésotérique) Une expérience militaire qui consistait à prélever un peu d'ADN humain – un petit morceau de tissu prélevé dans la bouche d'un patient volontaire – et à le placer dans un appareil capable de mesurer les réactions dudit ADN, ce qui à mon tour je serais dans la pièce d'un immeuble. Le donneur du tissu sur lequel l'ADN a été prélevé se trouvait dans une autre pièce appartenant au même bâtiment.

Par conséquent, l'ADN vivant d'une personne se trouvait dans une pièce et le volontaire dans une autre pièce. Ils soumettent le patient à une sorte de stimulation émotionnelle pour recevoir de sa part une réponse précise: tristesse, douleur, joie, colère, etc. Avec cela, ils voulaient voir si l'ADN de l'autre pièce avait, à son tour, une réponse. Rien dans la science occidentale n'aurait supposé que cela fonctionnerait. Mais ce qu'ils ont réalisé était exactement le contraire. Toutes les émotions que le patient éprouvait simultanément dans sa chambre réagissaient de la même manière sur l'ADN isolé dans l'autre pièce. La réponse ADN était attendue plus tard. Cependant, malgré la distance, il n'y a pas eu de laps de temps, mais plutôt immédiat. Ils ont refait l'expérience, mais cette fois, le donneur se trouvait à 400 milles de l'échantillon d'ADN, et le résultat était le même. Le donneur était à Los Angeles et l'ADN était à Phoenix, en Arizona.

Une autre investigation consistait à étudier la possibilité que le cœur soit entouré d'un champ électromagnétique. Ce champ électromagnétique, qui dépasse entre 5 et 8 pieds vers l'extérieur, aurait pour fonction de répandre la santé dans tout le corps. Ils ont donc réalisé l'expérience, toujours à travers les émotions, bonnes ou mauvaises, tristes ou heureuses, la haine ou l'amour, également à travers un échantillon d'ADN. Ils ont amené la particule d'ADN à se détendre complètement grâce à l'émotion de paix, d'amour et de relaxation de la personne. Ce que nous savons grâce à d'autres expériences, c'est que cet état détendu de l'ADN répond même à notre système immunitaire. Une autre procédure de l'expérience les a amenés à faire exprimer au patient sa colère, son ressentiment, sa haine, etc. ce qui a provoqué le rétrécissement de la particule d'ADN, à l'opposé de l'expérience précédente où elle avait été allongée (détendue). Même dans cette expérience, certaines phases avaient été désactivées en arrêtant le système immunitaire. La conclusion est que notre état d'esprit influence la forme et la réponse de notre ADN.

biologie moderne

L'un des experts de renommée mondiale et prestigieux dans l'étude de l'origine de la vie: William Ford Doolittle, écrit dans son article ("New Tree of Life", Research and Science, 2000), la conclusion suivante:

◈ L'explication raisonnable de ces résultats contradictoires doit être trouvée dans le processus d'évolution, qui n'est ni linéaire ni si similaire à la structure théorique dendriforme imaginée par Darwin.

◈ La vision darwinienne de l'évolution progressive des organismes par changement aléatoire ne fonctionne pas pour les organismes unicellulaires qui sont à l'origine de la vie.

◈ L'origine des cellules eucaryotes (qui constituent les organismes animaux et végétaux) est issue de l'agrégation de différents types de bactéries qui constituent actuellement le noyau et les organites cellulaires, dont les séquences génétiques hautement conservées peuvent actuellement être identifiées dans les 4 règnes de la vie: protistes, animaux., champignons et plantes.

Ce fait à lui seul détruit la vision de l'évolution de la vie comme un phénomène de changement graduel, dans lequel des "mutations aléatoires" seraient fixées ou éliminées par la sélection naturelle – ce qui l'explique mieux:

1. Ce changement profond n'a pas été progressif.
2. Si les mutations étaient aléatoires, l'ADN de nos cellules n'aurait que très peu à voir avec celui bactérien après plus d'un milliard d'années d'évolution.

William Ford Doolittle termine son article en réfutant l'idée darwinienne d'un "arbre de vie" avec un seul ancêtre, et conclut en affirmant que "*les données montrent que ce modèle est trop simple. De nouvelles hypothèses sont désormais nécessaires dont nous n'entrevoyons même pas les implications ultimes* ", ajoutant que " *la victoire du darwinisme a été si complète que c'est un choc de réaliser à quel point la vision darwinienne de la vie est réellement vide* ". Dans un autre domaine, appelé Théorie Symbiogénétique, sa créatrice, Lynn Margulis – une biologiste américaine de renommée internationale – fait également pâlir le darwinisme. La proposition symbiogénétique de Margulis se heurtait (et se heurte encore aujourd'hui, même si elle a déjà été acceptée comme un fait spécifique) avec les néo-darwinistes: la thèse néo-darwinienne selon laquelle l'évolution des organismes et l'apparition de nouvelles espèces trouvent leur origine dans des erreurs dans l'ADN. la réplication (mutations aléatoires), tombe avant les résultats de cette nouvelle recherche.

Pour Lynn Margulis, la sélection naturelle darwinienne se poursuit sans répondre à la source de la nouveauté évolutive, défendant la symbiogenèse: "*Depuis plus de quarante ans, j'entends parler à plusieurs reprises d'erreurs génétiques. Des erreurs génétiques existent, mais aucune espèce n'est connue pour être née d'erreurs génétiques. J'observe cependant de nombreux cas de symbiogenèse.*» Ce que postule Margulis est une autre nouvelle théorie qui, bien qu'elle expose une fois de plus le darwinisme, ne parvient toujours pas à montrer la nature pure de chaque espèce animale en respectant ses typologies et ses ordres familiaux. Ce que pensent ces professeurs, c'est que les altérations génétiques ou les changements évolutifs de l'ADN sont peu probables et, en fait, faux.

Partie IV

SCIENCE ET FANTAISIE

“Nous sommes ici pour apprendre à nous aimer.
Je ne sais pas pourquoi les autres sont ici.»
(WH Auden)

Évolution régressive

Si nous devions rendre viable l’hypothèse de l’évolution, une autre contradiction se trouverait sur notre chemin. Il y a des animaux qui représentent une évolution régressive, c'est-à-dire qu'au lieu de s'améliorer, d'avancer vers une espèce plus développée, ils perdent des facultés, comme s'ils reculaient dans le processus de changement. Voici quelques exemples:

1. Du mammouth à l'éléphant.
2. Du Gigantopithèque au Gorille et du Gorille à l’Homme
3. Du Smilodon (Dents de Sabre)

Le mammouth était laineux, énorme et possédait de très longues défenses. Cependant, un processus était en train de le modifier, ainsi que ses cousins comme le mastodonte. Soudain, ces animaux apparaissent, perdant leur supériorité dans leur développement, perdant en hauteur, en taille dans leurs défenses et leur fourrure. Quelque chose de similaire se produit avec l'homme, si nous suivons la ligne imaginaire de Darwin, où les singes géants réduisent leur taille à celle d'un gorille, et ce dernier à celle d'un être humain, ce qui serait un exemple similaire de mégantropus pour l'homme. Puis, l’autre cas, celui du tigre, qui a perdu la taille allongée de ses crocs “de sabre”. Ce processus est communément appelé “involution”.

Evolution parallèle

Parce que la grande majorité des animaux n'ont subi aucun changement significatif, la théorie de l'évolution parallèle tombe sous son propre poids. Nous avons aujourd'hui les mêmes animaux préhistoriques, à l'exception des grands reptiles qui, dans le présent, constitueraient un danger pour notre coexistence, et nous voyons encore des animaux préhistoriques identiques à ceux qui survivent aujourd'hui, dans l'ordre de leurs familles et typologies. Évidemment, tout comme nous, tous ces êtres vivants ont d'autres types, races, tailles et caractéristiques, mais ils appartiennent aux mêmes familles animales, celles du présent avec celles du passé. En résumé, ils ne sont en aucun cas ancêtres l'un de l'autre, mais plutôt "cousins".

Supposons, par exemple, qu'il y a 350 millions d'années, un poisson tente de sortir de l'eau. De toute évidence, il serait mort en quelques secondes. Disons qu'un autre poisson, après le premier, aurait fait de même. Que serait-il arrivé? Évidemment, cela obtiendrait le même résultat que le précédent et cela continuerait à se produire successivement si davantage de poissons l'essayaient, car on sait que les poissons ont des branchies préparées uniquement pour effectuer le processus respiratoire spécifique à l'environnement dans lequel ils vivent (en rappelant qu'il s'agit de poissons et non de mammifères marins). Dans le cas inconcevable où un poisson serait transformé comme par magie en amphibien par un processus miraculeux de millions de millions d'essais sur des millions de millions d'années, la chance du poisson n'aurait rien changé à celle des autres poissons dans d'autres parties du monde. Si ce poisson se transformait en grenouille, par exemple, comment est-il possible qu'il y ait aussi des grenouilles dans le reste du globe?

Un processus étonnamment aléatoire aurait pu créer une autre créature, mais pourquoi le même crapaud? Un crapaud ou un poisson en a-t-il parlé à d'autres poissons de l'autre côté du Pacifique et de l'Atlantique pour qu'ils sachent quel était le "truc" pour devenir des crapauds? Selon cette règle, les mêmes animaux et les mêmes familles ne pourraient pas exister dans différentes parties de la planète. On peut justifier qu'il existe la même variété de faune et même de flore marine, ainsi que d'oiseaux volants, mais on ne peut pas justifier qu'il y ait les mêmes amphibiens, et encore moins les mêmes mammifères et reptiles.

L'exode de Béring

L'hypothèse du détroit de Béring est tout aussi ridicule que la plupart des idéologies postulées pour tenter de justifier l'apparition des animaux au bout du monde. En acceptant un instant l'idéologie d'une évolution parallèle tant en Amérique que dans l'Ancien Monde, on ne peut toujours pas dire que les plantes, les mammifères et les reptiles - principalement - ont traversé ce détroit de la Sibérie à l'Alaska, même après une période glaciaire. Il s'agit là d'une trop grande coïncidence et d'une probabilité passagère. Qui les a conduits dans cette voie? Pourquoi prendraient-ils le risque d'aller de l'avant avec une entreprise aussi risquée et inconnue? Existe-t-il des preuves à l'appui de la philosophie selon laquelle les animaux sont passés par l'unification du détroit de Béring? Et même si cela était dû à l'action de la glace par temps très froid, est-ce que quelqu'un sait quel genre de reptiles vivent dans les terres gelées? Comment la plupart des dinosaures ont-ils pu traverser le détroit de Béring, puisque les reptiles ont le sang froid et ne survivraient pas au gel? C'est comme sortir un poisson de l'eau et espérer qu'il survive.

D'un autre côté, et en prenant les reptiles comme exemple, ils ne pourraient tout simplement pas survivre à une étape telle que celle de la période glaciaire parce qu'ils sont des animaux à sang froid. Il est vrai qu'ils ont l'avantage, par rapport aux animaux à sang chaud, du fait qu'ils ont besoin de moins de nourriture pour générer de l'énergie et qu'ils durent plus longtemps sans manger. Mais ils doivent réguler leur température, ce qu'ils font avec la température ambiante. Ils ont besoin d'un climat dans lequel, malgré le froid possible la nuit, il y ait au moins pendant la journée un climat suffisamment élevé pour pouvoir "recharger les batteries de leur corps". Nous ne parlons pas d'un climat difficile de basses températures sans plus, soyons réalistes. Nous parlons de la période glaciaire. Même penser à la possibilité que les reptiles aient dû endurer une période de temps pendant laquelle ils doivent constamment traverser une zone froide est difficile à surmonter. Mais en revenant aux faits et en étant réaliste, une zone froide n'est pas comparable à ce qu'on aurait pu dire à l'époque.

Il faudrait donc considérer non seulement depuis combien de temps ils "migrent" pour arriver là où ils devaient aller et, par conséquent, la durée de vie moyenne de chaque espèce de reptile, mais aussi le fait que dans de telles conditions, les animaux simplement ne s'accouplent pas – Rappelons qu'ils sont en pleine émigration. La période glaciaire n'aurait tout simplement pas pu être réalisable pour la survie de cette catégorie du règne animal. Comme dernier et petit détail, ajoutons qu'à cette époque, les animaux qui habitaient la Terre étaient pour la plupart des reptiles. Comment les animaux sont-ils arrivés à Hawaï, en Australie, à Madagascar, au Japon et dans le reste des îles du monde ? Comment est arrivé l'homme supposé archaïque ? Ces questions, et bien d'autres, sont celles que les gens ne se posent généralement pas avant de consentir au paradigme absurde accepté.

Impossibilité de colonne géologique

La théorie selon laquelle il croit pouvoir décrire un processus par lequel toutes les formes de vie évoluent (le mot "évolution" signifie: "déploiement") à partir d'organismes qui ont vécu il y a des millions d'années, inventée par Charles Darwin (1809 -1882) et Gregorio Mendel (1822-1884), ne peut sérieusement expliquer ou justifier l'existence de la plupart des animaux, tant dans le passé que dans le présent. Ils considéraient eux-mêmes qu'une période d'évolution chimique précède celle des organismes vivants, puisque ces changements “chimiques” ne peuvent s'effectuer que par “manipulation génétique” ou par “esprit intelligent”. Continuer à croire que nous venons du singe est un argument qui n’a ni tête ni queue. Nous sommes considérés par la science conventionnelle comme des mammifères et, bien entendu, nous portons le nom de “premiers mammifères” (Pri-mates), aux côtés des tupayés, des lémuriens, des lorisides, des tarsides, des singes et des anthropoïdes, qui, selon l'évolutionnisme, Ce groupe est apparu il y a 60 millions d'années au Paléocène, à partir de créatures insectivores.

Selon cette spéculation, les prosimiens dériveraient de ces insectivores et, à l'Éocène -il y a 50 millions d'années- les anthropoïdes, dont le genre "homo". C'est tout simplement ridicule, étant donné que des preuves de la vie humaine ont été trouvées il y a des dizaines de milliers d'années, comme nous le citerons plus tard. Que montre réellement le journal? Chaque nouvelle forme de plante ou d'animal – fougère, arbuste, arbre, poisson, reptile, insecte, oiseau ou mammifère – apparaît soudainement dans la colonne géologique. Immédiatement au-dessus des sédiments sans vie de l'âge azoïque, la couche cambrienne présente une abondance de fossiles de crustacés et de mollusques, en grand nombre, déjà pleinement développés; les plantes à tiges ligneuses apparaissent soudainement au milieu du Paléozoïque. Le bois fossilisé n'a pas été trouvé dans les couches inférieures, mais il est abondant dans les âges ultérieurs. De grandes collections de fossiles d'insectes ont été trouvées dans les roches du Paléozoïque supérieur, des insectes pleinement développés et d'une grande variété, mais aucun n'a été trouvé dans les strates antérieures.

Au début de l'ère cénozoïque, des mammifères de types modernes apparaissent soudainement; il n'y a aucune trace d'une évolution à partir de types antérieurs. Une grande importance est attachée au fait de trouver des preuves “transitoires” entre une espèce et une autre pour justifier leur évolution. Mais prenons comme exemple le poumon, qui possède des branchies pour respirer sous l'eau et également un sac membraneux qui fait office de poumon lorsqu'il remonte à la surface. Au début, on pourrait penser que nous sommes confrontés à l'une de ces transitions très recherchées. Mais nous nous retrouvons avec le fait que ce poisson-poumon, qui était censé être en cours d'évolution, n'est jamais devenu un reptile ou une autre espèce plus "avancée". C'est le même poisson qui existe encore aujourd'hui et c'est le même poisson qui est enregistré dans les archives fossiles anciennes. Certainement et sur la base des preuves, nous voyons qu'il ne s'agit d'aucune étape de l'évolution. Il s'agit simplement d'une espèce créée séparément et qui n'a pas disparu.

Le processus évolutif est décrit comme "le changement constant des êtres vivants". Cependant, de nombreux fossiles ont été découverts dans des strates anciennes qui, comme le poisson-poumon, sont totalement identiques aux espèces modernes que nous connaissons aujourd'hui. Les traces ou impressions laissées par les feuilles de chêne, noyer, noyer américain, vigne, magnolia, palmier, etc. au fil du temps et trouvés dans les roches du Mésozoïque et des époques ultérieures, ne diffèrent pas des feuilles de ces mêmes arbres et arbustes aujourd'hui. Les géologues affirment que depuis l'apparition de ces arbres, il y a des millions d'années, il n'y a eu aucun changement évolutif chez aucune de ces espèces. Par ailleurs, il convient de noter que, tout comme les feuilles ont laissé des traces de ces roches mésozoïques, des centaines d'insectes ont également laissé des traces dont aucune évolution n'a été retrouvée.

Ces impressions montrent que ces insectes étaient très similaires aux espèces des mêmes insectes qui existent aujourd'hui. Comme le déclare l'évolutionniste: "*L'évolution des insectes était pour l'essentiel terminée à la fin du Mésozoïque*". l'époque à laquelle ils sont apparus à l'origine. Les évolutionnistes admettent maintenant que les archives fossiles ne soutiennent pas les théories qu'ils ont adoptées depuis longtemps: " *Il n'y a aucun modèle que l'on nous ait demandé de rechercher au cours des 120 dernières années* ", a déclaré un paléontologue lors d'une conférence d'évolutionnistes à Chicago, aux États-Unis. 1980. L'image de petits changements s'accumulant pour former de nouvelles espèces est fausse. Plutôt: " *Pendant des millions d'années, les espèces restent inchangées dans les archives fossiles, puis elles disparaissent brusquement, pour être remplacées par quelque chose de considérablement différent, mais clairement lié", a déclaré un certain professeur de géologie de l'Université Harvard.* Les espèces individuelles dans les archives fossiles sont caractérisées par la stabilité et non par le changement.

Afin d'avoir tous les points sur la table, nous devons savoir que les prétendus squelettes préhumains ont été manipulés, tout comme le reste des découvertes, pour correspondre au paradigme accepté. La colonne géologique, par exemple, est un système international développé au XIXe siècle pour établir l'âge des fossiles et des couches terrestres, basé sur l'idée que l'évolution organique était un fait établi. Cependant, la classification originale des strates était totalement arbitraire, car les fossiles qu'ils considéraient comme les plus simples étaient placés à la base de la colonne vertébrale, tandis que dans les strates supérieures ils plaçaient les fossiles censés impliquer des formes de vie plus complexes. Contre la colonne géologique, il existe une variété impressionnante de preuves, parmi lesquelles nous pouvons voir:

1. La théorie de la colonne géologique est un exemple clair de raisonnement circulaire. La seule raison pour classer les formations rocheuses par ordre chronologique est l'hypothèse d'un progrès évolutif; la seule justification pour attribuer des fossiles à des périodes spécifiques dans cet ordre chronologique est la prétendue progression évolutive de la vie. Pour connaître l'âge d'un fossile, le scientifique regarde dans quelle strate il se trouve; Pour connaître l'âge

de la strate, le scientifique examine les types de fossiles qu'elle contient.

2. Aujourd'hui, on sait que même les fossiles marins que les géologues anciens considéraient comme les formes de vie les plus simples – les trilobites, par exemple – sont en réalité aussi complexes que les organismes que nous voyons aujourd'hui.
3. Il faut savoir que la colonne géologique n'existe nulle part dans le monde. Un endroit avec une colonne géologique de fossiles n'a jamais été trouvé. Cela n'existe que dans l'esprit des géologues évolutionnistes. Il s'agit simplement d'une représentation, d'une série idéale de systèmes géologiques, et non d'une colonne de roches observable en un lieu précis.
4. Les géologues évolutionnistes ne savent pas comment expliquer la découverte de fossiles dans le mauvais ordre stratigraphique, ou de fossiles polystrates. Un exemple typique est celui des troncs de grands arbres qui traversent plusieurs couches (National Geographic, p. 245, août 1975).
5. Les scientifiques ne peuvent pas expliquer l'interruption du dépôt des séquences sédimentaires ou les discordances, qui se produisent chaque fois que des fossiles sont trouvés dans des couches alternées, avec des lacunes ou des lacunes dans les couches intermédiaires.
6. Si la colonne géologique était vraie, les hommes et les dinosaures n'auraient jamais vécu ensemble. Cependant, comme nous l'expliquerons plus tard, des peintures rupestres d'hommes avec des dinosaures, des ustensiles humains préhistoriques et des squelettes d'hommes de l'époque des dinosaures ont été découverts.
7. Selon la colonne géologique, les trilobites constituent l'un des premiers organismes multicellulaires, éloignés de

l'homme depuis des millions d'années. Cependant, des fossiles de trilobites écrasés par des sandales humaines ont été découverts. En réalité, les preuves sont contradictoires pour les évolutionnistes.

L'arbre de vie de Darwin

Rappelons que l'arbre de vie de Darwin est l'un de ses piliers pour expliquer l'évolution et ses mécanismes, la sélection naturelle à travers les mutations et autres processus. L'"arbre de vie" du naturaliste britannique Charles Darwin, qui montre comment les espèces sont interdépendantes tout au long de l'histoire de l'évolution, est imparfait et devrait être remplacé par un meilleur symbole, selon un biologiste du plus haut complexe scientifique français. " *Nous n'avons aucune preuve que l'arbre de vie soit une réalité* ", déclare Eric Bapteste, biologiste évolutionniste à l'université Pierre et Marie Curie de Paris, dans des déclarations au magazine "New Scientist". Darwin a conçu en 1837 un arbre imaginaire pour montrer comment les espèces auraient pu évoluer, un arbre qui est rapidement devenu le symbole de la théorie de l'évolution par sélection naturelle. La génétique moderne a cependant montré que décrire l'histoire de l'évolution sous la forme d'un arbre peut être trompeur, et de nombreux scientifiques affirment qu'il serait plus réaliste d'utiliser une sorte de bosquet impénétrable (un lieu peuplé d'arbres et d'arbustes) pour représenter l'histoire de l'évolution sous la forme d'un arbre. représentent les relations entre les espèces.

Les tests génétiques effectués sur des bactéries, des plantes et des animaux révèlent que les espèces sont bien plus liées les unes aux autres qu'on ne le pensait auparavant, de sorte que les gènes ne sont pas seulement transmis à la progéniture à travers les branches de l'arbre de vie, mais sont également transférés aussi d'une espèce à l'autre. Les microbes échangent du matériel génétique avec une telle promiscuité qu'il est difficile de distinguer un type d'un autre, mais les plantes et les animaux se croisent également très régulièrement et les hybrides qui en résultent peuvent être fertiles. Selon certaines estimations, 10 % des animaux créent régulièrement des hybrides en se croisant avec d'autres espèces. Les fossiles montrent-ils la progression de structures unicellulaires, telles que les amibes, vers des organismes complexes ? Considérons les faits suivants:

1. Apparition non cyclique des animaux: Les différents types d'animaux de base apparaissent sans répondre à une chronologie dans les strates, sans preuve d'ancêtres. "*L'évolution nécessite des formes intermédiaires entre les espèces et la paléontologie ne les fournit pas.*» (David Kitts, paléontologue et évolutionniste)
2. Animaux inchangés: Dans l'évolution de l'animal "X", des fossiles de ses étapes évolutives auraient dû apparaître: "X1, X2, X3...» Si l'évolution est vraie, pourquoi cela n'arrive-t-il pas ? L'histoire de l'évolution est censée avoir été remplie de restes biologiques variant dans le temps, comme le laisse entendre l'hypothétique transit éonique de "l'amibe à l'homme". Contrairement à une idée reçue, la plupart des fossiles ne correspondent pas à des animaux disparus, mais sont très similaires (et souvent complètement identiques) aux créatures existantes aujourd'hui. Il existe de nombreuses autres espèces animales vivantes dont les types ne sont connus que par leurs fossiles.

Thèse en questions sur l'extinction des dinosaures

Nous avons une autre question à propos de ces débuts, à savoir que si une évolution se produisait réellement, il serait alors rare que des "extinctions" se produisent. Tous les êtres de la planète s'adapteraient et nous connaîtrions étrangement ce terme. Techniquement, il y a des centaines de milliards d'années, aucun être humain n'avait un tel impact sur les caractéristiques de cette planète. Même ainsi, une extinction implique qu'il reste un petit nombre de créatures, parmi lesquelles quelques autres seraient celles qui auraient évolué "causalement", ce qui rend l'hypothèse évolutionniste moins réalisable. Il y a eu plusieurs événements cataclysmiques dans le passé, alors comment savoir avec certitude que la grande extinction du Trias a anéanti 96 % des espèces marines et 70 % des espèces terrestres? Si l'on parle avec une telle certitude, cela signifie qu'ils savent tout ce qui a existé et aussi qu'il a été possible de suivre tous ceux qui ont continué à évoluer jusqu'à présent, de les différencier de ceux qui ont disparu, mais ce n'est pas le cas. cas.

"*En science, comme dans bien d'autres domaines de la connaissance, il est très important de préciser ce que nous entendons par chaque mot que nous utilisons. Lorsque nous parlons d'évolution, nous devons clarifier de quel type d'évolution nous parlons, puisque cette hypothèse tente de s'accrocher à de nombreux paramètres différents dans sa quête pour se justifier.* » (Abiam F. Palomares, chercheur et historien). L'extinction des dinosaures il y a 65 millions d'années ne peut pas s'expliquer uniquement par la collision d'un astéroïde avec la Terre, mais est le résultat d'un long processus de transformation climatique, selon les résultats d'une recherche révélée par un paléontologue allemand. L'astéroïde n'est que " *le dernier événement catastrophique* " après " *au moins 500 000 ans de fluctuations climatiques massives* " qui ont gravement affaibli l'écosystème, a déclaré le paléontologue Michael Prauss de l'université de Berlin. La revue scientifique américaine "Science" a rapporté les travaux d'un groupe de scientifiques qui ont attribué la disparition des dinosaures à un gigantesque astéroïde tombé dans l'actuelle région mexicaine du Yucatan.

"*Contrairement à la publication dans Science, qui n'a fait que rassembler des éléments déjà connus, mon travail s'appuie sur de nouvelles données [...] qui permettent de tout reconsidérer d'un nouveau point de vue*", a déclaré Prauss. Le paléontologue allemand travaille depuis 2005 avec une équipe scientifique internationale dans le cadre d'un projet de l'Agence allemande pour la recherche scientifique (DFG). Cette équipe a analysé des roches et des échantillons provenant d'un forage de 25 mètres de profondeur au Texas, aux États-Unis, à 1 000 km au nord-ouest du cratère de l'astéroïde. Les travaux ont permis de démontrer l'existence, bien avant l'impact de l'astéroïde, d'importantes transformations climatiques, "*probablement provoquées par l'activité volcanique*" qui se sont déroulées sur plusieurs millions d'années dans l'Inde actuelle, indique un communiqué de l'Université libre de Berlin. Selon Prauss, "*le stress climatique à long terme engendré par ce phénomène, auquel l'impact de la météorite a évidemment contribué en fin de compte, explique la crise de la biosphère et l'extinction massive*" d'espèces du Crétacé tertiaire. (AFP, Berlin. 19 mars 2010. www.prensalibre.com/vida/ciencia/Cuestionan-tesis-extincion-dinosaurios_0_227977339.html [1])

Fables impossibles

Il est absurde que l'évolution existe s'il y a extinction pour d'autres raisons importantes: si un processus d'évolution a conduit un organisme à devenir immédiatement supérieur à un autre pendant des millions et des millions d'années, il aurait dû se poursuivre sans arrêt. Dans le cas de l'homme, s'il est issu du singe, le singe de la musaraigne, la musaraigne d'une espèce de dinosaure, et ceci d'un amphibien sur une période de 300 millions d'années, il faut ajouter le fait que plusieurs extinctions massives se sont produites qu'ils ont éliminé la plupart de ces créatures et la "chance" qu'elles évoluent. La plus grande extinction survenue il y a des dizaines de millions d'années a anéanti près de 95 % des espèces animales, laissant peu de

1. http://www.prensalibre.com/vida/ciencia/Cuestionan-tesis-extincion-dinosaurios_0_227977339.html

survivants aux créatures. Ce serait une probabilité minimale du fait évolutif, avec peu de possibilité de survie et d'adaptation.

D'autres extinctions massives ultérieures ont anéanti plus de 65 % des créatures vivantes. Cela revient donc à partir de "0" à partir de quelques organismes de différentes catégories, en réduisant les quelques espèces qui restaient en voie de disparition. Les plus forts ne seraient pas ceux qui muteraient en quelque chose de meilleur mais ceux qui survivraient simplement aux conditions atmosphériques. C'est-à-dire que, selon la règle évolutive de millions d'années d'adaptation et de changement, cet événement n'aurait pas donné aux espèces le temps de s'améliorer et de se modifier avant leur disparition. La théorie serait désormais de savoir comment tant d'animaux ont survécu et se sont adaptés en "si peu de temps". Nous parlons d'une évolution soudaine puisqu'il y a eu plusieurs périodes glaciaires et interglaciaires qui ont éradiqué la vie du globe. Comment est-elle réapparue? Ces espèces ont dû succomber et si certaines ont survécu, elles ont dû le faire dans des conditions environnementales extrêmes auxquelles elles ne sont pas préparées et si rapidement qu'elles n'auraient pas le temps de s'adapter.

La dernière période glaciaire, qui s'est produite il y a environ 12 500 ans, a donné un nouveau départ à notre monde: plantes, reptiles, amphibiens, oiseaux, mammifères et autres organismes. Comment pourraient-ils réapparaître et évoluer en quelques années? Les archives fossiles montrent clairement qu'il y a toujours eu des animaux, donc quelqu'un doit les avoir amenés ici ou de manière "créationniste", les a créés. Mais les reptiles, pour la plupart, n'auraient pas survécu à un gel. "*Qu'est-ce qui a exterminé tant d'espèces et de genres entiers? L'esprit est d'abord prompt à croire qu'il y a eu une grande catastrophe, mais pour détruire les animaux, petits et grands. nous devons ébranler toute la structure du globe. Aucun événement moins physique n'aurait pu provoquer cette destruction totale, non seulement dans les Amériques, mais dans le monde entier.*

En effet, aucun événement dans la longue histoire du monde n'est aussi étonnant que l'extermination généralisée et répétée de ses habitants. (Charles Darwin, citation de son journal, Voyage of the HVS Beagle)

La théorie du centième singe

A propos de la relation entre les êtres vivants, quelqu'un a dit: "*S'il n'y a pas d'évolution, les êtres vivants ne sont pas liés entre eux, puisqu'ils n'ont pas de relation évolutive, s'ils n'ont pas de relation évolutive, alors ils ne peuvent avoir de relation commune. protéine, puisqu'il s'agit d'entités différentes, elles ne doivent partager aucun caractère. Selon quels critères ou quelles sont ces conclusions? Le fait qu'un être vivant partage des similitudes cellulaires avec un autre a-t-il déjà un caractère évolutif ou est-ce lié à cette espèce? Qui le dit? Nous vivons dans un écosystème mondial similaire et l'adaptation à cette planète nécessite des similitudes au niveau des espèces et encore plus au niveau cellulaire. Nous avons dû nous adapter à cette planète dès le début, c'est-à-dire que nous avions déjà dès le début les conditions nécessaires pour survivre sur ce globe. La vérité est que les conjectures sur les morphologies des espèces en référence à leurs éventuelles similitudes continuent d'être étudiées car à ce jour il n'est pas démontrable qu'en partageant des similitudes cellulaires, ils soient les ancêtres d'une espèce.»* (Abiam F. Palomares. Chercheur, écrivain et historien)

S'il y a une chose que les théoriciens de l'évolution ne peuvent expliquer, c'est le fait que les animaux partagent un lien spirituel étroit, quelle que soit la distance qui les sépare. Ce lien invisible unit même les humains, c'est-à-dire qu'il est partagé par tous les êtres vivants, potentiellement au sein des mêmes races. La théorie du centième singe concerne une équipe de scientifiques dans les années 1970 qui ont travaillé sur un type particulier d'île au large du Japon avec un type particulier de singe. Ces singes étaient partout sur ces chaînes d'îles et ils étaient tous surveillés. Ils ont mangé une sorte de tubercules qui se remplissaient de sable lorsqu'ils tombaient au sol, et un singe en a lavé quelques-uns et a vu qu'ils avaient meilleur goût ainsi, et beaucoup d'entre eux ont commencé à en parler et ils ont tous commencé à le faire donc. Lorsqu'ils ont atteint cette masse critique sans que personne ne leur enseigne cela, ils le faisaient déjà, mais cela a commencé à se produire simultanément sur d'autres îles où les singes ne pouvaient en aucun cas communiquer.

Quelque chose comme ça était la première fois dans l'histoire qu'on le voyait, au point qu'un livre a été écrit à ce sujet. Des scientifiques australiens, sur cette base, ont également réalisé une étude, mais en partant de la race humaine. Ils ont imaginé un tableau sur lequel de nombreuses personnes auraient peint dessus. Cela a fonctionné, mais les aborigènes d'Australie le savaient déjà depuis longtemps, ils étaient conscients qu'il existe une structure entre les hommes qui les unit. Cela s'est produit à plusieurs reprises avec des inventions et des idées, où quelqu'un prétendait découvrir ou développer quelque chose de nouveau et ailleurs une autre personne disait la même chose après avoir atteint la même conclusion ou révélation. Les États-Unis et la Russie ont découvert ces champs électromagnétiques naturels entre 80 et 100 km au-dessus de la surface de la planète Terre.

Dans le monde de la science dominante, et après avoir parcouru un long chemin depuis son utilisation initiale comme identifiant de protéines fonctionnelles, la génomique comparative se concentre désormais sur la recherche de régions régulatrices et de molécules siRNA (petits ARN interférents). Il a été récemment découvert que des espèces éloignées partagent souvent de longues séquences d'ADN conservé qui ne semblent coder pour aucune protéine. La fonctionnalité de ces régions ultraconservées est inconnue pour le moment. Le monde des esprits est la raison souveraine pour laquelle le monde de la franc-maçonnerie a tenté de nier Dieu. Ne pas savoir d'où l'on vient implique de savoir ce que l'on est ou qui nous sommes. Nous sommes considérés comme des “royautés” de sang “divin” selon les concepts enseignés par la religion juive, chrétienne et musulmane, qui nous oblige à nous comporter comme tels: Enfants de Dieu. Être des créateurs comme l'ONE et responsables de la maintenance et de la recréation de l'univers. Au contraire, croire que nous sommes des bêtes et le produit du hasard nous exonère de tout engagement envers le “lien” spirituel qui unit tout.

Les dinosaures d'hier et d'aujourd'hui

De qui est issu l'écureuil aquatique qui vivait avec les dinosaures il y a des millions d'années, et de quelle créature a-t-il évolué? Des scientifiques chinois ont découvert les restes fossiles d'un mammifère semi-aquatique bien plus tôt que prévu pour cet événement. Cet animal nageait et mangeait déjà du poisson il y a 164 millions d'années ! c'est-à-dire avec les premiers dinosaures ! Leur ressemblance avec quelque chose que nous pourrions identifier aujourd'hui les associerait à nos castors, loutres et ornithorynques actuels. Même s'il ne serait certainement pas très différent d'un énorme rat doté d'une queue d'ornithorynque. Des scientifiques chinois, qui ont fait la découverte officielle en 2004, l'ont récemment présentée au public dans la revue Science. Les chercheurs affirment que le squelette fossile montre que dans le Jurassique – pendant le règne des dinosaures – certains mammifères occupaient des niches écologiques plus variées qu'on ne le pensait auparavant.

Thomas Martin, spécialiste des premiers mammifères consulté par le New York Times, a déclaré que cette nouvelle découverte repousse " *la conquête de l'eau par les mammifères de plus de 100 millions d'années* ", et contredit l'opinion conventionnelle selon laquelle les premiers mammifères étaient des créatures insectivores. des créatures qui n'ont pas exploré le monde jusqu'à la disparition des dinosaures. D'autres découvertes montrent que les requins, les araignées et les scorpions envahissaient déjà la Terre il y a 300 millions d'années, mais qu'ils n'ont pas évolué. Ils restent entièrement des araignées et des requins.

C'est le cas du fossile d'un arachnide ayant vécu à l'ère carbonifère. A l'aide d'un microscope, on peut observer des structures de fabrication de la soie similaires à celles utilisées aujourd'hui par les araignées dans leurs toiles. Cela montre que les techniques de formation des fils de soie sont plus anciennes qu'on ne le pensait auparavant. La découverte appartient à l'Aphantomartus pustulatus d'il y a 300 millions d'années. (Source: Cary Easterday – OSU. Très intéressant – N° 283. Décembre 2004).

Un problème conceptuel avec l'hypothèse de l'évolution des espèces réside dans le fait que pratiquement tous les animaux du passé restent les mêmes qu'aujourd'hui. Autrement dit, ils n'ont subi aucun changement ni processus. En ce sens, nous pouvons trouver des animaux préhistoriques même dans le présent. Parmi quelques cas de ces créatures antédiluviennes, leurs genres et familles, on voit:

· Algues: Stromatolites (n'ont pas changé depuis 3,3 milliards d'années)

· Antilopes: Antilocapra.

· Autruches: Diatrymas, Brontornítidos, Hesperornis, Phororhácidos et Odontognatas.

· Chevaux: Orohippus, Diadiaphorus, Hipparion et Eqqus.

· Chameaux: Macrauchenia et Alticamelus.

· Crabes: Notopocorystes.

· Escargots-ammonites: Amalteus.

· Civettes-mangoustes.

· Des crocodiles.

· Coraux: Hippurites et Zaphrentido.

· Les cafards.

· Dragons de Comodo: Varanosaurus.

· Éléphants: Mammouth, Mastodon, Paleomastodon et Anancus.

· Scorpion trilobite: Eurypteride.

· Étoiles de mer.

· Goélands: Ichtiornis.

· Vers péripatus: Aysheia; Vers: Onychophoriens.

· Lézards: Hylonomus.

· Hyènes: Percrocuta.

· Hippopotames: Diprotodon et Toxodon.

· Fourmis

· Girafes: Helladoterium et Okapis.

· Libellules: Meganeurae.

· Lys de mer: Crinoïdes.

· Raie manta: Aëtobatus et Choucas.

· Marsupiaux: Thylacosmilus et Opossum.

· Méduse: méduse Dawsoni.

· Mollusques: Céphalopodes (ils n'ont subi aucune modification depuis 225 millions d'années)

· Singes: Notarcus, Australopithecus Homo Habilis, "Ida", Plesiadaps et Ramapithecus.

· chauves-souris

· Huîtres: Cardium, Schizodus et Steblochondria.

· Chiens: Borhyaena et Thylacinus.

· Pumas et autres chats: Smilodon et Machairodus.

· Rhinocéros: Diceros, Arsinoitherium et Uintaterium.

· Sauterelles et grillons: Néoptères du groupe des "Paléoptères".

· Sardines: Synode.

· Serpents: Lépospondyliens serpentoïdes.

· Requins: Cladoselache, Galeocerda et Odontaspis.

· Tortues: Triassochelys, Proganochelis et Archelon.

Quelle évolution y a-t-il là-dedans, si la grande majorité de ces créatures sont de la même lignée que les animaux d'aujourd'hui, et que leur seule différence est la même qu'un poney avec un cheval ou un âne avec un zèbre? La variété des créatures répandues dans le monde exclut la possibilité qu'elles aient un parent commun: on voit des capucins et des singes-araignées en Amérique centrale; le singe hurleur et le ouistiti en Amérique du Sud; le singe berbère aux îles Canaries (Espagne); babouins, gorilles, chimpanzés, singes et colobes en Afrique; le macaque au Moyen-Orient; le gibbon en Chine et les orangs-outans en Océanie. Comment ont-ils été distribués ainsi? Il existe des animaux très particuliers, comme les fourmis volantes, le dragon volant, et des espèces communes dans les forêts tropicales comme les serpents volants, les écureuils volants géants, le flagelle volant, le gecko volant et la grenouille volante.

Dans chaque espèce, les créatures sont représentées dans leurs multiples typologies, comme si un designer intelligent avait été inspiré pour décorer chacune de chaque famille avec des couleurs et des caractéristiques particulières. Je citerai quelques exemples significatifs et très récents d'animaux modernes apparus il y a des millions d'années et n'ayant pas du tout modifié leur structure génétique ou physique. Ceux-ci appartiennent pour la plupart à une découverte faite en Pologne:

ARAIGNÉE

Âge: 50 millions d'années

Période: Éocène

Lieu: Pologne

D'innombrables fossiles appartenant à différentes espèces d'araignées montrent que ces arachnides ont existé sous leur forme parfaite, avec toutes les caractéristiques qu'ils possèdent aujourd'hui depuis le moment où ils ont commencé à exister. Aucun n'est semi-développé. Parmi tous ceux-ci, aucun n'a été découvert qui soit devenu une autre forme de vie. En d'autres termes, les araignées ont toujours existé en tant qu'araignées et existeront toujours en tant qu'araignées. L'exemple le plus clair est celui d'une araignée conservée dans l'ambre vieille de 50 millions d'années et qui montre que, comme les autres êtres vivants, les araignées n'ont jamais évolué.

PUCERON

Âge: 50 millions d'années

Période: Éocène
Lieu: Pologne
Le puceron est une espèce d'insecte qui se nourrit de plantes et fait partie de la superfamille des Aphidoidea. Il existe environ 4 000 espèces connues de pucerons, réparties en dix familles. Les pucerons les plus anciens identifiés jusqu'à présent vivaient au Carbonifère (il y a 354 à 290 millions d'années). Ils n'ont pas changé le moins du monde au cours des plus de 300 millions d'années écoulées. Les pucerons vieux de 50 millions d'années conservés dans l'ambre prouvent que ces insectes n'ont pas changé depuis leur naissance, c'est-à-dire qu'ils n'ont pas évolué.

VOLER
Âge: 50 millions d'années
Période: Éocène
Lieu: Pologne
L'une des caractéristiques les plus distinctives des archives fossiles est la manière dont les espèces restent les mêmes au cours des périodes géologiques au cours desquelles elles apparaissent. Une espèce conserve la structure qu'elle avait lorsqu'elle est apparue pour la première fois sous forme fossile jusqu'à ce qu'elle disparaisse ou atteigne le présent inchangé, au cours de dizaines, voire de centaines de millions d'années. C'est une preuve évidente que les êtres vivants n'ont jamais évolué. Il n'y a aucune différence entre la mouche fossilisée dans l'ambre vieille de 50 millions d'années trouvée en Pologne et les mouches qui vivent aujourd'hui.
PSEUDOSCORPION
Âge: 45 millions d'années
Période: Éocène
Localisation: Russie
Ces arachnides, appartenant à la lignée des arthropodes, ont reçu ce nom car leur structure est similaire à celle des scorpions. Cependant,

leurs caractéristiques anatomiques ressemblent beaucoup plus à celles des araignées qu'à celles des scorpions. Les spécimens connus les plus anciens vivaient au Dévonien (il y a 417 à 354 millions d'années). Ces invertébrés n'ont jamais changé depuis leur première apparition dans les archives fossiles.

d'autres insectes

Âge: 125 millions d'années

Période: Jurassique

Lieu: Province du Liaoning, Chine

Contrairement à ce que prétendent les évolutionnistes, ces insectes, dont plusieurs espèces se trouvent sous forme fossile dès le Carbonifère (il y a 354 à 292 millions d'années), n'ont pas d'ancêtres évolutifs. Chaque espèce apparaît brusquement dans les archives fossiles avec ses propres structures et caractéristiques, et elles restent les mêmes tout au long de son existence. Ce fait rend impossible aux évolutionnistes de défendre leur vision de l'évolution.

CAFARD

Âge: 125 millions d'années

Période: Crétacé inférieur

Lieu: Province du Liaoning, Chine

Les blattes vivent partout sur Terre, à l'exception des régions polaires, et peuvent être retracées dans les archives fossiles depuis des millions d'années, grâce à leurs structures parfaites et pleinement développées. Les blattes, ayant conservé leurs structures d'il y a 125 millions d'années, annoncent qu'elles n'ont jamais évolué, mais qu'elles ont été créées telles que nous les connaissons.

De l'intestin au poumon

Heribert Nilsson était un botaniste suédois conscient que, parce qu'il existe aujourd'hui plus de cent millions de fossiles, tous catalogués et identifiés dans les musées du monde entier, et après 40 ans de recherche, il est impossible de croire à une transition évolutive. Et est-ce que cela se passe avec le système respiratoire des amphibiens qui ont évolué selon l'hypothèse? À quel moment un poisson est-il passé de votre type de système respiratoire à celui d'un amphibien ou d'un reptile? Il n'existe aucune preuve suggérant qu'un tel "miracle" de la nature aurait pu se produire lorsqu'un organisme marin aurait modifié tout son appareil interne pour en constituer un autre totalement différent, comme celui des animaux terrestres. Un poisson filtre l'oxygène de l'eau à travers ses branchies et de là il passe directement dans le sang, au contraire, les amphibiens et les reptiles respirent littéralement l'air par leurs narines et il passe aux poumons - un organe déjà pleinement développé - et du poumons, il passe dans le sang.

Les poissons n'ont pas de poumons, à l'exception des mammifères aquatiques, comme les dauphins et les baleines. Est-ce que quelqu'un connaît le même poisson que le bœuf ou le poulet avec une côtelette de porc? Il n'y a rien à voir. En plus de cela, si le scénario évolutif suggère qu'une forme de vie évolue vers une forme immédiatement supérieure. Quel besoin a poussé le poisson à vouloir vivre hors de l'eau? L'océan ne leur a-t-il pas fourni ce dont ils avaient besoin? Quelle force les a poussés à vivre hors de leur habitat? Et pourquoi évoluer en dehors de votre environnement, quand vous pouvez vous améliorer au sein de votre propre environnement? Les chances de survivre dans un environnement hostile et inconnu sont moindres que celles de rester dans l'écosystème naturel, c'est une évidence. Pour les poissons, le monde extérieur serait une probabilité d'extinction plutôt qu'une probabilité de survie, d'adaptation et d'épanouissement.

Faux dessins d'embryons

Le biologiste évolutionniste Ernest Haeckel a postulé à la fin du XIXe siècle que les embryons vivants avaient revécu le processus évolutif suivi par leurs faux ancêtres. Haeckel a émis l'hypothèse que lors de leur développement dans l'utérus, l'embryon humain présente d'abord les caractéristiques d'un poisson, puis celles d'un reptile et enfin celles d'un humain. Ernest Haeckel, a publié plusieurs dessins pour étayer son idée. La vérité est que Haeckel a fait de faux dessins pour faire croire que les poissons et les embryons humains se ressemblaient. Il a affirmé que les embryons humains avaient des ouvertures branchiales, ce qui laissait croire que l'homme était issu du poisson. Cependant, ces plis de peau ne sont pas des branchies, car ils finissent par se développer sous forme d'os dans l'oreille et de glandes dans la gorge. Des organes rudimentaires comme le coccyx nous font croire que nous venons d'animaux dotés d'une queue, cependant, il y a 9 muscles attachés au coccyx, qui ne sont pas rudimentaires. Quand cela a été découvert, tout ce qu'il a pu dire pour sa défense, c'est que d'autres évolutionnistes avaient fait des choses similaires.

Après l'aveu compromettant de ces “falsifications”, n'importe qui voudrait le condamner et l'anéantir, si ce n'était la consolation de voir à ses côtés des centaines d'autres coupables, parmi lesquels des observateurs de confiance et d'autres biologistes plus renommés. (Voir la vidéo du séminaire de création n°4. Également New Scientist, 6 septembre 1999. P. 23.) La plupart des diagrammes qui apparaissent dans les meilleurs livres, traités et revues de biologie sont coupables de falsification au même degré, car ils sont tous inexacts et plus ou moins manipulés, schématisés et retouchés. Il est intéressant de noter que bien que la falsification de Haeckel ait eu lieu en 1901, dans de nombreuses publications évolutionnistes, le sujet est apparu pendant un siècle comme s'il s'agissait d'une loi scientifique prouvée. Un autre exemple est celui des baleines, où l'on pense qu'elles possèdent un bassin rudimentaire, ce qui suggère qu'elles proviennent d'une créature terrestre. Ergo, ces os sont des points d'appui pour les muscles. Sans eux, les baleines ne pourraient pas se reproduire. S'il y avait des "organes rudimentaires" qui "perdent quelque chose", c'est à l'opposé de l'évolution.

Il n'y a pas d'animaux comme formes de transition

Les évolutionnistes imaginent qu'il existait un type d'animal qui a lentement changé sur une longue période (des millions d'années) pour devenir un type d'animal différent. Par exemple, ils croient que les amphibiens sont progressivement devenus des reptiles grâce à ce processus. Si l'on y réfléchit, cela indiquerait que des millions de créatures ont dû exister à cette époque qui serait "intermédiaire", tandis que les amphibiens évoluaient pour devenir des reptiles. Si la théorie de l'évolution contient quelque part de vérité, alors les preuves de ces formes "transitionnelles" devraient être abondantes. Il doit y avoir de nombreux fossiles qui sont à la fois des amphibiens et des reptiles. La surprise est que de nombreux experts dans l'étude des fossiles reconnaissent qu'aucune forme de transition n'a été trouvée nulle part dans le monde parmi aucun groupe de créatures. Les musées ont-ils déjà vu des fossiles de créatures composées à 10 % de dinosaures et à 90 % d'autre chose? 20, 30, 40, 50 %? 90%?

Les fossiles trouvés sont à 100 % des dinosaures, il n'y a aucune preuve de formes transitionnelles. Parmi tous les fossiles découverts au fil des années, il n'y a pas un seul exemple des formes intermédiaires qui seraient nécessaires si, comme le défend l'hypothèse évolutionniste, les êtres vivants avaient évolué étape par étape depuis des espèces simples vers des espèces plus complexes. On voit que Robert Carroll, expert en paléontologie des vertébrés et évolutionniste convaincu, a admis: "*Malgré plus d'un siècle d'efforts intensifs de collecte de données depuis la mort de Darwin, les archives fossiles n'offrent toujours pas l'image des liens infinis de transition qu'il attendait.*" Les principaux groupes d'animaux sont apparus immédiatement et se sont complètement formés dans une période de temps très courte connue sous le nom d'exposition cambrienne.

Avant cette époque, il n'y avait aucun reste dans les archives fossiles d'un autre organisme, à l'exception de créatures unicellulaires primitives et de quelques créatures multicellulaires. Tous les fossiles trouvés dans les roches cambriennes appartiennent à des créatures très différentes, comme des escargots, des trilobites, des éponges, des méduses, des étoiles de mer, des mollusques, etc. De nombreuses créatures de cette couche possèdent des systèmes complexes et des structures avancées telles que des yeux, des branchies et des systèmes circulatoires, tout comme les spécimens modernes. Ces structures sont très avancées et en même temps très différentes. Le processus qui transformerait les êtres moléculaires en êtres multicellulaires, les invertébrés en vertébrés, les poissons en amphibiens, les amphibiens en reptiles, les reptiles en oiseaux, les mammifères ovipares, etc., ne se produit dans aucun type d'espèce. Autrement dit, scientifiquement, pratiquement tous les traits évolutifs de ce type ont été niés chez les êtres de notre globe.

Citant un exemple, parlons un peu du Coelacanthe. Sur la base de preuves fossiles, les évolutionnistes pensaient qu'il s'agissait d'un intermédiaire entre les poissons et les amphibiens. Les reconstructions ont montré le Coelacanthe avec des caractéristiques amphibies et ictines. Par la suite, des cœlacanthes vivants ont été découverts dans l'océan Indien, près de la province du Cap, en Afrique australe. C'étaient des poissons. Les reconstructions étaient erronées. Et c'est que, si l'on se base uniquement sur des conjectures, la nature montre sa grossière erreur.

Changements adaptatifs chez les oiseaux?

Une brochure publiée en 1999 par l'Académie nationale des sciences des États-Unis décrit les pinsons de Darwin comme "un exemple particulièrement convaincant" de l'origine des espèces. Le livret cite les travaux de Gran et explique comment "*une seule année de sécheresse sur les îles peut entraîner des changements évolutifs chez les*

pinsons". Le livret calcule également que "*s'il y avait des sécheresses tous les 10 ans environ sur les îles, une nouvelle espèce de pinson pourrait émerger dans à peine 200 ans"*. Mais ce livret passe sous silence le fait que le bec des pinsons est revenu à la normale après le retour des pluies. Il n'y a pas eu d'évolution nette. En fait, il existe plusieurs espèces de pinsons qui semblent actuellement se mélanger par hybridation, plutôt que de diverger par sélection naturelle comme l'exige la théorie de Darwin. Supprimer des preuves pour donner l'impression que les pinsons de Darwin confirment la théorie de l'évolution frise la faute professionnelle scientifique.
Selon le biologiste de Harvard Louis Guenin (Revue Nature, 1999), si les plantes en consensus avec la lumière sont déjà capables de nous montrer qu'elles utilisent des états de superposition pour choisir comment utiliser au mieux leurs voies énergétiques, tout être vivant le fera être capable de le faire encore plus, sans la médiation du hasard ou l'imposition de l'environnement; c'est ce qui est parfaitement extrapolable. Ce que nous dit un processus aussi simple que la photosynthèse et la superposition, mais si crucial, et qui n'est même pas animal, c'est que tout état de superposition est capable de choisir. Répond ensuite à l'approche et au choix.

Évolutionnistes contre évolutionnistes

Un paléontologue britannique bien connu, Derek V. Ager, bien qu'il soit évolutionniste, admet ce qui suit: "*Ce qui ressort, si nous examinons attentivement les archives fossiles, que ce soit au niveau de l'ordre ou de l'espèce, c'est ce que nous trouvons au fil du temps et il ne s'agit pas d'une évolution graduelle mais de l'explosion ou de l'émergence soudaine d'un groupe aux dépens d'un autre.*" (Derek V. Ager, "The Nature of the Fossil Record", Actes de la British Geological Association, vol. 87, 1976, p. 133). Un autre paléontologue évolutionniste, Mark Czarnecki, estime que "*les archives fossiles, les traces d'espèces éteintes préservées dans les formations géologiques de la Terre, ont constitué un grand problème pour la démonstration de la théorie. De tels enregistrements n'ont jamais révélé de traces des hypothétiques variantes intermédiaires de Darwin. Au contraire, les espèces apparaissent et disparaissent brusquement, et cette anomalie a encouragé les arguments créationnistes selon lesquels chaque espèce a été créée par Dieu.»* (Mark Czarnecki, "The Revival of the Creationist Crusade", MacLean's, 19 janvier 1981, p. 56).

Ils ont également abordé la futilité des formes transitionnelles "perdues" qui apparaîtront dans le futur, comme l'explique T. Neville George, professeur de paléontologie à l'Université de Glasgow: "Il n'est pas nécessaire de s'excuser plus longtemps que d'habitude. *"pauvreté des archives fossiles. D'une certaine manière, ils sont devenus presque ingérables en raison de leur taille et les découvertes mettent l'intégration hors de question... Pourtant, les archives fossiles continuent d'être principalement constituées de lacunes."* (Neville George, "Fossiles in Evolutionary Perspective", Science Progress, vol. 48, janvier 1960, pp. 1, 3). En ajoutant d'autres irrégularités audit postulat, nous soulignons que la théorie de l'évolution est contraire aux première et deuxième lois de la thermodynamique. Ils disent que "*tout a un processus dégénératif...*", et la théorie évolutionniste dit que "*le processus naturel qui a pris des millions d'années a transformé des molécules simples et désordonnées en structures vivantes complexes et hautement ordonnées*". Ceci n'est absolument pas scientifique. Cette loi de la thermodynamique dit que "*tous les processus spontanés passent du complexe au désordre, et l'énergie organisée à l'énergie thermique*".

Selon la théorie générale de l'évolution, la progression fondamentale depuis la vie culminant dans l'homme était la suivante: la matière inerte, les protozoaires, les invertébrés métazoaires, les poissons vertébrés, les amphibiens, les reptiles, les oiseaux, les quadrupèdes à fourrure, les singes et enfin l'homme. Si la théorie de l'évolution était exacte, nous nous attendrions à trouver un grand nombre de formes objectivement préservées dans les archives fossiles. Les formes transitionnelles sont totalement absentes des archives fossiles. L'archéoptéryx était autrefois considéré comme une forme de transition, mais il a depuis été reconnu par les paléontologues comme un véritable oiseau. Les évolutionnistes, connaissant cette erreur dans leur système de croyance, soutiennent maintenant qu'aucun fossile n'est présent parce qu'il s'agissait de brèves "explosions évolutives" sur des milliards d'années, et qu'en raison de leur brièveté et de leur rapidité, ils n'ont laissé aucune trace dans le temps. Cependant, la croyance aux "explosions évolutives" n'est toujours soutenue ni par la première ni par la deuxième loi de la thermodynamique, ni par la loi de la biogenèse.

Il n'y a pas de corps transitoire entre les êtres invertébrés et les poissons

Les évolutionnistes acceptent que les invertébrés marins enregistrés dans la strate cambrienne ont évolué pour devenir des poissons sur des millions d'années. Mais précisément parce que les invertébrés du Cambrien n'ont pas d'ancêtres, il n'existe aucun lien qui justifie une telle transformation. Il faut ajouter que les invertébrés et les poissons présentent de nombreuses et profondes différences structurelles. Alors que les invertébrés ont des tissus durs à l'extérieur, les vertébrés ont ces tissus à l'intérieur. Si cette évolution avait été un fait, d'innombrables fossiles et preuves de chacune des transitions auraient été découverts tout au long de l'histoire, dont aucun n'a été trouvé. Les évolutionnistes ont fouillé les strates fossiles depuis près de 140 ans après avoir découvert ces formes hypothétiques.

Ils ont trouvé des millions d'invertébrés fossiles et des millions de poissons fossiles. Cependant, personne n'a trouvé, même si ce n'est pas le cas, de fossile à mi-chemin entre l'invertébré et le poisson. À quel moment un animal doté d'un exosquelette est-il devenu un endosquelette? Un paleontólogo evolucionista, Gerald T. Todd, admite este hecho en un artículo titulado: "La Evolución del Pulmón y el Origen de los Peces Óseos": "*Las tres subdivisiones de los peces óseos aparecen por primera vez en los registros fósiles más o menos en même temps. Ils apparaissent déjà morphologiquement très différenciés et sont bien blindés. Comment sont-ils nés? Comment en sont-ils arrivés à avoir une carapace solide? Et pourquoi n'y a-t-il aucune trace de formes primaires et intermédiaires?*" (Gerald T. Todd, "Evolution of the Lung and the Origin of Boney Fishes: A Casual Relationship", American Zoologist, vol 26, n° 4, 1980, p. 757).

Il n'y a pas de créature transitoire entre les reptiles et les oiseaux

Comme d'habitude, il n'existe aucune preuve de formes de transition censées lier même les amphibiens aux reptiles. Le paléontologue évolutionniste et autorité en paléontologie des vertébrés, Robert L. Carroll, doit accepter que "*les premiers reptiles étaient distincts des amphibiens et que leurs ancêtres ne pouvaient pas encore être trouvés*". (Robert L. Carroll, Paléontologie et évolution des vertébrés, New York: WH Freeman and Co., 1988, p. 198). La théorie de l'évolution soutient que les ancêtres des oiseaux étaient des dinosaures, membres de la famille des reptiles. Les évolutionnistes ont affirmé qu'un oiseau appelé Archéoptéryx représentait cette transition. Cependant, les dernières études sur les fossiles d'Archaeopteryx révèlent que cette explication manque de fondement scientifique. Il ne s'agit pas du tout d'une forme de transition, mais d'une espèce d'oiseau éteinte présentant des différences insignifiantes avec les oiseaux modernes.
Comme l'explique l'éminent paléontologue Carl O. Dunbar, "*par son plumage, il doit être clairement classé parmi les oiseaux*". Malgré ces scénarios désespérément ratés, les évolutionnistes n'en ont pas encore fini avec leurs inconvénients. Puisqu'ils croient que les oiseaux ont dû évoluer d'une manière ou d'une autre, ils prétendent que la transformation s'est produite à partir des reptiles. Cependant, aucun des divers mécanismes des oiseaux, qui ont une structure

complètement différente de celle des animaux terrestres - y compris l'oiseau Archaeopteryx, dont la particularité est également expliquée dans le livre de Harun Yahya - ne peut être expliqué par une évolution progressive. Tout d'abord, les ailes, caractéristique exceptionnelle des oiseaux, présentent une grande difficulté pour les évolutionnistes.

L'un des évolutionnistes turcs, Engin Korur, avoue l'impossibilité de l'évolution des ailes: "*La caractéristique commune des yeux et des ailes est qu'ils ne peuvent (seulement) fonctionner que s'ils sont pleinement développés. En d'autres termes, un œil à moitié développé ne peut pas voir, un oiseau avec une aile à moitié formée ne peut pas voler. La manière dont ces organes ont vu le jour reste un mystère de la nature, un mystère qui doit être résolu.*» (Engin Korur, "Gizlerin ve Kanatlarin Sirri" - Le mystère des yeux et des ailes -, Bilim ve Teknik, n° 203, octobre 1984, p. 25). Il reste totalement sans réponse comment la structure parfaite de l'aile est née grâce à des mutations aléatoires consécutives. Il n'existe aucun moyen d'expliquer comment les bras antérieurs des reptiles pourraient devenir des ailes parfaitement fonctionnelles à la suite d'une distorsion des gènes (mutation).

De plus, il ne suffit pas d'avoir des ailes pour qu'un organisme terrestre puisse voler, car de nombreux autres mécanismes structurels sont nécessaires que les oiseaux utilisent à cet effet. Par exemple, les os des oiseaux sont beaucoup plus légers que ceux des animaux terrestres. Vos poumons fonctionnent très différemment. Les systèmes musculaire et squelettique sont différents et le système de circulation sanguine est extrêmement spécialisé. Ces caractéristiques sont des conditions préalables au vol, au moins autant que les ailes. Tous ces mécanismes devaient être présents ensemble et simultanément. Ils ne pourraient pas se former progressivement par "accumulation". Pour cette raison, la théorie selon laquelle les organismes terrestres ont évolué pour devenir des organismes aériens est complètement fausse.

Théorie de l'évolution soudaine

Pourquoi n'a-t-on pas trouvé de fossiles de transition? L'évolutionniste Jeffery Schwartz a soutenu que "*ceux-ci n'ont pas été trouvés parce qu'ils n'existent pas*". ("Pitt. La théorie du professeur...», 2006). Cet évolutionniste impartial a-t-il quitté le navire et rejoint la foule créationniste? Absolument pas! En fait, sa déclaration est simplement un moyen de soutenir une théorie évolutionniste alternative afin d'argumenter la faiblesse de l'évolution. Schwartz plaide en faveur d'une nouvelle théorie, intitulée "origines soudaines", au lieu des changements graduels et progressifs autrefois proposés par les évolutionnistes. Schwartz soutient que le changement graduel ne se produit pas, affirmant que "l'évolution n'est pas nécessairement graduelle mais souvent une expression soudaine et dramatique du changement" ("Pitt Professor's...», emp. ajouté).

Schwartz a écrit un article dans le numéro du 30 janvier 2006 du magazine New Anatomist. Le communiqué de presse de l'Université de Pittsburgh indique que son article permet de mieux comprendre la structure de la cellule, ce qui, selon Schwartz, fournit un solide soutien à sa théorie de l'évolution des "origines soudaines». Cette version "nouvellement améliorée" ou "intelligemment emballée" de l'évolution a été initialement détaillée dans le livre de Schwartz de 2000, Suden Origins: Fossils, Genes, and the Emergence of Species. Selon Schwartz, l'évolution est l'expression d'un "*changement qui a commencé au niveau cellulaire en raison de stress environnementaux radicaux, tels que la chaleur, le froid ou la surpopulation extrêmes, il y a des années*" ("Pitt Professor's...»). Le mécanisme, explique Schwartz, est le suivant: "Les *perturbations environnementales provoquent la mutation des gènes, et ces gènes modifiés restent dans un état récessif, se propageant silencieusement à travers la population jusqu'à ce que la progéniture apparaisse avec deux copies de la nouvelle mutation et change." de nulle part.»* ("Professeur Pitt,...»). De nulle part ? Rien ne crée rien.

Défendant son nouveau modèle, Schwartz a expliqué pourquoi les cellules ne changent pas de manière subtile et constante à petite échelle au fil du temps, comme l'avaient prédit Darwin et ses disciples. Le communiqué de presse observait: "*Les biologistes cellulaires connaissent la réponse: les cellules n'aiment pas changer, et elles ne le font pas facilement.* Par conséquent, ces changements environnementaux massifs conduisent à des mutations qui "peuvent être significatives et bénéfiques (comme les dents ou les membres) ou, plus probablement, peuvent tuer l'organisme" (c'est nous qui soulignons). Schwartz a en outre soutenu que "*c'est l'environnement qui les déséquilibre et qui finit certainement par les tuer lorsqu'il les modifie. Ils sont donc bousculés par l'environnement, ils ne s'y adaptent pas.»* ("Professeur Pitt..."). En résumé:

1. Il n'existe pas de fossiles de transition montrant qu'un organisme aurait évolué vers un autre.
2. Un changement progressif ne se produit pas, il est soudain. Cela soutient la théorie créationniste.
3. Les cellules n'aiment pas changer et ne le font pas facilement.
4. Les mutations ne peuvent pas fournir un bon "équilibre" pour apporter les changements nécessaires à l'évolution – et, même dans ce cas, elles "tueront" probablement l'organisme.
5. Les organismes ne s'adaptent pas à l'environnement, mais y réagissent.

Cela ressemble à un texte écrit il y a des décennies par des créationnistes (qui ont longtemps accepté que la vie soit apparue soudainement). En effet, il n'existe pas de fossiles de transition entre une espèce et une autre et les changements progressifs ne peuvent s'expliquer ni expliquer la diversité de la vie qui nous entoure. Combien de temps faudra-t-il à ces hommes pour franchir la dernière étape et reconnaître à Dieu le mérite de "l'origine soudaine" de la vie? Beaucoup, car son intérêt n'est pas scientifique mais athée. Alors que ces études scientifiques continuent de faire la une des journaux, n'est-il pas étonnant que les gens remettent désormais en question la théorie de l'évolution? Beaucoup se sont rendu compte que l'évolution n'apporte pas les réponses que nous possédons tous et qui avaient été promises il y a longtemps.

En fait, BBC News a rapporté que "*selon un sondage d'opinion publique, seulement moins de la moitié des Britanniques acceptent la théorie de l'évolution comme la meilleure description du développement de la vie*". ("Britons Unconvinced...", 2006, italiques ajoutés). Dans le reportage de la BBC, Andrew Cohen, rédacteur en chef d'Horizon, a noté: "*La plupart des gens se seraient attendus à ce que le public vote pour la théorie de l'évolution, mais il semble y avoir beaucoup de gens qui croient apparemment en une théorie alternative des origines.» de la vie.*" Le rapport poursuit ainsi: "*Ces découvertes ont surpris la communauté scientifique. Don Martin Rees, président de la Royal Society, a déclaré: "Il est surprenant que beaucoup restent sceptiques quant à l'évolution darwinienne. Darwin a proposé sa théorie il y a près de 150 ans et elle est désormais étayée par un grand nombre de preuves.»* ("Britons Unconvinced on Evolution", BBC News, 26 janvier 2006) Beaucoup de preuves?

Il est notoire que Don Martin Rees doit être conscient de la réalité, comme Schwartz et bien d'autres personnes. Le "montant" réel a une origine soudaine (qui ne peut s'expliquer que par l'art de Dieu). Il n'y a pas de fossiles de transition, pas de changements graduels et pas de mutations bénéfiques. À première vue, il semble que le véritable "grand nombre" soit la vérité que les évolutionnistes devraient accepter.

Plus de problèmes pour Darwin

En l'absence totale de fossiles intermédiaires, le zoologiste Harold Coffin déclare: "*Si le concept d'évolution progressive du simple au complexe est correct, le Cambrien devrait retrouver les ancêtres de ces créatures vivantes pleinement développées; mais ils n'ont pas été trouvés, et les scientifiques admettent qu'il y a peu de chances qu'ils le soient un jour. Sur la base des seuls faits, sur la base de ce qui se trouve réellement sur Terre, la théorie d'un acte de création soudain dans lequel les principales formes de vie ont été établies correspond le mieux.*»

Sans ancêtres évolutionnaires, les insectes apparaissent soudainement et en grand nombre dans les archives fossiles. Dans son livre "De la croissance et de la forme", le zoologiste D'Arcy Thompson dit: "*L'évolution darwinienne ne nous apprend pas comment les oiseaux descendent des reptiles, les mammifères des quadrupèdes antérieurs, les quadrupèdes des poissons, ni les vertébrés de la branche antérieure des invertébrés.. car les pierres à travers les interstices qui les séparent, c'est chercher en vain, pour toujours.*»

De tous les chaînons manquants dans la transformation des animaux en espèces plus complexes, selon la théorie de l'évolution, celui qui unirait le singe à l'homme est le plus célèbre de tous. "*Les restes fossiles connus des ancêtres de l'homme tiendraient sur une table de billard. Cela constitue une piètre plate-forme à partir de laquelle tenter de pénétrer la brume des derniers millions d'années.*» Elwyn Simons, Université Duke. "*Le chaînon manquant entre l'homme et les anthropoïdes [...] est tout simplement le plus attrayant de toute une hiérarchie de créatures fantômes. Dans les archives fossiles, les chaînons manquants sont la règle.*" (Magazine Newsweek). Le fils de Charles Darwin a écrit: "*Nous n'avons aucune trace d'un quelconque changement d'une espèce à une autre.. nous ne pouvons pas prouver qu'une espèce ait changé.*» (Darwin, Francis, éd., The Life and Letters of Charles Darwin, vol. 1, p. 210) Mais ce ne serait pas le premier ni le seul des maux de tête de Charles Darwin. Et voici d'autres phrases célèbres du prophète de nombreux athées:

" *Le caractère distinctif de certaines formes [de vie] et le fait qu'elles ne soient pas visiblement reliées les unes aux autres par d'innombrables liens transitionnels constituent une difficulté très évidente."* (Charles Darwin)

"*Si de nombreuses espèces avaient réellement commencé leur existence en même temps, ce fait serait mortel pour la théorie de l'évolution.* " (Charles Darwin)

"*Pourquoi toutes les formations et strates géologiques ne sont-elles pas remplies de ces maillons intermédiaires? Certes, la géologie ne révèle pas une chaîne organique aussi finement échelonnée; et c'est peut-être là l'objection la plus évidente et la plus sérieuse qu'on puisse opposer à cette théorie.»* (Charles Darwin)

"*La manière abrupte avec laquelle des groupes entiers d'espèces apparaissent soudainement dans certaines formations a été soulevée par plusieurs paléontologues comme une objection mortelle à la croyance en la transition des espèces.* " (Charles Darwin)

"*Il y a une autre difficulté, liée à celle-ci, qui est bien plus grave. Je fais référence à la façon dont des espèces appartenant à plusieurs des principales divisions du règne animal apparaissent soudainement dans les roches fossilifères les plus basses connues.»* (Charles Darwin)

Fantasme du processus de changement chez les animaux

Dans le manuel intitulé "L'homme et le monde biologique", les auteurs admettent que cette preuve n'est pas complète: "L'existence de similitudes homologues, de parallélismes dans le développement embryonnaire et de différents degrés de parenté chimique entre organismes ne prouve pas en soi qu'il y a eu évolution". De cette façon, on nous demande de nous tourner vers les archives fossiles pour trouver la preuve finale et décisive que l'évolution a réellement eu lieu. On pourrait imaginer que l'on trouverait une série de fossiles, par exemple de mollusques, dont l'extérieur était initialement dur et se transformait progressivement en un extérieur écailleux, tandis qu'une partie de ce dernier se tournait vers l'intérieur et devenait une colonne vertébrale (un exosquelette). À leur tour, les fossiles successifs montreraient le développement d'une paire d'yeux et d'une paire de branchies à une extrémité, et d'une queue en forme de ce qui pourrait être une nageoire à l'autre. Voici enfin notre poisson !

Mais le poisson ne resterait pas du poisson. Selon la colonne géologique, on attendrait plutôt que le poisson transforme ses nageoires en pattes, d'où émergeraient des pieds et des doigts, et ses branchies deviendraient des poumons. À un niveau supérieur, on ne retrouverait plus les restes fossilisés de ces organismes dans d'anciens fonds marins, mais enfouis sur la terre ferme. Par contre, chez d'autres poissons, les nageoires deviendraient des ailes et des pattes griffues. Les écailles deviendraient des plumes et un bec corné se formerait autour de la bouche. Il semble que de cette manière et après un "abracadabra", nous aurions, grâce à la magie de l'évolution, des oiseaux et des reptiles. Si les choses étaient ainsi, nous ne cesserions pas de trouver une infinité de fossiles transitionnels de chacune des espèces existantes sur la surface de la Terre. Mais une fois de plus, nous arrivons à la même conclusion, à savoir qu'une seule preuve de cette théorie "fabuleuse" n'a jamais été trouvée.

Les liens, à juste titre, ont été appelés liens manquants. Mais la réalité est qu'ils ne sont pas perdus et qu'ils ne sont pas non plus des liens, car ils n'ont jamais existé. Nous avons également le cas de la faune africaine de la préhistoire dans la péninsule ibérique. La science ne peut expliquer la prolifération d'innombrables faunes nord-africaines dans la péninsule ibérique, parmi lesquelles les "babouins", puisque les archéologues assurent qu'il n'y avait aucune connexion entre les 2 rives de la Méditerranée pendant au moins 5 millions d'années. Qui les a mis là?

Partie V
LES HOMMES ET LES SINGES

" L'homme naît libre, et pourtant
partout est enchaîné.
(J.J. Rousseau)

Les premiers singes du roman

Henry Morris dans son livre bien écrit "Creation and the Modern Christian" (Creation And The Modern Christian, Master Book Publishers, El Cajon, Californie, 1985) déclare: " Si l'évolution était vraie, alors les différentes étapes de l'évolution humaine doivent être les meilleures. *Documenté de tous, parce que l'homme est censé être le dernier arrivé de l'évolution, et parce qu'il y a beaucoup plus de personnes qui recherchent des preuves fossiles dans ce domaine que dans tout autre. Cependant, comme souligné ci-dessus, les preuves actuelles sont encore extrêmement fragmentaires et très douteuses. La question de savoir exactement quels fossiles d'hominidés pourraient être les ancêtres de l'homme, quand et dans quel ordre reste un sujet très controversé parmi les anthropologues évolutionnistes.* »

H. Morris souligne que l'ancêtre commun tant attendu de l'homme et du singe, notamment "Autralopithecus" dont la célèbre "Lucy" (supposément le plus ancien fossile d'hominidé), semble désormais vivre encore sous la forme d'un chimpanzé pygmée connu sous le nom de "bonobos". Le “bonobo” vit dans les jungles du Zaïre et est presque identique à “Lucy” en termes de taille, de stature et de taille du cerveau. (Science News, 5 février 1983, p. 89). La fable simienne est grossièrement dessinée de cette manière: premièrement: les musaraignes, deuxièmement: les singes communs; troisièmement: Australopithèques et Ramapithèques; quatrièmement: homo habilis; cinquième: homo erectus; sixièmement: l'ancêtre homo et l'homme d'Heidelberg; septième: l'homme archaïque; huitième: l'homme moderne (Homo sapiens sapiens). Voyons si cette description repose sur des bases solides.

La fausse nature des australopithèques

La fameuse hypothèse d'une “marche verticale” chez les Australopithèques est une idée défendue par des paléoanthropologues tels que Richard Leakey et Donald C. Johnson depuis des décennies. Cependant, de nombreux scientifiques ont étudié en profondeur les structures des squelettes des australopithèques et ont prouvé l'invalidité de cet argument. Deux anatomistes de renommée mondiale, Lord Solly Zuckerman d'Angleterre et le professeur Charles Oxnard d'Amérique du Nord, ont mené de longues recherches sur divers spécimens d'australopithèques et ont montré qu'ils n'étaient pas bipèdes et qu'ils se déplaçaient pratiquement comme les singes des temps modernes. Après que Lord Zuckerman et son équipe de spécialistes aient étudié les os fossiles pendant 15 ans, avec l'aide du gouvernement britannique, ils sont arrivés à la conclusion que l'australopithèque n'était qu'une espèce de singe commun et qu'il n'était définitivement pas bipède. Notez que Lord Zuckerman était un évolutionniste (Solly Zuckerman, Beyond The Ivory Tower, New York: Toplinger Publications, 1970, pp. 75-94).

De son côté, Charles E. Oxnard, un autre évolutionniste connu pour ses recherches sur le sujet, a également lié la structure squelettique des australopithèques aux orangs-outans modernes (Charles E. Oxnard, "The Place of Australopithecines in Human Evolution: Grounds for Doubt", Nature, vol. 258, p. 389). Finalement, en 1994, une équipe de l'Université de Liverpool en Angleterre a entrepris des recherches approfondies pour arriver à une conclusion définitive: elle est arrivée à la conclusion que "*l'australopithèque était quadrupède*". (Fred Spoor, Bernard Wood, Frans Zonneveld, "Implication de la morphologie labryntine des premiers hominidés pour l'évolution de la locomotion bipède humaine", Nature, vol 369, 23 juin 1994, pp. 645-648). En d'autres termes, les Australopithèques n'ont aucun lien avec les humains, ils sont simplement une espèce de singes, tout comme les Ramapithèques.

La couverture du magazine National Geographic avec une fille poilue comme un singe, mais souriante comme la fille de n'importe quel voisin, a fait le tour du monde lorsqu'elle a été exposée. Après cette reconstitution virtuelle d'un petit Australopithecus afarensis, qui vivait il y a 3,3 millions d'années, il y a une longue histoire qui a révolutionné la paléontologie mondiale: la découverte en 2000 du plus ancien fossile d'un jeune hominidé, une fillette de trois ans, dans une région reculée du nord-est de l'Éthiopie appelée Dikika. Son crâne et les os de la partie supérieure de son corps étaient pratiquement complets, ce qui a fourni un volume inhabituel d'informations sur son espèce. Son pied a également été retrouvé, dont l'analyse a certifié qu'il était bipède. Les détails de sa découverte susciteront plus d'une vocation chez ceux qui croient que la paléontologie peut encore être une discipline teintée d'aventure.

L'auteur de la découverte, Zeresenay Alemseged (Axum, Ethiopie, 1969), en a parlé à Barcelone, invité par La Caixa Social Work (J. Á. Martos. Barcelone, 23 mai 2007. ElPaís.com). En 1973, Sir Solly Zuckerman et Charles E. Oxnard ont présenté une lettre lors d'un symposium de la Zoological Society of London. Dans cette conclusion, Zuckerman écrit: "*Au fil des années, je me suis retrouvé à peu près seul à remettre en question les idées reçues sur les australopithèques... mais j'ai bien peur d'avoir eu peu d'effet. La voix la plus autoritaire s'est prononcée et son message a finalement été incorporé dans les manuels scolaires du monde entier.»* À cet égard, lui et son partenaire ont continué à défendre, à maintes reprises, la grande erreur scientifique consistant à inclure l'australopithèque comme un hominidé ou un être "à moitié humain", puisqu'il est identique aux chimpanzés. À ce sujet, Oxnard ajoutait à l'époque: "*La notion conventionnelle d'évolution humaine doit maintenant être durement modifiée, voire rejetée [...] de nouveaux concepts doivent être explorés.»* (Oxnard CE L'Ordre des Hommes. New Haven, Université de Yale. 1984)

En 1985, Alan Walker de l'Université Johns Hopkins a découvert un squelette fossile d'hominidé taché par des matériaux sombres à l'ouest du lac Turkana, pour lequel il a été surnommé le "crâne sombre". On a immédiatement essayé d'inclure dans l'ordre fantaisiste la colonne hominidienne qui unirait le singe à l'homme. Selon la théorie née à cette époque, il y aurait deux branches – le tronc serait la récente découverte d'Australopithecus afarensis. De l'une de ces branches viendrait la lignée appelée "Homo", passant de Homo habilis (rappelez-vous qu'il s'agit bien d'un singe), à Homo erectus (un cousin de l'homme), jusqu'à Homo sapiens. Dans la deuxième branche se trouvent les australopithèques, issus de l'Australopithecus afarensis. Selon Johanson et White, Australopithecus afarensis a donné naissance à Australopithecus africanus, qui à son tour aurait donné naissance à Australopithecus Robustus.

Puis d'Autralopithecus Robustus viendrait Australopithecus Bosei. Le fait est que l'Australopithecus bosei de type The Black Skull (KNM-WT 17000) était daté de 2,5 millions d'années, c'est-à-dire beaucoup plus ancien que l'Australopithecus Robustus. Johanson lui-même a reconnu que ce fait compliquait la relation entre tous ces asutralopithèques. De même, l'étude générale de ces fossiles, y compris le mal nommé Homo habilis, a grandement compliqué la théorie de l'évolution. Pat Shipman disait en 1986: "*La meilleure réponse que nous puissions donner à l'heure actuelle est que nous n'avons plus une idée très claire de qui a donné naissance à qui"*. (Pat Shipman. Des limbes déconcertants dans l'arbre généalogique. 1986, Discover, 7 (9): 87-93)

La question de l'origine de la lignée "Homo" reste un problème pour les théoriciens. Pat Shipman a déclaré avoir vu Bill Kimbel, un associé de Donald Johanson tenter de manipuler les implications phylogénétiques du Crâne Noir - ce ne serait pas la première fois ni la seule fois -: "À la fin d'une conférence sur l'évolution des *Australopithèques, il effaça tout l'ordre, les schémas alternatifs et regarda un instant le tableau. Puis il est retourné en classe et a levé les mains.»* Shipman a écrit. Après avoir examiné diverses alternatives phylogénétiques et même trouvé toutes les preuves, Shipman a déclaré: "*Nous pourrions dire que nous n'avons aucune preuve même de l'origine de Homo et retirer tous les membres du genre Australopithecus de la famille des hominidés [...] J'ai une sorte de réaction viscérale réactive à cette idée que je soupçonne de ne pas me voir capable d'évaluer rationnellement. J'ai été amené à l'idée que l'australopithèque était un hominidé.* Concernant ce commentaire, l'archéologue et chercheur ML Cremo a ajouté: " *C'est l'une des déclarations les plus honnêtes que nous ayons entendues de la part d'un scientifique prestigieux impliqué dans la recherche paléoanthropologique.* " (Michael Cremo, Histoire cachée de la race humaine, 1999. P. 265)

Lucy: un singe se faisant passer pour un humain

Une découverte faite par Donald Johanson à Hadar, en Éthiopie, concernant un australopithèque vieux de près de 4 millions d'années, semble être l'une des plus grandes découvertes archéologiques sur l'évolution humaine. Les plus grandes découvertes ont été faites à la fin de 1974. Ces restes ont été surnommés "Lucy" mais ont été rapidement "humanisés" devant le public afin de s'adapter habituellement à la théorie conventionnelle. Cet Australopithecus afarensis a tenté de se reconstruire avec des morceaux provenant d'une famille entière trouvés sur le site, mais pour Johanson lui-même, la reconstruction squelettique "ressemblait *beaucoup plus à une petite femelle gorille* ". Après une étude plus approfondie, il a été conclu que cet Australopithecus afarensis ressemblait plus à un singe qu'à un humain (Randall L., Susman, Jack T., Stern, Charles E. Oxnard).

À l'heure actuelle, la plupart des experts disent que Lucy n'était qu'un chimpanzé inhabituel mesurant environ 3 pieds de haut, et non un chaînon manquant (voir aussi: Séminaire, partie 7. Par le Dr Kent Hovind, distribué par Chick Publications).

L'homme à tout faire ou le singe à tout faire?

Son nom signifie "homme habile" et fait référence à la découverte d'instruments lithiques probablement réalisés par lui. Des études détaillées des restes squelettiques de ses mains ont été réalisées pour vérifier s'il était réellement possible que cet Homo habilis les ait réalisés. Les scientifiques ont conclu qu'il était capable d'effectuer des tâches telles que saisir pour effectuer les manipulations nécessaires à la fabrication d'ustensiles en pierre; C'était probablement un carnivore opportuniste. On observe chez eux une augmentation importante de la taille du cerveau par rapport aux australopithèques, qui a été calculée entre 650 cm^3 et 800 cm^3, dans le crâne écrasé "1470", trouvé dans les forums Koobi. Les restes ont été retrouvés au Kenya, dans la ville de Koobi Fora et en Tanzanie, dans les célèbres gorges d'Olduvai. Certains auteurs remettent en question son appartenance au groupe "Homo", s'appuyant sur une interprétation restrictive du diagnostic du genre, et l'attribuent soit aux Australopithèques, soit proposent qu'un nouveau genre soit défini pour cette espèce dans lequel il est également inclus. rudolfensis.

L'histoire selon laquelle les homo habilis étaient des êtres transitoires entre l'homme et le singe est très populaire, et avant eux, les outils n'étaient pas utilisés chez les primates. La classification des "Homo Habilis" a été présentée dans les années 60 par toute la famille Leakey, "chasseurs de fossiles". Selon les Leakey, cette nouvelle espèce, qu'ils classifiaient comme Homo habilis, possédait une capacité crânienne relativement grande, ainsi que la disposition à marcher debout et à utiliser des outils en bois et en pierre. Il pourrait donc s'agir de l'ancêtre de l'homme. De nouveaux fossiles de la même espèce découverts à la fin des années 1980 ont changé la vision précédente.

Certains chercheurs comme Bernard Wood et C. Loring Brace, qui se sont basés sur les fossiles récemment découverts, ont déclaré que Homo habilis, qui signifie "homme capable d'utiliser des outils", devrait être classé comme Australopithecus habilis, ce qui signifie "singe sud-africain capable d'utiliser des outils" d'utiliser des outils." utiliser des outils", car Homo habilis avait de nombreuses caractéristiques en commun avec les singes appelés australopithèques. Ils avaient des bras longs, des jambes courtes et une structure squelettique similaire à celle des australopithèques. Les doigts et les orteils étaient bons pour grimper. La structure maxillaire était très similaire à celle des singes modernes.

Les investigations menées dans les années suivantes montrèrent qu'Homo habilis n'avait aucune différence avec les Australopithèques. Le crâne et le squelette fossiles OH62 trouvés par Tim White ont montré que cette espèce avait un petit volume crânien, des bras longs et des pattes courtes qui lui permettaient de grimper aux arbres comme les singes modernes. Une analyse détaillée menée par l'anthropologue américaine Holly Smith en 1994 a indiqué qu'Homo habilis n'était pas "homo" ou, en d'autres termes, non pas "humain" mais "singe". Smith a dit ce qui suit à propos de l'analyse effectuée sur les dents des Australopithèques, Homo habilis, Homo erectus et Homo Néandertaliens: "Les *analyses circonscrites (jusqu'aux dents) de spécimens fossiles montrent des schémas de leur développement chez les gracieux Australopithèques et Homo habilis qui placent eux dans la classification des singes africains. Les mêmes analyses sur Homo erectus et les Néandertaliens les classent parmi les humains.*" (Holly Smith, American Journal of Physical Anthropology, vol. 94, 1994, pp. 307-325).

Cette même année, Fred Spoor, Bernard Wood et Frans Zooneveld, tous spécialistes en anatomie, arrivent aux mêmes conclusions grâce à une méthode totalement différente basée sur l'analyse comparative des canaux semi-circulaires de l'oreille interne de l'homme et du singe. Ces canaux sont liés à l'équilibre. Les canaux des humains, qui marchent debout, diffèrent considérablement de ceux des singes, qui marchent penchés en avant. Les conduits auditifs internes de tous les spécimens d'australopithèques et d'Homo habilis analysés par Spoon, Wood et Zooneveld étaient les mêmes que ceux des singes modernes. Les conduits auditifs internes de l'Homo erectus étaient les mêmes que ceux de l'homme moderne (Fred Spoor, Bernard Wood, Frans Zonneveld, "Implication of Early Hominid Labryntine Morphology for Evolution of Human Bipedal Locomotion", Nature, vol 369, 23 juin 1994. Pages 645-648).

Cette découverte conduit à des conclusions importantes selon lesquelles les fossiles d'Homo habilis n'appartenaient pas réellement à la classe "homo", c'est-à-dire à la classe humaine, mais à la classe des Australopithèques, c'est-à-dire à celle des singes. De plus, Homo habilis, comme les Australopithèques, étaient des êtres vivants qui marchaient courbés et à grands pas, leurs squelettes étaient donc des singes. Ils n'avaient aucune relation d'aucune sorte avec les humains. D'après les squelettes trouvés, on pense que ce type de chimpanzé a vécu env. de 2,5 à environ 1,44 millions d'années avant le présent (au début du Pléistocène). Et c'est "drôle", car il n'y a pas d'autre façon de le dire, mais la classification des "êtres intelligents capables d'utiliser des outils" devrait remonter à 2,8 milliards d'années, c'est-à-dire au début du développement des premières formes de vie être vu complexe sur notre planète.

Fait intéressant, cinq ans après la découverte de Mono-habilis, Bryan Patterson et WW Howells ont découvert des humérus d'hominidés modernes à Kanapoi, au Kenya. En 1977, des ouvriers français ont trouvé des humérus similaires à Gombore, en Éthiopie. Leur âge est d'environ 4,5 millions d'années. Cet humérus découvert par Patterson et Howells était très différent de celui des gorilles, des chimpanzés et des australopithèques, et plutôt semblable à celui des humains.

De sorte que les nombreuses découvertes actuelles laissent ces postulats incohérents très incohérents. On nous a appris à tort qu'il y a eu un ordre évolutif humain issu des Australopithèques (Australopithecus afarensis, africanus et Robustus. 3 000 000 à 500 000 ans) en Afrique, puis est venu l'Homo Habilis découvert dans les gorges d'Olduvai en Tanzanie. Mais les outils de ce singe "habile" étaient datés d'il y a 1 750 000 ans, il serait donc intéressant de voir comment les deux espèces se sont rencontrées à mi-chemin de leur évolution. En effet, il existe des preuves datant des années 80 où les australopithèques sont observés avec un type inconnu d'"homme" ("Le monde préhistorique" par MacDonald Educational, Ediciones Vidorama, Barcelone - Espagne. 1987), de sorte que ces espèces sont venues vivre dans Afrique de l'Est il y a 2,5 à 3 millions d'années.

Homo Rudolfensis: un visage mal assemblé

Cette espèce a été proposée par Valerii P. Alexeev en 1986, dont le spécimen type est KNM-ER 1470, trouvé à Koobi Fora (rive est du lac Turkana, anciennement lac Rodolfo), par Bernard Ngeneo, membre de l'équipe de Richard Leakey, en 1972. Alexeev l'a désigné en 1986 sous le nom de Pithecanthropus rudolfensis, bien qu'il ait ensuite été attribué aux genres Homo et Australopithecus. Certains auteurs proposent de définir un nouveau genre pour cette espèce

dans lequel Homo habilis serait également inclus. Certains paléoanthropologues doutent qu'il s'agisse d'une espèce différente d'Homo habilis, mais c'est l'opinion qui prévaut actuellement, en raison de différences morphologiques marquées, parmi lesquelles il faut distinguer: la forme du visage (principalement dans la région supra-orbitaire et malaire, qui est très long, profond et incliné vers l'avant); les mesures crâniennes dans leur ensemble (45% des mesures comparées entre les deux espèces dépassent le dimorphisme sexuel des gorilles) et le volume crânien (environ 750 cc, contre 500 cc pour Homo habilis), bien qu'en 2007 la capacité crânienne d'Homo rudolfensis a été estimée par Timothy Bromage, anthropologue à l'Université de New York, à 526cc.
De même, sur le plan anatomique, Homo rudolfensis a, par rapport à Homo habilis, un visage plus plat, des dents post-canines plus larges avec des racines et des couronnes plus complexes et un émail plus épais. Richard Leakey, qui a déterré les fragments, a présenté le crâne – surnommé "KNM-ER 1470" et considéré comme vieux de 2,8 millions d'années – et a déclaré qu'il s'agissait de la plus grande découverte de l'histoire de l'anthropologie, avec un effet radical. Selon Leakey, cet être, qui possédait un petit volume crânien comme l'Australopithèque, et pourtant un visage humain, était le chaînon manquant entre l'Australopithèque et l'être humain. Néanmoins, peu de temps après, on a compris que le visage "de type humain" du crâne du KNM-ER 1470, qui apparaissait fréquemment sur la couverture des revues scientifiques, était le résultat d'un assemblage anormal des fragments trouvés, ce qui pourrait être délibéré.
Le professeur Tim Bromage, qui a mené des études sur l'anatomie du visage, a souligné ce fait qu'il a découvert grâce à la simulation informatique en 1992: "*Lors de la première reconstruction (du KNM-ER 1470), le front était ajusté au crâne dans une position presque verticale, un peu comme celle présentée par les visages humains plats et modernes. Mais des études récentes sur les relations anatomiques*

montrent que dans la vie, le visage devait être considérablement saillant, lui donnant une apparence de singe, comme les visages des australopithèques.» (Tim Bromage, New Scientist, vol. 133, 1992, pp. 38-41). Le paléoanthropologue évolutionniste JE Cronin en dit: *«... son rostre vigoureux, le clivus naso-alvéolaire aplati (rappelant les rostres concaves des australopithèques), la largeur crânienne maximale réduite (au niveau des os temporaux), la canine prononcée et les grandes molaires (comme l'indiquent les restes des racines), sont toutes des caractéristiques relativement primitives qui relient le spécimen aux membres du taxon (genre) Australopithecus africanus."* (JE Cronin, NT Boaz, CB Stringer, Y. Rak, "Tempo and Mode in Hominid Evolution", Nature, vol. 292, 1981, pp. 113-122).

C. Lorng Brace de l'Université du Michigan est arrivé à la même conclusion à la suite de ses analyses de la structure de la mâchoire et des dents du crâne de 1470 et a déclaré que "la taille de la mâchoire et la partie contenant les molaires montraient que ER 1470 *avait exactement le visage et les dents de l'australopithèque.* (CL Brace, H. Nelson, N. Korn, ML Brace, Atlas of Human Evolution, 2.b. New York: Rinehart et Wilson, 1979). Le professeur Alan Walker, paléoanthropologue à l'Université John Hopkins, qui a fait autant de recherches que Leakey, soutient que cet être vivant ne doit pas être classé comme "homo" -en référence à Homo habilis ou Homo rudolfensis- mais, au contraire, doit être classé comme "homo" doit être inclus parmi les membres de l'espèce Australopithecus. (Alan Walker, Scientific American, vol. 239 (2), 1978, p. 54). En définitive, les qualifications d'Homo habilis ou d'Homo rudolfensis, présentées comme des liens transitoires entre Australopithèques et Homo erectus, sont totalement imaginaires. Comme l'ont confirmé aujourd'hui de nombreux chercheurs, ces êtres vivants font partie de la série des Australopithèques. Toutes leurs caractéristiques anatomiques révèlent qu'ils sont tous deux des espèces de singes.

Homme de Java (Pithécantropus erectus)

Les premiers spécimens d'Homo erectus ont été trouvés sur l'île de Java en 1891 par Eugène Dubois. L'homme de Java s'appelait initialement Pithecanthropus erectus, mais a ensuite été transféré au genre Homo. Cet homme de Java (Homo erectus erectus) fut le premier représentant de l'Homo erectus découvert. Le mot "pithécantrope" dérive de racines grecques et signifie "homme-singe". Dubois a trouvé les restes sur le site de Trinil (île de Java) en 1891. Ce qui rend la découverte peu fiable, c'est qu'elle ne consistait qu'en la couverture d'un seul crâne. Un an plus tard, un fémur et deux molaires ont été découverts à 16 m de l'endroit où a été trouvée la calotte crânienne, ce qui implique qu'il est très improbable qu'ils appartiennent au même individu. Cependant, Dubois considérait tendancieusement que toutes les pièces provenaient du même être et les datait d'un demi-million d'années.

Ergo, il n'a révélé que trente et un ans plus tard qu'il avait également trouvé deux crânes manifestement humains à la même date et au même endroit. La plupart des évolutionnistes de l'époque étaient convaincus de la validité de cette créature vieille d'un demi-million d'années, et la désinformation à son sujet se multipliait. En 1940, Weidenreich réinterpréta les restes comme Homo erectus iavanensis, mais il fut définitivement rebaptisé par Dobzhansky (1944) comme Homo erectus erectus. Il avait une capacité crânienne d'environ 940 ml, intermédiaire entre les 1 200 à 1 500 ml de l'homme moderne et les 600 ml du gorille. Java Man possédait la partie du cerveau qui contrôle le langage, même si on ne sait pas s'il parlait réellement. Le cerveau de l'homme de Java était beaucoup plus grand et plus alambiqué que celui de n'importe quel singe primitif ou vivant, et avait des caractéristiques plus humaines que simiesques.

L'adulte mesurait environ 1,70 m et pesait environ 70 kg, en plus de marcher debout. On suppose que les hommes de Java se déplaçaient peut-être en petits groupes familiaux, vivaient dans des grottes et chassaient dans les forêts. Selon la théorie évolutionniste, l'Homo erectus asiatique proviendrait de l'Homo erectus africain puisque l'hypothèse acceptée dit que nos ancêtres sont nés de là et qu'ils ont ensuite migré vers d'autres endroits. Cependant, sur la formation Kabu à Trini, où Dubua a trouvé son premier homme de Java, le sol a été étudié avec une datation potassium-argon et a donné 800 000 ans. D'autres découvertes à Java proviennent des couches Djetis de la formation Putjangan.

Selon T. Jacob, ces couches proches de Modjokerto à la convergence du Pléistocène inférieur sont datées au potassium-argon de 1,9 millions d'années. Ce qui est important à ce sujet, c'est que l'Homo erectus africain n'aurait pas migré hors d'Afrique avant il y a un million d'années. En fait, les Homo erectus africains étaient datés de 1,6 million d'années, ce qui placerait l'ancêtre "supposé" de l'homme originaire d'Asie et non d'Afrique. Encore un point qui renverse l'hypothèse admise. D'autres études réalisées par MH Day et TI Molleson en 1973 (Symposium for the Study of Human Biology, 2: 127-154) détermineraient, grâce aux thèses "fluor to phosphate" -initiées par KP Oakley-, que le fémur de Java (Pitecantropus erectus) aurait environ 800 000 ans. Ainsi, la calotte crânienne vieille de 1,9 million d'années serait peut-être celle d'un singe, tandis que le fémur serait celui d'un humain âgé de 800 000 ans, ce qui exclut encore une fois ce spécimen le plus important pour la théorie de l'évolution comme l'un des premiers spécimens... et des êtres humains en transition plus importants.

Homme de Pékin (Sinanthropus)

Aussi appelé "Homo erectus pekinensis" ou "sinanthropus pekinensis", ce primate est considéré comme une sous-espèce d'Homo erectus typique de Chine. Son nom fait allusion au fait que ses restes fossiles ont été découverts au sud-ouest de Pékin, dans une grotte de la ville de Zhoukoudian entre 1921 et 1937, et datent d'il y a entre 250 000 et 500 000 ans. Elle est particulièrement populaire car, au moment de sa découverte, elle était considérée comme le premier "chaînon manquant" justifiant la théorie de l'évolution. Selon Wikipédia, pendant des années, les habitants de la région ont vendu toutes sortes de dents étranges ou anciennes à des étrangers, prétendant qu'il s'agissait de dents de dragon, et le hasard s'est présenté lorsqu'une de ces dents s'est retrouvée entre les mains d'un scientifique suédois, qui, après l'avoir étudié, il l'a reconnu comme appartenant à un mammifère disparu.

L'origine de cette dent a été étudiée et il a été établi qu'elle provenait d'une grotte de Pékin. Les investigations ont commencé en 1921. Selon le récit ultérieur d'Otto Zdansky, qui travaillait pour le géologue Gohan Anderson, un résident local a conduit les archéologues à ce qui est aujourd'hui connu sous le nom de Dragon Bone Hill, un endroit rempli d'ossements fossilisés. Zdansky a commencé ses propres fouilles et a finalement trouvé des os qui ressemblaient à des molaires humaines. En 1926, il les emmena au Collège médical de Pékin, où l'anatomiste Davidson Black les analysa. Plus tard, il publiera sa découverte dans la revue Nature. Bien entendu, la Fondation Rockefeller a accepté de parrainer les travaux de Zhoukodian, les milliardaires Rockefeller étant clairement la plus grande organisation maçonnique, athée et antireligieuse de notre planète.

Vers 1929, les archéologues chinois Yang Zhongjian et Pei Wenzhong, puis Jia Lanpo, prirent en charge les fouilles. Au cours des sept années suivantes, ils ont mis au jour des fossiles de plus de quarante spécimens d'adultes, de juvéniles et d'enfants, dont six voûtes crâniennes presque complètes. On pense que cet endroit était un lieu de sépulture. Le paléontologue Pierre Teilhard de Chardin et l'anthropologue Franz Weidenreich ont également participé aux découvertes. Les fouilles ont pris fin en juillet 1937, lorsque les Japonais ont occupé Pékin pendant la Seconde Guerre sino-japonaise. Les fossiles ont été conservés en sécurité au

Laboratoire Cénozoïque de la Faculté de Médecine. En novembre 1941, le secrétaire d'État Hu Chengzi les envoya aux États-Unis pour les protéger de l'invasion japonaise imminente. Cependant, sur le chemin vers la ville portuaire de Qinghuangdao, ils ont disparu, apparemment aux mains d'un groupe de marines que les Japonais avaient capturés au début de la guerre avec les États-Unis.

Comment était l'Homme de Pékin?

En raison de la disparition des restes fossiles, les chercheurs ultérieurs n'ont pu compter que sur les moules et les écrits réalisés par les découvreurs. Ainsi, on sait que sa capacité crânienne atteignait 1075cc, soit 80% par rapport à celle d'Homo sapiens, et qu'il était un chasseur-cueilleur. La découverte de restes d'animaux ainsi que d'ossements et de preuves de l'utilisation du feu, pour lutter contre le froid et pour cuire les aliments, ainsi que d'outils en os et en bois, fabriqués avec d'autres en pierre, ont servi à étayer la théorie selon laquelle le Homo erectus fut la première espèce de faber. Les analyses ont permis de conclure que les fossiles de Zhoukoudian et de Javan appartiennent au même stade de l'évolution humaine. C'est également le point de vue officiel du Parti communiste chinois. Cependant, cette interprétation a changé en 1985 lorsque Lewis Binford a déclaré que l'homme de Pékin (Sinanthropus erectus) n'était pas un chasseur, mais un charognard. En 1998, l'équipe de Steve Weirner de l'Institut des sciences Weizmann a conclu qu'il n'y avait aucune preuve que l'homme de Pékin ait utilisé le feu.

Homo erectus, l'humain qui a été fait passer pour un singe

Un autre maillon supposé de la chaîne évolutive, et le plus important, est l'Homo Erectus. Les fossiles qui l'ont fait connaître dans le monde sont ceux de l'Homme de Pékin et de l'Homme de Java trouvés en Asie. Quoi qu'il en soit, on s'est rendu compte au fil du temps que les deux fossiles n'étaient pas fiables. L'Homme de Pékin était constitué de quelques éléments en plâtre dont les originaux ont été perdus. Java Man était "composé" d'un fragment de crâne et d'un os du bassin retrouvés à quelques mètres du premier, sans aucune indication qu'ils appartenaient au même être vivant. C'est parce que les fossiles d'Homo erectus découverts en Afrique ont pris une importance croissante. (Il convient de noter que certains des fossiles considérés comme étant Homo erectus ont été répertoriés par certains évolutionnistes sous une deuxième classe appelée "Homo ergaster". Il y a un désaccord entre eux à ce sujet. Pour rendre les choses plus faciles, mieux vaut appeler tous ces fossiles sous le nom classification de l'Homo erectus).

Le “lien” humain le plus célèbre de la légende évolutive est Homo erectus, dont il y a peu de fiabilité lorsqu'il s'agit de le relier à Homo habilis et bien qu'il ait également vécu en Afrique, il a été découvert dans ce qui était alors l'Eurasie. Cependant, il s'est écoulé un grand espace de plus de 250 000 ans avant son apparition (1 800 000 - 500 000 ans environ) si elle est associée à la chaîne évolutive de l'homme. On pense qu'un type d'Homo erectus dont les preuves datent de 500 000 à 250 000 pourrait être un lien humain, mais il s'agissait d'une sorte de créature qui ressemblait à un Néandertalien dans la forme du crâne, ce qui l'a rendu le plus crédible pour le prochain “être transitoire”. Puis, lors de la dernière interglaciation européenne (200 000 - 100 000 ans), d'autres preuves semblent être apparues, car l'espèce néandertalienne apparaît soudainement et est de la même manière "éradiquée" du jour au lendemain pour laisser la place à Homo sapiens sapiens.

Certains pensent que les premiers hominidés venus d'Afrique vivaient en Géorgie il y a 1,8 millions d'années, et étaient comme “Mzia” découvert par David Lordkipanidze, Prix Rolex (Très Intéressant - n° 283 déc. 2004), mais il y a environ 2 millions d'années. ans, il y avait un être humain égal à ceux d'aujourd'hui qui a laissé un squelette à Castenodolo en Italie -nous insisterons plus tard sur ce sujet-, ce qui prouve la vérité du Hoerbiger nazi selon lequel il y avait des hommes au Tertiaire (il y a 65 millions d'années), avec les dinosaures, alors que la science officielle nous dit que nous avons commencé au Quaternaire, soit il y a environ 1,6 million d'années. Bien que d'autres preuves trouvées en Égypte il y a 3 millions d'années remettent en question une fois de plus les théories évolutionnistes. Le professeur William Laughlin de l'Université du Connecticut a mené des examens anatomiques approfondis des Esquimaux et des habitants des îles Aléoutiennes et a noté qu'ils ressemblaient remarquablement à l'Homo erectus. Laughlin a conclu que toutes ces races étaient en réalité des variétés différentes d'Homo Sapiens (l'homme moderne).

Lorsque l'on considère les grandes différences qui existent entre des groupes très éloignés tels que les Esquimaux et les Bushmen qui appartiennent à la même espèce d'Homo sapiens, il semble légitime de conclure que le synanthrope (une classe d'erectus) est inclus dans cette même variété. (Marvin Lubenow, Bones of Contention, Grand Rapids, Baker, 1992, p. 136). *"Il existe un grand écart entre Homo erectus, une race humaine, et les singes qui l'ont précédée dans le scénario de "l'évolution humaine" théorique (Australopithèque, Homo habilis, Homo rudolfensis). Cela signifie que les premiers hommes sont apparus dans les archives fossiles de manière soudaine et immédiate, sans aucune histoire évolutive. Il ne peut y avoir d'indication plus claire qu'ils ont été créés.»* (Harun Yahya dans "La tromperie de l'évolutionnisme"). Cependant, admettre ce fait va totalement à l'encontre de la philosophie dogmatique et de l'idéologie des évolutionnistes. Par conséquent, ils tentent de représenter Homo Erectus, véritable race humaine, comme une race à moitié simienne, ainsi que le reste des squelettes.

Dans leurs reconstructions de l'Homo erectus, ils l'ont obstinément dessiné avec des traits simiens, créant ainsi une vision légendaire de la société. D'autre part, avec des méthodes de dessin similaires, ils ont humanisé des singes comme les Australopithèques ou Homo Habilis, puisqu'ils ne sont que des types de chimpanzés. Avec cette procédure, ils cherchent à "rapprocher" les singes et les êtres humains et à combler le fossé entre ces deux classes différentes d'êtres vivants dans un monde imaginaire de transitions évolutives qui n'ont jamais existé. Ainsi, le célèbre fossile de l'Enfant Turkana, qui appartenait à la race Homo erectus, ne différait guère de nous. Toutes les classifications ou types "homo" incluent en fait des races humaines originales (et non des espèces distinctes). "*La différence entre eux n'est pas plus grande que la différence entre un Esquimau et un Nègre ou un Pygmée et un Européen.*» (Harun Yahya, "La tromperie de l'évolutionnisme")

Homo erectus, considéré comme l'espèce humaine la plus primitive, signifie: "l'homme qui marche debout". Les évolutionnistes ont dû séparer ces hommes des hommes antérieurs en ajoutant la qualité "debout", parce que tous les fossiles d'Homo erectus disponibles sont debout à un degré qui n'est observé chez aucune des espèces d'Australopithèques ou d'Homo Habilis. Gardons à l'esprit qu'il n'y a aucune différence entre le squelette de l'être humain moderne et celui de l'Homo Erectus. La principale raison pour laquelle les évolutionnistes définissent l'Homo Erectus comme "primitif" est le volume du crâne (900-1 000 cc) – plus petit que la moyenne des humains modernes – et la saillie de l'arcade sourcilière. Cependant, de nombreuses personnes vivant aujourd'hui ont le même volume crânien que l'Homo erectus (par exemple, les pygmées), et il existe également des races avec des arcades sourcilières saillantes (par exemple, les aborigènes australiens).

Un problème dans ces spéculations évolutives apparaît lorsqu'elles trouvent des preuves humaines antérieures, comme le cas du squelette entièrement humain trouvé dans les gorges d'Olduvai, en Tanzanie. Ces ossements découverts en 1913 par H. Reck ont 1,15 millions d'années, une estimation impossible pour un homme moderne, et encore moins dans cette région où aurait vécu Homo erectus. Des découvertes récentes réalisées par des paléoanthropologues ont révélé que certains segments d'humains classés comme Homo erectus ont vécu jusqu'à très récemment. L'Homo sapiens de Néandertal et l'Homo sapiens sapiens (humain moderne) coexistaient dans la même région. Cette situation indique apparemment l'invalidité de l'hypothèse selon laquelle l'un est l'ancêtre de l'autre. Il est plus difficile de justifier que l'homme de Néandertal ait disparu du jour au lendemain et que l'Homo sapiens soit également apparu du jour au lendemain.

Homo Ergaster, un autre "Erectus"

La classe d'Homo erectus la plus connue a été découverte en Afrique et correspond au fossile "Narikotome homo erectus" ou "Turkana Boy", découvert près du lac Turkama au Kenya. Il a été confirmé que ce fossile était celui d'un garçon de 12 ans qui mesurait 1,83 m à l'adolescence, soit largement assez pour être un ancêtre de l'homme. La structure verticale du squelette fossile ne diffère en rien de celle de l'homme moderne. Le paléontologue américain Alan Walker a déclaré à ce propos qu'il doutait que " *le terme moyen des pathologistes puisse dire quelles étaient les différences entre ce squelette fossile et le squelette de l'humain moderne* ". (Boyce Rensberger, The Washington Post, 19 novembre 1984). Concernant le crâne, Walker a déclaré qu'il *"ressemblait à celui d'un homme de Néandertal* ". Les Néandertaliens sont une race humaine moderne.

Par conséquent, l'Homo erectus est également une race humaine moderne, et dans le même ordre, l'homme de Java et de Pékin également. Même l'évolutionniste Richard Leakey dit que les différences entre l'Homo erectus et l'homme moderne ne sont rien d'autre que des variations raciales: "*Il faut aussi regarder les différences dans la forme du crâne, dans le degré de saillie du visage, dans la vigueur de la tête les sourcils etc. Ces différences ne sont probablement pas plus prononcées que celles que nous observons aujourd'hui entre des races humaines géographiquement éloignées. De telles variations biologiques surviennent lorsque les populations sont géographiquement séparées pendant une période de temps significative.»* (Richard Leakey, The Making of Mankind, Londres: Sphere Books, 1981, p. 62).

L'Homo ergaster est un type d'Homo erectus originaire d'Afrique. On estime qu'il vivait il y a entre 1,75 et un million d'années, dans le Calabriense (Pléistocène moyen). Ses premiers restes ont été retrouvés en 1975 à Koobi Fora (Kenya); Il s'agit d'au moins deux crânes (KNM-ER 3733, peut-être féminin, et KNM-ER 3883) datant d'il y a 1,75 million d'années dont le cerveau avait une taille estimée à environ 850 cm^3. Puis, en 1984, le squelette complet d'un garçon d'environ 11-12 ans, mesurant 1,60 m et un cerveau de 880 cm^3, âgé de 1,6 million d'années, fut découvert à Nariokotome, près du lac Turkana (Kenya). C'est ce qu'on appelle l'enfant de Nariokotome, et il ne diffère pratiquement en rien d'un enfant actuel. Certains spécialistes considèrent qu'il pourrait s'agir d'une seule espèce, en raison de leur grande ressemblance anatomique, auquel cas leur nom d'Homo erectus aurait la priorité, mais l'acceptation de deux espèces différentes semble être établie dans certains cas.

Cette affirmation est incorrecte puisqu'il s'agit simplement d'humains de la même famille mais avec des différences naturelles que possèdent les êtres de la même race. Mais cela n'est pas toujours remarqué ou pris en compte par les évolutionnistes, qui ont fait de certains des fossiles considérés comme Homo Erectus une partie d'une deuxième classe appelée "Homo Ergaster". Il existe de nombreux désaccords notables sur ce point. En d'autres termes, tous ces fossiles devraient être appelés sous la classification d'Homo Erectus, tout comme aujourd'hui nous sommes tous appelés des êtres humains, même si nous différons par la couleur de la peau, la couleur des yeux, le type de cheveux et la forme des yeux, la taille ou l'os. complexion.

Un jour, quelque chose de choquant a été découvert. Il s'agit d'ingénieurs navals âgés de 700 000 ans, c'est-à-dire d'anciens marins: " *Les premiers humains étaient bien plus ingénieux que nous ne le soupçonnions..* " Une nouvelle publiée dans New Scientist le 14 mars 1998 nous apprend que les humains ont été appelés Homo erectus par les évolutionnistes étaient des marins professionnels il y a 700 000 ans. Ces humains, qui possédaient suffisamment de connaissances et de technologies pour construire un navire et qui possédaient une civilisation utilisant le transport maritime, peuvent difficilement être qualifiés de "primitifs". En bref, dans son livre Hidden History of the Human Race, son auteur, Michael Cremo, met en évidence les points les plus importants négligés dans l'histoire de l'évolution du singe à l'homme:

1. Il existe un ensemble important de preuves provenant d'Afrique suggérant que des humains anatomiquement identiques aux nôtres étaient présents au Pléistocène inférieur et au Pliocène.
2. L'image controversée de l'Australopithèque comme un véritable bipède semi-humain terrestre s'avère fausse.
3. Le statut de l'Australopithèque et de l'Homo erectus en tant qu'ancêtres de l'humanité est discutable.
4. Le statut d'Homo habilis en tant qu'espèce distincte est discutable.
5. Même en nous limitant aux preuves conventionnelles acceptées, la multiplicité des liens évolutifs proposés avec les hominidés en Afrique dresse un tableau très confus. En combinant ces résultats avec ceux des chapitres précédents, nous concluons que toutes les preuves, y compris les os fossilisés et les artefacts, concordent le plus avec l'idée selon

laquelle les humains anatomiquement modernes ont coexisté avec d'autres primates pendant des dizaines de millions d'années.

Homo ancêtre

Homo antecessor est le nom donné à certains os d'Homo erectus vieux de plus d'un million d'années (Pléistocène inférieur) trouvés en Espagne. La définition de cette espèce est le résultat de plus de quatre-vingts restes trouvés depuis 1994 au niveau TD6 du site Gran Dolina dans la Sierra de Atapuerca. Une mandibule très bien conservée d'une femelle Homo antecessor, âgée entre 15 et 16 ans, récupérée sur le site de La Gran Dolina présente des similitudes très nettes avec celles de l'Homme de Pékin (Homo erectus), suggérant une origine asiatique de l'Homo antecessor. Cependant, le schéma de développement et d'éruption des dents est pratiquement identique à celui des populations modernes.

Actuellement, la validité de cette dénomination en tant qu'espèce différente est défendue par ses découvreurs et d'autres experts, qui considèrent qu'Homo antecessor précède Homo heidelbergensis et est donc également un ancêtre d'Homo neanderthalensis; Cependant, une partie de la communauté scientifique considère qu'il s'agit d'un nom simple et non spécifique pour désigner des restes trouvés à Atapuerca, qu'ils attribuent à l'espèce Homo heidelbergensis ou, ils le considèrent comme une variété d'Homo erectus / Homo ergaster. En mars 2008, de nouveaux restes d'Homo antecessor ont été découverts, notamment une partie de la mâchoire d'un individu âgé d'une vingtaine d'années et 32 outils en silex de type Olduvayense, datés de 1,2 million d'années, ce qui fait régresser considérablement la présence d'hominidés en Europe.

Les restes ont été retrouvés en 2007 à "La Sima del Elefante", un site situé à environ 200 m de "La Gran Dolina". Dans cet ordre de tant de mystères, comment Homo Antecessor lui-même est-il arrivé à Atapuerca? Personne ne le sait. Ils supposent – c'est "une hypothèse de plus" – qu'il est arrivé par voie terrestre depuis l'Est et non par le détroit. Les fossiles d'Atapuerca (Espagne) ont 800 000 ans, et certains ont même jusqu'à 1,5 million d'années. Ergo, les paléontologues attribuent que ce qu'ils ont découvert n'est pas un Homo Antecessor primitif, mais un Homo Ergaster ou un Homo géorgique. Même si Juan Luis Arsuaga lui-même l'assume: "*la présence humaine existe depuis un million d'années ou presque*". Que nous reste-t-il alors? Ni les scientifiques eux-mêmes n'ont les réponses, ni ils les ont et "ils ne veulent pas les voir !"

L'Enfant de La Gran Dolina

L'un des fossiles humains qui a suscité le plus d'intérêt a été découvert en Espagne en 1995. Le fossile en question a été découvert par trois paléontologues espagnols de l'Université de Madrid. Il a été découvert dans une grotte appelée Gran Dolina dans la région d'Atapuerca. Le fossile a révélé le visage d'un garçon de 11 ans identique à un homme moderne, mais le garçon était mort il y a 800 000 ans. Ce fossile a fait douter même Juan Luis Arzuaga Ferreras, qui a dirigé les fouilles de Gran Dolina. Voici ce que dit Ferreras: "*Ce que nous avons trouvé, c'est un visage complètement moderne, pour moi, c'est le plus spectaculaire, c'est le genre de chose qui vous déstabilise, trouver quelque chose d'aussi inattendu que cela. Mais le plus spectaculaire est de retrouver dans le passé quelque chose que l'on pense appartenir au présent. Ce serait comme trouver un magnétophone à Gran Dolina. Ce serait très surprenant, on ne s'attend pas à trouver des cassettes et des enregistreurs au Pléistocène inférieur. Retrouver un visage moderne d'il y a 800 000 ans, c'est la même chose.*»

L'homme d'Heidelberg

Cet autre lien humain supposé est une représentation basée sur une mâchoire que de nombreux experts considèrent comme étant simplement une mâchoire humaine, et non comme quelque chose lié à un ancêtre humain. Il s'agirait d'un ancêtre direct de l'Homme de Néandertal en Europe, au prisme évolutif, compte tenu de sa ressemblance avec l'Homo sapiens de Néandertal; même s'il ressemble beaucoup aux Homo sapiens archaïques, trouvés en Afrique, comme Homo rhodesiensis et Homo sapiens idaltu, selon certains défenseurs; on sait aujourd'hui qu'Homo heidelbergensis n'était pas un ancêtre direct de l'homme moderne. Entre Homo antecessor, dont les fossiles ont été trouvés dans les collines d'Atapuerca (Espagne), et Homo neanderthalensis, il y avait cette espèce (Homo heidelbergensis). Il présente généralement des caractères intermédiaires entre Homo erectus/Ergaster et Homo sapiens, dont un torus occipital fendu (chez Homo erectus un tel torus, ou crête, est continu) et une grande capacité neurocrânienne.

Le fossile le plus ancien de l'espèce est une mâchoire inférieure trouvée par un ouvrier minier à Mauer, près de Heidelberg. Plus tard, dans une grotte appelée Caune de l'Arago, en France, les restes fragmentaires d'une douzaine d'individus ont été retrouvés. Le plus complet est le visage et une partie du crâne d'un individu connu sous le nom de Tautavel Man, qui ressemble fortement au crâne de Petralona Man trouvé dans une grotte en Grèce. D'autres sites où des fossiles de cette espèce ont été trouvés sont Steiheim (Allemagne), Swascombe (Angleterre) et la Sima de los Huesos dans la Sierra de Atapuerca (Espagne), où ont été trouvés 5 000 fossiles appartenant à environ 30 individus, remontant à datant d'il y a 400 000 ans et plus, considérés comme les ancêtres des Néandertaliens, vestiges très bien conservés.

Parmi eux, se distingue le crâne numéro 5 (populairement appelé "Miguelón"), qui est complet, et dont des études ont été réalisées récemment qui montrent une latéralité dans le cerveau (il était droitier), et un très bien conservé bassin d'un individu populairement connu comme "Elvis". Des fossiles correspondant à ce groupe ont été découverts en Chine sur le site de Dali; un crâne d'il y a 280 000 ans et un squelette à Jinniushan.

En 1972, David Pilbeam disait de la mandibule de Heilderberg qu'elle "*semble dater de la glaciation de Mindel et que son âge se situe entre 250 000 et 450 000 ans*". L'anthropologue allemand Johannes Ranke a écrit dans les années 1920 que la mandibule de Heidelberg appartenait à un Homo sapiens représentatif plutôt qu'à un ancêtre mi-singe ressemblant à un singe. Selon Frank E. Poirier (1977), les dents de la mandibule d'Heidelberg ressemblent davantage en taille à celles de l'Homo sapiens moderne qu'à celles de l'Homo erectus asiatique (hommes de Java et de Pékin). Cela a également été écrit par TW Phenice de l'Université d'État du Michigan en 1972: "*Les dents sont remarquablement égales à celles de l'homme moderne à presque tous égards, y compris la taille et le motif en relief.*» (Michael Cremo, L'histoire cachée de la race humaine, 1999, p. 163)

Homo rhodesiensis

Homo rhodesiensis a été trouvé pour la première fois en 1921 dans la localité appelée Broken Hill par les Anglais, actuellement Kabwe, en Zambie (anciennement "Rhodésie du Nord", d'où son nom de Rhodesian Man). On considère qu'il vivait uniquement en Afrique, de 600 000 à 160 000 ans avant aujourd'hui, au cours de l'Ionien (Pléistocène moyen). Dans cette même zone de Broken Hill cette année-là, lors de ces fouilles, un homme de Néandertal a été découvert avec un trou dans le crâne, résultat d'un tir de balle. Ce qui était impressionnant, c'est qu'il a été trouvé à une profondeur de 18 m, ce qui estime son âge à 40 000 ans. Oubliant un instant le fait qu'il y a 40 000 ans personne ne portait d'armes, le fait qu'un Néandertalien ait été trouvé dans la même zone et avec le même âge implique qu'ils étaient de la même famille.

Phillip Rightmire (1998) considère que les fossiles africains du Pléistocène moyen devraient être inclus au sein de l'espèce Homo heidelbergensis, dont descendraient donc à la fois Néandertalien et Homo sapiens - ce que nous comprenons maintenant -: ils étaient parents, cousins. De son côté, le paléoanthropologue français Jean-Jacques Hublin (2001) a supposé qu'Homo rhodesiensis est une espèce précurseur de l'Homme de Néandertal, qui n'a joué aucun rôle dans la phylogenèse d'Homo sapiens. Mais, selon Tim White (2003), il est très probable qu'Homo rhodesiensis soit un ancêtre d'Homo sapiens idaltu. Si les évolutionnistes eux-mêmes ne savent pas où placer les squelettes humains, pourquoi nous enseignent-ils des concepts sans fondement? Tout ce qu'ils essaient de faire, c'est de rechercher avec force des êtres de transition, même s'ils n'existent pas. " *Nous devons nous tourner vers les archives fossiles pour trouver une réponse à la question de savoir quand l'homme est apparu sur Terre.* "
Ce record montre que l'homme est apparu il y a des millions d'années, et non des milliers, comme le défend l'hypothèse populaire. Ces découvertes sont constituées de squelettes et de crânes, ainsi que de restes de personnes ayant vécu à différentes époques. L'une des plus anciennes traces de l'homme sont les “empreintes” préhistoriques trouvées par la célèbre paléontologue Mary Leakey en 1977 dans la région de Laetoli en Tanzanie. Les recherches indiquent que ces empreintes étaient vieilles de 3,5 millions d'années. Beaucoup plus vieux que n'importe quel type d'hominidé. La preuve d'une séquence évolutive nécessite au moins l'un des deux types de preuves suivants: soit une chaîne ininterrompue de fossiles de transition ou intermédiaires survivants, soit des reconstructions plausibles de telles séries ainsi que leurs niches écologiques respectives.
La difficulté est de montrer comment chaque maillon de la chaîne pourrait être viable suffisamment longtemps pour que le suivant s'établisse. Ce n'est qu'en établissant des séries de transitions complètes que la continuité hypothétique de la hiérarchie peut être

rendue plausible – bien entendu, la preuve empirique est une exigence beaucoup plus difficile à satisfaire. Ce qui est en cause ici, c'est simplement la plausibilité. Si de telles transitions n'avaient jamais eu lieu, des formes intermédiaires devraient être trouvées dans les fossiles et dans les organismes vivants. Les classes existantes doivent se chevaucher. Des limites clairement marquées devraient être l'exception plutôt que la règle.

L'Homme de Néandertal: cousin de l'Homo Sapiens

La science moderne n'a pas d'explication à ce fait: on ne sait pas comment un jour les Néandertaliens ont disparu et comment l'Homo Sapiens sapiens est apparu. Au début, on pensait que l'homme actuel était apparu il y a 40 000 ans, mais l'archéologue Jean Steen-Mackintyre a d'abord découvert des preuves au Mexique datant d'il y a 250 000 ans, et plus tard, d'autres chercheurs ont trouvé d'autres preuves datant d'il y a 300 000 ans en Sibérie. Même si l'archéologue Jean Steen-Mackintyre avait déjà été ridiculisée, discriminée et que toutes les portes lui étaient fermées. Ces preuves ont montré que le Cro-Magnon (premier groupe d'hommes européens) était postérieur à l'Homo erectus lui-même découvert en Europe.

Commençons toujours par le fait que l'on croyait que l'Homo sapiens était apparu il y a 40 000 ans, après 250 000 ans, évoluant à partir des Néandertaliens, mais il existe ensuite des preuves de l'existence d'hommes il y a 1,8 million d'années, une époque où l'Homo erectus est également apparu. Ainsi, les Homo sapiens ne sont pas les prédécesseurs des Néandertaliens ou des Homo erectus. Qui donc est leur prédécesseur? Pendant de nombreuses années, l'homme de Néandertal a été considéré comme le chaînon manquant. Il était représenté comme une créature poilue, semi-dressée, avec une poitrine circulaire, et la plupart du temps avec une massue à la main. D'autres squelettes de Néandertal ont révélé que l'homme de Néandertal était pleinement droit, pleinement humain et doté d'une capacité cérébrale qui dépasse de 16 % celle de l'homme moderne. Il a été conclu que le spécimen initial était paralysé par une arthrite osseuse et un rachitisme. Aujourd'hui, l'Homme de Néandertal est considéré comme l'Homo sapiens.

Lors du Congrès international de zoologie (1958), le Dr AJE Cave a déclaré que son examen de ce fameux squelette, retrouvé en France il y a plus de 50 ans, avait montré qu'il s'agissait de celui "d'un vieillard souffrant d'arthrite ". On dit que les Homo Néandertaliens ont évolué en Europe à partir de populations d'Homo heidelbergensis qui présentaient déjà des os robustes et des points d'attache profonds pour les muscles. Cependant, les Néandertaliens ne sont pas actuellement considérés comme les ancêtres de l'Homo sapiens, mais plutôt comme une espèce ayant évolué séparément en Europe au cours du Pléistocène.

Grâce à la découverte d'un enfant de Néandertal datant d'il y a 29 000 ans (un âge proche de la fin de cette espèce d'hominidé il y a environ 30 000 ans), des chercheurs du Centre Human Identification de l'Université de Glasgow ont analysé l'ADN des os extraits de l'un des genoux de ce squelette et a conclu que les Néandertaliens ont peu ou rien contribué au niveau génétique à l'évolution de l'Homo sapiens, ce qui implique qu'ils ne sont pas les ancêtres de l'homme moderne.

ADN de Néandertal (Homo sapiens de Néandertal)

D'autre part, en 1977, le généticien Suante Päävo, de l'Université de Munich, a prélevé un fragment de bras sur des os fossilisés gardés secrets d'État et a étudié pour la première fois l'ADN de l'homme de Néandertal. La comparaison du patrimoine génétique a révélé de nettes différences entre l'homme primitif et l'homme moderne (Homo sapiens sapiens). Pour en venir au fait, 27 différences ont été localisées au niveau des mitochondries, alors que dans toutes les races qui existent actuellement, on observe un maximum de 8 différences. L'explication de ce "chaînon manquant" ne peut être qu'une intervention extraterrestre ou divine. Plus nous en apprenons sur l'Homme de Néandertal, moins il devient primitif. Des articles scientifiques récents ont admis que l'homme moderne et l'homme de Néandertal se sont rencontrés, ont interagi et même se sont croisés.

Un autre article récent suggère que les Européens pourraient être à 5 % des Néandertaliens. D'un autre côté, le paradigme dominant de nombreux scientifiques continue d'insister sur le fait que les Néandertaliens ne pouvaient pas parler et qu'il n'était pas question de métissage. Alors, que se passerait-il si les scientifiques parvenaient à isoler l'ADN de Néandertal, comme cela a été récemment découvert dans des matériaux découverts dans une grotte croate? L'ADN de Néandertal est identique à 99,9 % à l'ADN "humain". Un 99,9% est certainement une donnée étonnamment identique, même si elle n'est pas identique à 100%. Ce que les scientifiques ne disent pas, c'est la citation suivante tirée d'une conférence d'Eric Lanser, PhD: " *Les deux êtres humains sur Terre sont identiques à 99,9 % dans leurs séquences d'ADN.* " Ce type de données met l'ADN de Néandertal sous un nouveau jour. Leur ADN diffère du nôtre, tout comme notre ADN diffère d'une personne à l'autre.

Autrement dit, l'Homme de Néandertal est exactement aussi différent de vous que de votre voisin, sauf qu'il est généralement représenté penché, portant des peaux d'animaux et tenant une lance. (Ceci est également évoqué dans un article de Fiona MacRae du 15 novembre 2006) Les hommes modernes et les Néandertaliens ont coexisté pendant plusieurs milliers d'années, avant que ces derniers ne disparaissent il y a environ 30 000 ans, peut-être battus par leurs cousins plus innovants course pour la nourriture, les vêtements et le logement. Le Dr Svante Pääbo (CORR), de l'Institut Max Planck de Leipzig, en Allemagne, a déclaré: "*Bien qu'on ne puisse pas conclure définitivement qu'un croisement entre les deux espèces humaines n'a pas eu lieu, l'analyse de l'ADN nucléaire de Néandertal suggère la probabilité qu'une victime se produise à n'importe quel niveau.»*

Autres similitudes et différences

L'équipe internationale de scientifiques qui a préparé la première ébauche du génome de Néandertal a découvert que tous les humains non africains ne partagent qu'entre 1 % et 4 % de notre ADN avec cet homme disparu. Selon les auteurs de l'étude, publiée dans la revue Science, cette partie du génome serait la preuve d'une hybridation survenue peu après le départ du premier Homo sapiens d'Afrique, si l'on en croit la légende populaire. Selon les recherches, la théorie avancée est qu'il y a entre 50 000 et 80 000 ans, un groupe d'humains s'est retrouvé au Proche-Orient ou au Moyen-Orient avec des populations néandertaliennes, et les deux humanités se sont mélangées. Lorsque nos ancêtres se sont ensuite multipliés, divisés et se sont répandus à travers l'Eurasie, ils portaient déjà du matériel néandertalien dans leur génome. Les Néandertaliens étaient plus petits et plus trapus que nous, et étaient également des fabricants d'outils qualifiés.

Selon certains, ils auraient disparu il y a environ 27 000 ans, après l'arrivée sur le continent d'Homo sapiens, selon les théoriciens, en provenance d'Afrique. Les premiers restes néandertaliens ont été découverts dans la grotte belge d'Engis en 1829; mais l'espèce n'a été nommée qu'en 1857, après la découverte d'une partie d'un crâne et d'autres morceaux dans la vallée de Neander (Allemagne). Dans "La Machine d'Uriel", les auteurs Christopher Knight et Robert Lomas écrivent: "... *Les Néandertaliens n'ont pas apporté d'ADN mitochondrial aux humains modernes; Les Néandertaliens ne sont pas nos ancêtres ...»* Pour obtenir l'ADN nécessaire au séquençage du génome de Néandertal, une équipe internationale dirigée par Svante Pääbo, de l'Institut Max Planck d'anthropologie évolutive, a utilisé les restes de cet hominidé provenant des sites de Vindija (Croatie),

Mezmaiskaya (Russie), Feldhofer (Allemagne) et la grotte d'El Sidrón (Asturies, Espagne).

L'analyse préliminaire de la séquence et sa comparaison avec cinq génomes humains actuels – un San sud-africain, un Yoruba, un Chinois Han, un Français et un natif de Papouasie-Nouvelle-Guinée – ont permis d'identifier 83 gènes différents entre l'Homme de Néandertal et nous, et découvrez qu'il y a eu hybridation entre les deux espèces, un phénomène qui n'a pas affecté l'Homo sapiens resté en Afrique. " *Les humains non africains portent l'ADN de Néandertal dans au moins 10 des 23 chromosomes* ", explique Carles Lalueza-Fox, paléogénéticien à l'université Pompeu Fabra, codirecteur du projet El Sidrón et l'un des co-auteurs de l'étude. "*La présence de matériel provenant de cet hominidé dans des proportions similaires dans les populations actuelles européennes, asiatiques et océaniques, et son absence dans celles africaines, suggère que l'épisode sexuel a dû avoir lieu peu de temps après que les ancêtres de tous les non-Africains aient quitté le continent. et avant cela, la population a connu une explosion démographique et s'est répandue à travers l'Eurasie.*

"*C'était un échange génétique peu intense; mais, comme le groupe d'Homo sapiens impliqué était très petit et en expansion, cela a eu un impact sur l'ensemble de la population* ", explique un autre des auteurs de la recherche, le paléontologue Antonio Rosas, du Musée national des sciences naturelles et également co-directeur des fouilles d'El Sidrón. Et donc, comme l'indique Pääbo, ce parent que nous pensions mort n'est pas complètement mort. "*Dans un sens, les Néandertaliens ne sont pas éteints. Ils vivent chez certains d'entre nous»*, rappelle le paléogénéticien suédois. Les différences entre les humains modernes et les Néandertaliens se situent dans 83 gènes liés aux fonctions cognitives; physiologie et anatomie de la peau; et le développement du squelette, en particulier du crâne. (Source: publico.es, 6 mai 2010)

Pääbo et son équipe ont vérifié en 2010 que les Néandertaliens partageaient avec l'homme des modifications du gène FOXP2, liées à la capacité de parler: "Il n'y a aucune *raison de penser qu'ils ne pourraient pas articuler comme nous*", a souligné l'auteur. scientifique comme il a conclu avec un certain scepticisme: "*Mais cela ne veut pas dire qu'il avait un langage tel que nous le connaissons aujourd'hui, puisque la parole est le résultat d'une infinité de facteurs qui ne dépendent pas d'un seul gène.»* Bref, on peut oser dire que Néandertaliens et Homo sapiens étaient des cousins humains qui vivaient ensemble, se mélangeaient, se croisaient, développaient les mêmes langages et la même technologie. Cela signifie qu'ils ne sont ni archaïques ni transitions évolutives.

Le Cro-Magnon, un ET parmi Nous?

L'un des fossiles les plus anciens et les mieux établis (Cro-Magnon) possède au moins un physique et un cerveau similaires à ceux de l'homme moderne. Alors, quelle est la difference? L'Homme de Cro-Magnon est le nom par lequel est habituellement désigné le type humain correspondant à certains fossiles d'Homo sapiens (c'est-à-dire l'espèce humaine actuelle), notamment ceux associés aux grottes d'Europe où ont été retrouvées des peintures rupestres. Il est généralement espagnol et abrégé en "Cromañón", notamment pour son utilisation au pluriel (cromañones). Cro-Magnon est la dénomination locale d'une grotte française dans laquelle ont été trouvés les fossiles à partir desquels le groupe a été typifié.

Sa datation (40 000 et 10 000 ans) est considérée comme le jalon qui commence le Paléolithique supérieur du point de vue anthropologique, alors que la limite moderne ne le marque pas, l'apparition d'une quelconque modification physique, mais environnementale et culturelle: la fin de la dernière période glaciaire et le début de la période interglaciaire actuelle (période géologique de l'Holocène), avec les périodes culturelles appelées Mésolithique et Néolithique. Jusqu'à récemment, les premiers hommes européens modernes étaient regroupés en deux variétés: la race Cro-Magnon, plus robuste, et la variété Combe Capel, Brno ou Predmost, plus gracieuse. En réalité, cette dichotomie visait à justifier le binôme culturel aurignacien-périgourdin et elle est aujourd'hui abandonnée, l'usage du terme Cro-Magnons n'étant généralisé que pour les "hommes modernes du Paléolithique". Les variétés ultérieures (Grimaldi ou Chancelade man) ne semblent pas présenter de différences somatiques justifiant une différenciation complète de type racial dans la population.

Cependant, on a longtemps popularisé l'identification erronée de ces trois types humains aux trois divisions raciales ou races humaines de l'anthropologie classique: Cro-Magnon avec la race blanche ou caucasienne, Grimaldi avec la race noire ou négroïde et Chancelade avec les Esquimaux ou Race jaune ou mongoloïde. Le géologue Louis Lartet a découvert les cinq premiers squelettes en mars 1868 dans la grotte de Cro-Magnon (près des Eyzies de Tayac-Sireuil, Dordogne, France), d'où Cro-Magnon et chancelade tirent leurs noms. Le cerveau de l'homme de Cro-Magnon est apparu avec certaines caractéristiques squelettiques mystérieusement améliorées et avec une capacité crânienne 100 cc plus grande que celle de l'homme moderne. Dans ce crâne, nous voyons une grande "expansion cérébrale" qui ne s'est produite chez aucune autre espèce sur Terre, à toutes les époques du passé. Cet homme était super doué, était-il humain?

De l'étude par Broca, Quatrefages, Hamy et Lartet des restes de la grotte de Cro-Magnon (trois mâles adultes, une femelle et un fœtus) a été dérivée une description qui incluait comme caractéristiques marquantes une grande taille - l'un des mâles mesurait 1 80 m-, menton proéminent et grande capacité crânienne (1 590 cc). De plus, le crâne allongé, le front haut et la voûte plus haute que chez les Néandertaliens, les protubérances supra-orbitaires bien marquées, mais pas en bavure ou en tore, le visage large, le nez étroit, le prognathisme appréciable, les orbites basses et rectangulaires, et la mâchoire robuste avec un menton proéminent. Les tibias sont très aplatis transversalement (platycnémie). Il y avait une relation étroite entre l'Homme de Cro-Magnon et l'Homme de Néandertal au début du Paléolithique supérieur en Europe, une région dans laquelle les deux espèces ont vécu pendant une brève période - jusqu'à il y a environ 29 000 ans, voire environ 27 000 ans au sud de la péninsule ibérique.

La seule certitude est que les Néandertaliens ont disparu. Cependant, ces deux races humaines sont apparues si soudainement qu'il n'existe aucune véritable indication sur leur origine. Les auteurs Max H. Flint et Otto O. Binder ont écrit dans leur livre Mankind,

Child of the Stars: "*L'homme de Cro-Magnon est apparu avec des caractéristiques squelettiques mystérieusement améliorées et avec une capacité crânienne qui dépasse de façon stupéfiante pour 100 centimètres cubes de cette capacité de l'homme moderne.. Un degré d'expansion cérébrale aussi important ne s'est produit chez absolument aucune autre espèce sur Terre au cours des âges passés, et aucun gène n'a montré de preuve de mutation cérébrale d'une ampleur comparable depuis l'Antiquité.*

Les mystères des grottes Grimaldi

Au début du XXe siècle, des scientifiques ont commencé à explorer certaines grottes en Italie, tout près de la frontière française. Ce faisant, ils découvrirent des lieux de sépulture servant de refuge aux hommes anciens, où ils résidèrent apparemment pendant longtemps. Les premiers vestiges retrouvés montrent une datation d'environ 37 000 ans. Certains des squelettes retrouvés portaient encore les colliers et les bracelets avec lesquels ils avaient été enterrés. Deux des squelettes découverts sont assez déroutants car la forme des os ressemble à celle de créatures négroïdes, selon les experts. Le fait est qu'aucun autre squelette négroïde de la même époque n'a été retrouvé en Europe.

L'homme de Chancelade

Il s'agit d'un type humain du Paléolithique supérieur appartenant à ce que les scientifiques appellent "Homo Sapiens Fosilis", et est associé à la culture magdalénienne. Ses vestiges ont été retrouvés pour la première fois en 1888 en Dordogne (France). L'homme Chancelade mesurait en moyenne 1,60 m, son crâne était dolichocéphale, sa suture sagittale et son front haut. Des cadavres ont été retrouvés enterrés dans une position réduite et forcée, enduits d'ocre pulvérisé et la tête protégée par des dalles. Les objets funéraires étaient constitués de colliers de coquillages, de dents et de bracelets perforés. L'ocre et les bijoux étaient quelque chose qui partait du même ordre des corps Grimaldi. A propos de ce squelette, on a discuté s'il était l'origine des Esquimaux. Actuellement, elle est considérée comme une variante de la race Cro-Magnon.

Homo Floresiensis: la course des Hobbits

En contraste entre les hommes de grande taille du Paléolithique supérieur, nous avons les “hobbits”. Fin octobre 2004, une équipe de scientifiques des universités de Nouvelle-Angleterre (Australie) et de Wollongong (Indonésie) annonçait dans la revue Nature la découverte d'une espèce humaine qui vivait jusqu'il y a à peine 12 000 ans sur une île isolée d'Indonésie appelée Flowers. À partir des os trouvés dans la grotte de Liang Bua, il a été conclu qu'il s'agissait d'hommes de la taille d'un chimpanzé debout et d'un cerveau de la taille d'un pamplemousse. Malgré sa capacité crânienne limitée: 380cc. Ils connaissaient le feu, fabriquaient des outils en pierre et chassaient en meute. Comment son prédécesseur Homo Erectus s'est-il retrouvé isolé dans cette zone? Et en quoi cette créature est-elle différente des Hobbits et des Halflings racontés dans les vieux romans? Parfois, pour ne pas dire TOUJOURS, la vérité est plus étrange que la fiction !

L'homme de Denisovan

On sait que l'ADN d'un os de doigt humain vieux de 40 000 ans trouvé dans une grotte sibérienne indique une nouvelle lignée d'humains anciens. Cette découverte - la première réalisée avec des preuves génétiques et non avec des fossiles - suggère que l'Asie centrale était occupée à l'époque non seulement par les Néandertaliens et les Homo sapiens, mais également par une troisième lignée jusqu'alors inconnue. " *Il s'agit de la découverte la plus passionnante jamais réalisée dans le domaine de l'ADN ancien* ", déclare Chris Tyler-Smith, généticien au Wellcome Trust Sanger

Institute à Hinxton, au Royaume-Uni. Ce travail complique une fois de plus l'histoire de l'humanité, à l'instar de la découverte du controversé Homo floresiensis – également connu sous le nom de "Le Hobbit" – qui a bouleversé les façons plus simples et plus anciennes d'observer les premières migrations humaines à travers le monde hypothèse.

Si plus de quatre premiers humains, y compris le hobbit, vivaient il y a environ 40 000 ans, "*la quantité de biodiversité [humaine].. était tout à fait remarquable*", explique la généticienne Sarah Tishkoff de l'Université de Pennsylvanie. Ceci, sans compter les témoignages d'hommes géants également découverts à cette époque. Une équipe dirigée par les archéologues Michael Shunkov et Anatoli Derevianko, de l'Académie russe des sciences de Novossibirsk, a trouvé un os de doigt en 2008 dans la grotte de Denisova, dans les montagnes de l'Altaï en Russie. La grotte, qui comporte de nombreuses couches archéologiques s'étalant sur 100 000 ans, a livré des outils en pierre provenant à la fois des humains modernes et des Néandertaliens, ainsi qu'une petite collection d'os d'hominidés trop fragmentés pour être identifiés, selon les chercheurs.

L'os du doigt provient d'une couche de radiocarbone datée d'il y a entre 48 000 et 30 000 ans. Les généticiens évolutionnistes Svante Pääbo, Johannes Krause et leurs collègues de l'Institut Max Planck d'anthropologie évolutive de Leipzig, en Allemagne, ont obtenu un échantillon de 30 milligrammes et ont extrait et séquencé les 16 569 paires de bases de son génome d'ADN mitochondrial (ADNmt), en utilisant de nouvelles techniques de Le groupe de Pääbo qu'ils ont utilisé avec succès pour séquencer l'ADN des soi-disant Néandertaliens et des humains préhistoriques modernes – rappelons-nous qu'il s'agit de la même chose; les cousins. Les chercheurs ont comparé la nouvelle séquence d'ADNmt avec celle de 54 personnes vivantes du monde entier, d'un humain moderne d'il y a environ 30 000 ans venant d'ailleurs en Russie et de six Néandertaliens.

Ils ont eu une grande surprise: bien que les Néandertaliens différaient des humains modernes par une moyenne de 202 positions de nucléotides dans le génome mitochondrial, les Dénisoviens différaient des humains modernes par une moyenne de 385 positions et 376 des Néandertaliens, selon le rapport de l'équipe aujourd'hui dans l'édition en ligne de nature. Lorsque l'ADNmt des chimpanzés et des bonobos a été ajouté au mélange, les chercheurs ont pu estimer que le nouvel hominine partageait un ancêtre commun avec les Néandertaliens et les humains modernes il y a 1 million d'années. Mais qui était cet humain mystérieux? L'équipe d'étude affirme que la date est trop tardive pour un Homo erectus asiatique qui, selon la théorie de l'évolution, a migré pour la première fois hors d'Afrique il y a 1,8 million d'années. Et dans cet ordre, il serait également trop tôt pour Homo heidelbergensis, qui serait apparu en Afrique et en Europe il y a environ 650 000 ans.

" *Il n'y a aucune preuve* " que ces espèces ou toute autre espèce connue " *ont persisté aussi tard* " sur le continent asiatique, affirme le paléoanthropologue Russell Ciochon de l'Université de l'Iowa à Iowa City. Chris Stringer, paléoanthropologue au Natural History Museum de Londres, affirme que la nouvelle espèce pourrait représenter une "*dispersion pré-heidelbergensis et post-erectus*" hors d'Afrique "*que nous n'avons pas observée jusqu'à présent*". Pour l'instant, l'équipe de Pääbo n'a pas donné de nom d'espèce à la nouvelle lignée, du moins jusqu'à ce qu'on en sache davantage. La prochaine chose que les chercheurs envisagent de faire est de séquencer l'ADN nucléaire de l'os du doigt. S'ils réussissent, ils pourraient découvrir l'identité secrète de l'hominidé X (Michael Balter, 24 mars 2010, news.sciencemag.org).

Mungo Man ou homme de Nouvelle-Guinée

On pense qu'il y a environ 40 000 à 50 000 ans, au Pléistocène, les premiers Australiens sont arrivés d'Asie du Sud-Est. Ces premiers colons auraient voyagé d'île en île, empruntant les ponts terrestres qui reliaient beaucoup d'entre eux à cette époque, et parcourant de courtes étendues maritimes jusqu'à atteindre l'extrémité orientale des petites îles de la Sonde et l'île de Nouvelle-Guinée, pour ensuite se déplacer par le plateau continental australien, puis au-dessus du niveau de la mer. La raison de ces voyages dangereux – si l'on en croit la théorie – reste une énigme. Les restes humains les plus anciens découverts à ce jour, Mungo Man, remontent à 40 000 ans, mais les experts estiment que les premières migrations humaines pourraient remonter jusqu'à 125 000 ans, bien que cette date soit contestée.

Les restes de Mungo Man ont été découverts en Nouvelle-Galles du Sud, à environ 3 000 km de la côte nord de l'Australie, où l'on pense que les premiers établissements humains ont été établis. Des restes composés de deux fossiles importants ont été trouvés au lac Mungo: le lac Mungo (également connu sous le nom de Mungo Lady, LM1 ou ANU-618) et le lac Mungo (ou Mungo Man, lac Mungo III ou LM3). Le lac Mungo est situé en Nouvelle-Galles du Sud, en Australie, dans la région des lacs Willandra, classée au patrimoine mondial. LM1 a été découverte en 1969 et constitue l'une des plus anciennes crémations connues au monde. LM3, découvert en 1974, était un des premiers habitants humains du continent australien, qui aurait vécu il y a entre 68 000 et 40 000 ans, au Pléistocène. Les restes sont les plus anciens humains anatomiquement modernes trouvés en Australie à ce jour, bien que leur âge exact soit un sujet de controverse.

Le corps était parsemé d'ocre rouge, même système funéraire que chez les hommes de Cro-Magnon en France. Comment deux hommes de la même époque et dans des régions situées à des milliers de kilomètres équidistants ont-ils utilisé le même mode de sépulture? Cet aspect de la découverte a été particulièrement important pour les Australiens autochtones, car il indique que certaines traditions culturelles existent sur le continent australien depuis bien plus longtemps qu'on ne le pensait auparavant. Les nouvelles études montrent que, en utilisant la longueur des os de ses membres, l'estimation de la taille de LM3 aurait probablement été autour de l'anormal 196 cm (77 pouces ou 6 pieds 5 pouces), une rareté pour les hommes préhistoriques selon l'histoire. En 2001, une coupe de la région hypervariable (HVR1) a été publiée et comparée à plusieurs autres séquences. Un nombre plus élevé que prévu de différences de séquence a été trouvé par rapport aux humains CRS. C'était plus élevé que prévu, mais ne différait pas de manière significative d'une insertion d'ADN mitochondrial sur le chromosome 11, ce que l'on observe souvent dans les populations humaines modernes. Cet homme ne semblait alors pas si archaïque.

Des fossiles d'une espèce humaine inconnue découverts en Chine

Un article de Jean-Louis Santini (AFP, 14 mars 2012) parle de fossiles de l'âge de pierre découverts en Chine qui semblent appartenir à une espèce humaine jusqu'alors inconnue, ou du moins inclassable. Les fossiles d'au moins trois individus montrent que ces êtres présentaient des caractéristiques anatomiques très différentes, un mélange inhabituel de caractéristiques humaines archaïques et modernes, ont noté des paléoanthropologues chinois et australiens dans la revue scientifique américaine PLoS One (Public Library of Science One). C'est la première fois que des restes d'une nouvelle espèce ayant vécu si près de la période actuelle sont découverts en Asie de l'Est, ont indiqué les experts, ajoutant que ces individus vivaient il y a entre 11 500 et 14 500 ans.

Jusqu'à présent, il fallait remonter plus de 100 000 ans en arrière pour trouver, dans cette partie du monde, des fossiles qui n'étaient pas ceux d'Homo sapiens. Cette espèce était contemporaine des humains modernes dès les débuts de l'agriculture en Chine, l'une des plus anciennes au monde, ont déclaré les chercheurs, dirigés par les professeurs Darren Curnoe, de l'Université de Nouvelle-Galles du Sud (UNSW), à Sydney, en Australie et Ji Xueping de l'Institut d'archéologie du Yunnan (Chine du Sud). Les paléoanthropologues se sont toutefois montrés prudents quant à la classification de ces fossiles, en raison de la mosaïque inhabituelle de caractéristiques anatomiques qu'ils révèlent. " *Ces nouveaux fossiles pourraient également appartenir à une espèce jusqu'alors inconnue, qui a survécu jusqu'à la fin de la période glaciaire,* il y a environ 11 000 ans", a déclaré Curnoe.

Les restes fossilisés d'au moins trois de ces individus ont été découverts en 1989 à Maludong, ou "grotte du cerf rouge" en chinois, située près de Mengzi, dans la province chinoise du Yunnan (sud), mais ils n'ont été étudiés qu'en 2008. Un géologue chinois a découvert le fossile d'un quatrième squelette partiel en 1979 dans une autre grotte près de la ville de Longlin, dans la région autonome du Guangxi, limitrophe du Yunnan. Les restes fossiles ont été incrustés dans un bloc de roche jusqu'en 2009, date à laquelle cette même équipe les a extraits et reconstitués. Les crânes et les dents des grottes de Maludong et de Longlin sont très similaires, révélant un mélange de caractéristiques modernes et archaïques, des caractéristiques jamais vues auparavant. Bien que l'Asie abrite plus de la moitié de la population mondiale, les paléoanthropologues savent très peu de choses sur la manière dont les humains modernes ont évolué après l'installation de leurs ancêtres en Eurasie il y a 70 000 ans, a noté Curnoe.

Les recherches dans ce sens n'ont pas prospéré en raison du manque de fossiles en Asie et du peu de connaissances sur l'importance et l'ancienneté des vestiges découverts. "La découverte de ces nouveaux humains, surnommés 'peuple du cerf', qui chassaient pour se nourrir, ouvre un nouveau chapitre dans l'histoire de l'évolution humaine - le chapitre asiatique - et c'est une histoire qui commence tout juste à être racontée." dit Curnoé.

Partie VI

LE HAUTEUR DE LA FARCE

"*La falsification de l'histoire a davantage contribué à induire en erreur aux humains que tout ce que l'humanité connaît.*"
(Jean-Jacques Rousseau, penseur franco-suisse)

Les meilleures fraudes de l'histoire de l'évolution

À la fabuleuse liste des êtres imaginaires, la théorie de l'évolution a ajouté des hommes simiesques de toutes sortes. Beaucoup d'entre eux ne sont pas seulement des figures tendancieuses d'hommes poilus ou voûtés, au nez épais et à la peau foncée, mais ont directement été créés intentionnellement. Rappelons qu'un médecin de l'armée irlandaise, nommé French Dubua, a trouvé en 1891 un morceau de crâne et un fémur, et qu'à partir de ceux-ci, ils ont fait un homme-singe, qu'ils ont appelé pithécantrope erectus. Mais au lieu de l'exposer au public, ils l'ont caché jusqu'en 1923. Il n'a jamais été publié pour analyse par la méthode scientifique. Lorsque les scientifiques les ont étudiés, ils ont conclu que ces os appartenaient simplement à un homme normal. Comme nous l'avons mentionné précédemment, leurs restes remonteraient à environ 50 000 ans, mais toutes les preuves ont disparu, il n'y a donc aucun moyen de garantir que quelque chose soit vrai à leur sujet.

La chose la plus intéressante à noter est que la calotte du crâne - comme celle d'un singe - que Dubua a trouvée était très éloignée du fémur - comme celle d'un homme -, ce qui exclut que les deux soient liés. En 1973, MH Day et TI Molleson concluaient que "*l'anatomie globale, radiologique (rayons X) et microscopique du fémur de Trini* – où ce morceau d'os a été trouvé – *ne le distingue pas de manière significative du fémur d'un humain moderne*". " Ils ont également déclaré que les fémurs d'Homo erectus de Chine et d'Afrique sont anatomiquement similaires les uns aux autres et distincts de ceux de Trini. Les archives fossiles n'ont pas réussi à documenter un seul "chaînon manquant" vérifiable entre le singe et l'homme. Les compilations de preuves superficielles et imprécises, les constructions hautement spéculatives et les interprétations d'artistes abondent; mais il n'existe aucune preuve scientifique documentant le "chaînon manquant". Des "conclusions positives" sur un "chaînon manquant" sont périodiquement annoncées et ensuite mêlées à une controverse, révisées ou niées.

Concernant le Sinanthropus erectus ou Homme de Pékin, malgré la disparition des restes, il a été dit que d'autres squelettes contemporains avaient été retrouvés dans la région. Un article sur Zhoukoudia est paru dans le magazine Scientific American, dans lequel les scientifiques chinois Wu Rukang et Lin Shenglong ont déclaré avoir découvert plusieurs squelettes où un changement significatif dans le squelette avait été observé entre 460 000 et 230 000 ans. Ce que Wu et Lin n'ont pas révélé, c'est que le squelette plus petit n'était pas le processus antérieur à l'évolution crânienne, mais plutôt les restes d'un enfant. Il n'y a donc pas eu d'évolution mais une affirmation tendancieuse qui met encore plus en avant la théorie car alors Homo erectus aurait coexisté avec l'homme moderne, puisque le fondement secondaire de la découverte remontait à 230 000 ans. Des preuves préliminaires montrent que Homo sapiens sapiens, Homo sapiens neanderathalensis et Homo erectus coexistaient en Chine autour du Pléistocène moyen. Ce n'est pas un processus évolutif.

L'homme orce

L'histoire de l'Homme d'Orce vient d'un fossile découvert en 1982 près de la ville espagnole d'Orce, plus précisément à Venta Micena. Il est désigné par VM-0. Gish (1985) rapporte que le 14 mai 1984, des experts français ont révélé que cet Hombre de Orce était en réalité un fragment de crâne d'âne.

Kanjera Man et la mâchoire de Kanam

Ils ont été découverts par Louis Leakey près du lac Victoria en 1932, ils ont été considérés comme très anciens. Mais la date de datation était très incertaine, puisqu'il s'agissait probablement d'ossements de l'homme moderne. Cependant, des études modernes ont montré que la morphologie du crâne de Kanjera est moderne, même si la couche dans laquelle ils ont été trouvés date d'entre 400 000 et 700 000 ans. À un autre moment, Leakey a trouvé une mâchoire et a pensé qu'elle était très similaire à celle d'Homo sapiens, bien qu'elle ait été estimée à 2 millions d'années. Des outils et ustensiles liés aux animaux préhistoriques tels que les mastodontes et le Deinotherium ont été trouvés sur les deux sites.

L'homme du Nebraska

Portant le nom scientifique de "Hesperopithecus haroldcookii", cet "être" a été scientifiquement formé uniquement sur la base d'"une dent" trouvée en 1921 dans le Nebraska, aux États-Unis; on a découvert plus tard qu'il s'agissait de la dent d'un "cochon éteint".

L'homme de Piltdown

Connu scientifiquement sous le nom de "Eoanthropus dawsoni", il s'agit de l'une des plus grandes fraudes réalisées dans l'histoire de l'évolutionnisme. Il a été découvert en Angleterre par un amateur, Charles Dawson, entre 1908 et 1912. La découverte consistait en des parties d'un crâne apparemment moderne associées à une mâchoire de singe. Plus tard (entre 1913 et 1915), de nouveaux fragments ont été découverts qui semblaient également avoir un mélange de caractéristiques de singe et d'humain et ont dissipé les doutes selon lesquels les os provenaient de deux créatures. Mais en 1953, on a découvert qu'il s'agissait d'un canular composé d'un crâne humain moderne et d'une mâchoire d'orang-outan. Il a fallu 37 ans pour qu'il devienne clair que "l'homme de Piltdown", exposé au British Museum comme la preuve la plus importante de la théorie de l'évolution, était un faux.

Pourtant, les évolutionnistes continuent de développer des méthodes plus sophistiquées et plus délicates pour rechercher des êtres éphémères inexistants. Parmi les personnes soupçonnées d'avoir commis la fraude figuraient différents scientifiques anglais de renom, tels que Sir Walter Elliot Smith ou Sir Arthur Smith Wuthword. L'histoire se présentait ainsi: "*En 1912, Charles Dawson, un paléontologue amateur a produit.des os, des dents et des outils primitifs qu'il aurait trouvés dans un trou de gravier à Piltdown, dans le Sussex, en Angleterre. En octobre 1956, le magazine Reader's Digest publia un article abrégé du Popular Science Monthly intitulé "Le grand canular de Piltdown". Une nouvelle méthode d'absorption du fluorure pour la datation des os a révélé que les os de Piltdown étaient frauduleux; les dents avaient été aiguisées et, ainsi que les os, avaient été décolorés avec du bichromate de potassium pour cacher leur véritable identité. Tous les "experts" avaient été trompés depuis plus de quarante ans.*»

Pourquoi a-t-il fallu si longtemps à la communauté scientifique pour se rendre compte de la fraude? Selon The Scientist du 15 mars 2005, Robert Foley, directeur du Leverhulme Center for Human Evolutionary Studies, à l'Université de Cambridge, a expliqué que l'une des raisons pour lesquelles le canular de l'Homme de Piltdown a connu un tel succès "était qu'il correspondait aux attentes *des à quoi les gens pensaient que les premiers humains ressembleraient.*"

La fraude scientifique réfute la datation des Néandertaliens

Le professeur Reiner Protsch von Zieten a déclaré à ses collègues scientifiques qu'un certain fragment de crâne vieux de 36 000 ans était le lien entre les anciens Néandertaliens et l'homme moderne. Parmi ses autres découvertes marquantes figurent les restes d'une femme ayant vécu il y a 21 300 ans et ceux d'un homme ayant vécu il y a 29 400 ans. Pendant longtemps, les datations spécialisées basées sur le système du carbone 14 ont été considérées comme la preuve que les Néandertaliens avaient vécu dans le nord de l'Europe et coexisté, en tant qu'espèce distincte, avec des hommes anatomiquement modernes. Seulement, il y avait un problème. Le professeur ne savait pas comment faire fonctionner son équipement de datation au carbone 14, et les vrais experts ont simplement conclu qu'il avait inventé les dates.

Le squelette qu'il avait daté entre 21 000 et 36 000 ans était daté par d'autres comme étant beaucoup plus jeune. L'un des crânes s'est avéré être celui d'un homme qui avait vécu un peu plus de 250 ans plus tôt, vers 1750. Le 19 février 2005, un journal anglais rapportait que l'Université de Francfort avait contraint ce professeur à prendre sa retraite, en raison de son " *de nombreux mensonges et manipulations*" au cours de ses 30 années de carrière universitaire. Le scandale a éclaté lorsqu'il a été surpris en train d'essayer de vendre la collection de crânes de chimpanzés de l'université. En plus de fabriquer des données, une autre enquête a révélé qu'il avait plagié le travail d'autres scientifiques et fait passer de faux fossiles pour authentiques.

" *C'est extrêmement embarrassant* ", a déclaré le professeur Ulrich Brandt, qui a dirigé les recherches. " *Bien sûr, l'université se sent très mal à ce sujet.* " En conséquence, Thomas Terberger, professeur à l'université de Greifswald, en Allemagne de l'Est, a déclaré: "*L'anthropologie va devoir revoir complètement sa conception de l'homme moderne entre 40 000 et 10 000 ans*". Pourquoi le professeur Protsch a-t-il concocté cette fraude? " *Si vous trouvez un crâne vieux de plus de 30 000 ans, c'est incroyable* ", a expliqué le professeur Terberger. "*Si vous en trouvez trois, vous serez connu des gens. C'est bon pour votre carrière. Finalement, c'était par ambition.*"

De l'australopithèque à l'Homo sapiens

De nombreuses théories évolutionnistes affirment que nous sommes issus d'une espèce d'algues. Or, d'où vient la cellule eucaryote qui fait de nous les êtres humains de nos jours? C'est un gros problème évolutif. Cependant, dans la liste des fossiles, il y a aussi une fable sans fin, à commencer par Ramapitecus, Australopiecus et Paranthropus. "*Comparé aux hominidés, Darwin dit qu'une mutation "incroyable" dans l'évolution humaine s'est produite dans la dernière étape (dans l'évolution animale, ces étapes ne se produisent pas), des crânes très petits aux plus grands, qui sont presque des transformations au cours de l'évolution, mais chez l'homme selon Darwin, cela s'est produit soudainement. Autrement dit, entre 300 000 et 100 000 avant JC, l'homme avait des nasaux 5 fois plus grands qu'aujourd'hui, des arcades sourcilières et des yeux saillants pour échapper à la lumière du soleil, mais ces caractéristiques d'adaptation formidablement rapides n'existent pas chez l'homme. En observant le crâne des australopithèques et de l'homo sapiens, on comprend que ce changement a dû être une grande mutation appelée "miracle" en quelques milliers d'années, puisqu'on suppose qu'un gène mute tous les milliards d'années et que les miracles ne se produisent pas. se produire. Ce sont des scientifiques.*
(Harun Yahya, La tromperie de l'évolutionnisme)

Qui sont nos ancêtres? Ici, nous ne trouvons que deux groupes: les singes (australopithèques, homo habilis, homo rudolfensis) et les hommes (homo erectus, homo eragster, homo ancêtre, homme d'Heidelberg, Néandertal, Cro-Magnon). Ce que nous avons ici est le même qu'aujourd'hui: pleinement les humains, les humains et les singes entièrement des singes.

Meurtres et fraudes pour justifier une évolution inexistante

Après la publication du premier livre célèbre de Charles Darwin, une grande campagne a commencé pour trouver les prétendus fossiles qui pourraient être présentés comme preuve à l'appui de la soi-disant théorie de l'évolution. Les archéologues ont commencé à rechercher des fossiles de créatures imaginaires appelées “formes transitoires”. Pendant des décennies, ils ont creusé dans différentes parties du globe, évidemment sans succès. La déception de l'affaire les conduisit à l'invention de “l'homme de Piltdown” en 1912 et de quelques autres êtres sortis de leur contexte. Ils ont également essayé d'attribuer aux types de singes la qualité de semi-humains, et d'autres hommes les ont présentés comme des semi-singes. Pendant ce temps, certains évolutionnistes ont fortement soutenu l'idée de l'existence de “fossiles vivants”.

Selon cette croyance, si la race humaine avait des singes comme ancêtres, il devrait y avoir quelque part dans le monde des êtres à moitié humains qui n’ont pas encore terminé le processus d’évolution. C'est ainsi qu'à la fin des années 1800, ils trouvèrent leurs victimes. Ce n'étaient autres que les natifs de Tanzanie, appelés “aborigènes”, désignés comme “preuves vivantes de l'évolution”. La structure différente de l'orbite et la mâchoire inférieure relativement lourde des aborigènes étaient les principales excuses pour définir ces êtres humains comme des “formes transitoires”. Les archéologues évolutionnistes, et de nombreux “chasseurs de fossiles” qui les ont rejoints, ont commencé à creuser les tombes aborigènes et ont apporté les crânes aux musées évolutionnistes occidentaux, les distribuant rapidement à chaque institution et école de l'hémisphère comme confirmation de leur croyance en sa théorie évolutionniste.

Les “chasseurs de fossiles” n'hésitaient pas à se transformer en “chasseurs de têtes” lorsque le nombre de tombes ne suffisait pas à couvrir leurs besoins. Puisque les aborigènes représentaient des “formes transitoires” pour sa célèbre hypothèse, il fallait les considérer comme des animaux plutôt que comme des êtres humains. Les "chasseurs de têtes" ont donc assassiné les aborigènes et légitimé cet acte en déclarant qu'ils le faisaient en faveur de la science. Les crânes des indigènes chassés étaient vendus aux musées après les avoir soumis à des traitements chimiques qui les faisaient paraître plus vieux. Les impacts de balles ont été comblés aussi soigneusement que possible. Selon "Creation Magazine" publié en Australie, un groupe d'observateurs de South Galler a été choqué de voir des dizaines d'hommes, de femmes et d'enfants tués par les évolutionnistes.

Parmi les assassinés, 45 crânes ont été choisis, desquels ont été retirés les tissus qui les recouvraient, et ils ont été bouillis. Les 10 premiers ont été emballés pour être expédiés en Angleterre. "*Aujourd'hui encore, nous pouvons voir des milliers de crânes aborigènes dans les dépôts de la Smithsonian Institution. Certains appartiennent aux cadavres extraits des tombes, tandis que d'autres proviennent d'innocents tués pour justifier leur théorie de l'évolution. Parmi les victimes africaines de la violence évolutionniste, la plus connue était le pygmée Ota Benga. [...] Puisque l'hypothèse de l'évolution n'était pas simplement une autre théorie ou hypothèse scientifique, mais une "idéologie" qui devait être justifiée, ses défenseurs ont commis ou approuvé les massacres perpétrés sans la moindre hésitation. Pour ces gens, même le massacre semblait légitime, pour justifier le "mensonge". C'est pourquoi un tel "mensonge" constitue le fondement de l'ordre mondial érigé par les évolutionnistes.*» Harun Yahya l'affirme dans son prestigieux livre.

Un mensonge déguisé en vérité

Harun Yahya a écrit à juste titre: "*La plupart des gens sont presque entièrement convaincus de la validité de la théorie. Par conséquent, il ne pose jamais de questions du type "comment?" et au "pourquoi?" sur la théorie de l'évolution tout en maintenant sa crédibilité. Dans les livres les plus "scientifiques" sur l'évolution, la simplicité avec laquelle l'état de "transition de l'eau à la Terre" est expliqué - un des points impossibles à expliquer dans la théorie de l'évolution - est telle que même les évolutionnistes ne le font pas. Je n'y crois pas. Selon la théorie de l'évolution, la vie a commencé dans l'eau et les premiers animaux à se développer sur Terre étaient les poissons. Selon la fable évolutive, certaines espèces de poissons auraient un jour montré la capacité de sortir de l'eau et de se déplacer sur Terre ! La théorie continue en disant que les poissons qui ont décidé de vivre sur Terre avaient des pieds au lieu de nageoires et des poumons au lieu de branchies ! Dans la plupart des livres sur l'évolution, personne n'explique "pourquoi" ou "comment" la transition s'est produite. Même dans les sources les plus scientifiques, les auteurs tirent d'emblée des conclusions comme celle-ci: "et la transition de l'eau à la Terre s'est produite", sans fournir de réponse satisfaisante quant à la manière dont le processus s'est accompli.»*

Mais *comment cette transformation s'est-elle produite? Il est évident qu'un poisson ne peut survivre hors de l'eau plus d'une minute ou deux. Si nous acceptons qu'il y a eu une saison sèche, comme le disent les évolutionnistes, et que, pour une raison quelconque, les poissons ont été traînés sur Terre, que leur serait-il arrivé si ce processus avait duré dix millions d'années? La réponse est claire: les poissons qui sortaient de l'eau mourraient inévitablement très peu de temps après. Ils mourraient tous, un par un. Personne n'oserait dire: "Il se peut qu'après quatre millions d'années, certains poissons aient soudainement acquis des poumons pour survivre." Ce serait sûrement une déclaration illogique. Pourtant, c'est exactement ce que disent les évolutionnistes. "La transition de l'eau à la Terre", "la transition de la Terre à l'air" et des millions d'autres "transitions" s'expliquent par des déclarations dénuées de sens. Les évolutionnistes ne mentionnent jamais comment des organes complexes tels que les yeux, les oreilles, etc. ont vu le jour...»*

"Quoi qu'il en soit, il est très facile d'influencer fortement des ignorants en qualifiant ces mensonges de "scientifiques". Il suffit d'esquisser des représentations imaginaires du "passage de l'eau à la Terre", de les

inventer et de donner des noms latins aux "petits-enfants" vivant sur Terre et aux "créatures intermédiaires", qui sont dans la plupart des cas des animaux imaginaires. Vient ensuite le moment de mentir: "Eusthenopteron transformé en Crossopterygian Rhipititistion, puis en Ichthyostega après un long processus d'évolution.» Si cela est dit par un "scientifique" à l'air sérieux et portant des lunettes à monture noire, la déclaration devient tout à fait convaincante pour la plupart des gens. Les médias communiquent cette invention à des millions de personnes à travers le monde, accomplissant leur devoir maçonnique avec beaucoup d'enthousiasme. Pour la majorité de ceux qui n'ont pas d'autre opinion que celle donnée par les médias, les "preuves rigoureuses" qu'ils apportent à cet égard deviennent hautement satisfaisantes.»

"Un autre type de mensonges sont les croquis de "reconstruction" réalisés par les évolutionnistes. Lorsque nous regardons les publications des évolutionnistes, nous tombons sur des dessins qui représentent des "cercles familiaux", où l'on voit des créatures mi-humaines, mi-singes. Par exemple, le fossile présenté comme le crâne d'un australopithèque (Ardepithecus) est en réalité le fossile d'un Homus erectus découvert à Koobi Fora en 1975. Ces créatures dressées, au corps poilu et au visage mi-humain mi-singe, ont été dessinées par les évolutionnistes qui se sont basés sur les fossiles prétendument découverts. Cependant, ces dessins ne sont pas fiables puisqu'un fossile ne peut fournir que des informations sur la structure des os. Un scientifique ne pourra jamais estimer la quantité de poils présents sur le corps du fossile. De plus, ces fossiles ne révèlent aucune information sur le nez, les oreilles, les lèvres et les cheveux. Dans leurs illustrations, cependant, les évolutionnistes mettent particulièrement l'accent sur le nez et les lèvres mi-humains, mi-singe. C'est ainsi que les évolutionnistes obtiennent les dessins de formes transitionnelles imaginaires. Ils dessinent même différents types de visages pour un même type de crâne. "Australopithecus Robustus (Zinjanthropus) est un exemple bien connu de telles illustrations. Elle a dessiné trois types de reconstitutions, totalement différentes les unes

des autres. [...] L'"homme du Nebraska" imaginaire, dessiné à côté de son "cercle familial", est un exemple de jusqu'où peut aller la capacité imaginative des évolutionnistes.» "ajoute le Turc Harun Yahya dans son ouvrage "La tromperie de l'évolutionnisme".

Méthodes de suppression d'informations

Le schéma de suppression des données dure depuis longtemps. En 1880, JD Whitney (un célèbre géologue de l'État de Californie) a publié un article détaillé sur les outils en pierre avancés trouvés à l'époque dorée de la Californie. Les outils, y compris les fers de lance et les mortiers de pierre, se trouvent au fond des puits de mine, sous d'épaisses couches, non perturbés par la lave, dans des formations vieilles de 9 millions à plus de 55 millions d'années. WH Holmes de la Smithsonian Institution, considéré comme l'un des plus grands critiques de la Californie, a écrit: "*Peut-être que si le professeur Whitney hésitait vraiment à annoncer les conclusions tirées [que les êtres humains existaient dans des temps très anciens en Amérique du Nord], malgré la matrice de l'imposition de témoignage avec lequel il a dû composer.»*

Dans les années 1950, Thomas E. Lee du Musée national du Canada envisageait potentiellement des outils en pierre avancés provenant des dépôts glaciaires de Sheguiandah, sur l'île Manitoulin, dans le nord du lac Huron. John Sanford, géologue à l'Université Wayne State, a déclaré que les outils les plus anciens de Sheguiandah ont au moins 65 000 ans et pourraient atteindre 125 000 ans. Pour ceux qui adhèrent aux conceptions classiques de la préhistoire nord-américaine, de tels âges étaient inacceptables. Les humains seraient entrés en Amérique du Nord depuis la Sibérie il y a environ 12 000 ans.

Thomas E. Lee s'est plaint: "*Le découvreur du site [Lee] a été chassé de son poste de fonctionnaire jusqu'au chômage prolongé; Les médias de publication ont été piratés, les preuves ont été falsifiées par plusieurs auteurs éminents...; des tonnes d'objets ont disparu dans les bacs de stockage du Musée national, qui avait proposé de publier une monographie sur le site, il a été licencié et envoyé en exil; Des positions officielles et un pouvoir prestigieux sont exercés dans le but de prendre le contrôle de seulement six exemplaires de Sheguiandah qui n'étaient pas mis sous secret; et le site est devenu une destination touristique.. Sheguiandah aurait été honteusement obligé d'admettre que les brahmandes ne savaient pas tout. Cela aurait forcé la réécriture de presque tous les livres du secteur. Il fallait le tuer. Il a été assassiné."*

Partie VII

CES HOMMES AVANT ADAM

" Le clergé a transformé les simples enseignements de Jésus en un moteur pour asservir l'humanité, et frelaté par des constructions artificielles en une invention pour voler la richesse et le pouvoir pour lui-même..

ce clergé, en fait, constitue le véritable Antichrist. "

Thomas Jefferson (ancien président américain)

Quand l'homme moderne est-il apparu?

Les paléoanthropologues pensent que les humains anatomiquement modernes (Homo sapiens sapiens) sont issus de l'Homo erectus. Il y a environ 300 000 ou 400 000 ans. L'homo erectus est décrit comme ayant une capacité crânienne presque aussi grande que celle de l'homme moderne, mais certaines de ses caractéristiques, telles que l'épaisseur du crâne et un front large, strié et fuyant, se manifestent encore à un degré moindre. Des exemples dans cette catégorie sont les découvertes de Swanscombe en Angleterre, de Steinheim en Allemagne et de Fontechevade et Arago en France. Parce que ces crânes possèdent également, dans une certaine mesure, les caractéristiques des Néandertaliens, ils sont également classés comme types pré-néandertaliens. La plupart des autorités postulent désormais que les humains anatomiquement modernes et les Néandertaliens d'Europe occidentale ont évolué à partir des Homo Néandertaliens pré-sapiens ou des premiers types d'hominidés il y a moins d'un million d'années.

Il est important de clarifier ce point avant de continuer. Au début du XXe siècle, certains scientifiques soutiennent l'idée selon laquelle les Néandertaliens de la dernière période glaciaire, connus sous le nom de Néandertaliens classiques d'Europe occidentale, étaient les ancêtres directs de l'homme moderne. Ils avaient un cerveau plus gros que celui d'Homo sapiens sapiens. Leurs visages et leurs mâchoires étaient beaucoup plus grands, et leur front était plus petit, reculant derrière de grandes arcades de sourcils. Les Néandertaliens restants se trouvent dans des dépôts du Pléistocène vieux de 30 000 à 150 000 ans. Cependant, la découverte des premiers Homo sapiens dans des gisements bien plus anciens que ces 150 000 ans éloigne effectivement les Néandertaliens classiques d'Europe occidentale de la lignée directe de l'Homo erectus aux humains modernes, perdant ainsi le lien entre les deux.

De plus, le type d'humain connu sous le nom de Cro-Magnon, qui serait apparu en Europe il y a un peu plus de 30 000 ans, était anatomiquement moderne. Un scientifique avait l'habitude de dire que l'Homo sapiens sapiens, anatomiquement moderne, était apparu pour la première fois il y a environ 40 000 ans, mais aujourd'hui, de nombreuses autorités, à la lumière des découvertes faites en Afrique australe et ailleurs, affirment qu'il est apparu il y a 100 000 ans ou plus. Ils ne sont pas d'accord, et même les preuves ne soutiennent pas leurs hypothèses. Comme on peut le constater, tous ces squelettes de singes et d'hommes, y compris les hommes-singes imaginaires, n'ont pas plus de 2 millions d'années, époque à laquelle commencerait la fantastique et incroyablement rapide évolution humaine des primates à l'homme moderne, selon le paradigme accepté.

Mais que se passerait-il si nous savions que les archéologues ont trouvé des preuves solides d'êtres humains non archaïques ou de tout type d'homme des cavernes avec une estimation chronologique supérieure à ces 4 millions d'années? Si tel était le cas, même le récit de la genèse d'Adam et Ève serait faux ou peut-être mal compris.

Tout cela nous conduirait tête baissée vers de nouvelles théories sur la préhistoire de notre globe et de la vie.

À la recherche de la femme la plus âgée

Les études du généticien américain Douglas C. Wallace, de l'Université Emory d'Atlanta, l'ont amené à apporter une réponse remontant à 100 000 ans: "Il *y avait une femme qui possédait l'ADN de ces mitochondries [étudié]. Si c'était la seule, c'était Eva !"* Homo erectus daté d'il y a entre 1,6 et 2,5 millions d'années n'avait donc rien à voir avec "notre Ève". Un groupe de chercheurs anthropologiques de l'Université de Berkeley, en Californie, est arrivé à la conclusion que la dispersion progressive de l'homme s'est produite depuis l'Afrique il y a environ 180 000 ans. Cela démolit une fois de plus l'affirmation selon laquelle l'homme de Java ou de Pékin étaient des ancêtres humains. De leur côté, les généticiens JS Jones et S. Rouhani de l'University College London, ainsi qu'un groupe dirigé par Jim S. Wainscoat, de l'Université d'Oxford, ont étudié la répartition géographique de la bêtaglobine parmi 8 groupes de population.

La réponse était qu'il existait en Afrique une population fondatrice menacée d'extinction. Autrement dit, dans le cas où la population fondatrice peut être réduite à un maximum de trois couples ou même à une seule femelle, alors les millions d'années d'os et de squelettes vieux prouvent seulement que tous les os et squelettes qui ont présenté pour nous, dans ce théâtre absurde, ils n'appartiennent PAS à nos ancêtres directs, mais représentent les reliques de nos ancêtres "indirects"; Comme on peut le comprendre, ils ne pouvaient pas non plus faire référence à la "population fondatrice", car on pense que celle-ci n'est apparue qu'il y a environ 180 ou 100 000 ans. Les évolutionnistes disent que s'il y avait une origine commune, elle doit provenir d'Afrique il y a environ 180 000 ans. Cependant, si tel était le cas, il ne devrait y avoir aucune preuve d'êtres humains plus âgés que cette date.

Les docteurs Willibald Katzinger, directeur du Musée nordique de Linz, en Autriche, et Hans-Joachim Zillmer ont rendu visite au professeur Gutiérrez Lega à Bogotá, en Colombie, où il leur a montré des preuves de l'existence d'humains préhistoriques. Dans sa collection, Gutiérrez Lega possède une main et un pied humains recouverts de lydite, comme cela a pu être scientifiquement déterminé à Vienne. La pierre sédimentaire (lydite) appartient à l'ère mésozoïque, l'âge des dinosaures, et a été trouvée en Colombie à 2000 m d'altitude, avec d'autres restes fossiles appartenant à la même période. Alors, qui était cette race originelle dont les scientifiques ont conclu que le reste des humains serait issu? Avant de conclure quelque chose, il faut savoir que la culture sumérienne dit que l'homme a été créé génétiquement il y a environ 270 000 ans et laissé en Afrique du Sud. Cela pourrait-il avoir une sorte de relation? Au moins, les preuves archéologiques ne disent pas que l'homme est si "récent".

Le véritable record

" *La race humaine n'est pas originaire de cette planète.* " (Michael A. Cremo. Écrivain de Hidden History of the Human Race) Étant donné la quantité massive de preuves selon lesquelles les humains existent depuis aussi longtemps que l'histoire géologique de la planète Terre elle-même, nous essaierons d'être brefs et de citer les plus significatifs cas. Comme nous l'avons mentionné plus tôt, l'histoire de l'évolution suppose qu'il ne peut y avoir aucune découverte liée à des humains modernes âgés de plus de 250 000 ans. Si tout ce qui est exhumé des entrailles de la Terre était mis au jour, on pourrait se référer à tant de cas d'apparitions humaines d'il y a 250 000 ans - y compris une technologie très avancée - pour écrire une encyclopédie, mais nous nous référerons à la plus ancienne de ces connaissances a été donné.

Les preuves suggèrent sérieusement que l'humanité vivait déjà dans la préhistoire, et avec plus de technologie que celle dont nous disposons aujourd'hui, cependant, en l'utilisant de la mauvaise manière, ils ont été forcés de vivre dans des grottes et de perdre toutes les connaissances et les relations sociales qu'ils avaient. Une grande partie de ces informations peuvent être trouvées dans le livre de Richard L. Thompson et Michael A. Cremo: "Forbbiden Archaeology". "*Au cours des 50 dernières années, les archéologues et les paléontologues ont enfoui systématiquement autant de preuves qu'ils en ont exhumé.*» (Richard L. Thompson. Auteur du livre Forbidden Archaeology)

À l'ère paléozoïque (544 millions d'années à 245 millions d'années), la Terre ne s'est pas épanouie dans le cadre d'un processus évolutif, la vie est plutôt apparue brusquement, et nous le constatons en examinant les strates terrestres et les archives fossiles. Il devient clair que tous les organismes vivants sont apparus simultanément. L'une des strates terrestres les plus anciennes où ont été trouvés des fossiles de créatures d'une autre époque est le Cambrien, avec un âge estimé entre 500 et 550 millions d'années. Selon les archives fossiles, les créatures trouvées dans les niveaux de cette période sont toutes apparues soudainement, c'est-à-dire sans ancêtres qui les ont précédées. Les fossiles trouvés dans les roches cambriennes appartiennent aux escargots, trilobites, éponges, vers de terre, méduses, oursins et autres vertébrés complexes. Cette vaste mosaïque d'organismes vivants comprend un grand nombre de créatures complexes qui, apparaissant si soudainement comme un événement véritablement miraculeux, ont été surnommées "l'explosion cambrienne" dans la littérature géologique. Il faut tenir compte que:

1. Le mammouth a été éteint par la chasse aveugle de l'homme à une époque relativement récente.
2. De nombreuses espèces de crocodiles préhistoriques

faisaient partie du régime alimentaire des Néandertaliens.

3. Le tigre à dents de sabre était une espèce qui a disparu et a refait surface comme le phénix à plusieurs reprises.
4. Le cœlacanthe est toujours vivant, il a été pêché en 2009, on pense qu'il s'agit du poisson le plus ancien existant.

...Et avant que l'homme des primates n'existe

Pour commencer cette section, nous devons nous référer aux hommes des cavernes, qui n'auraient pas dû exister il y a 2 millions d'années, mais ils ont été trouvés:

1. Dents de requin préhistoriques avec des trous similaires à ceux pratiqués par de nombreuses tribus et cultures pour fabriquer des chaînes ou des amulettes. Un cas significatif est celui découvert dans la formation Red Crag en Angleterre, indiquant un âge de 2,0 à 2,5 millions d'années, trouvé par Edward Charlesworth (membre de la Geological Society) qui l'a présenté au Royal Institute of Anthropology de Grande-Bretagne le 8 avril 1872.
2. Une coquille dans laquelle était représenté un visage humain. Cette coquille a été exposée par H. Stopes (Fellow de la Geological Society) en 1881. La coquille appartenait également à la formation Red Crag et a entre 2,0 et 2,5 millions d'années. Cela a également été cité dans The Geological Magazine en 1912, lorsqu'il a été nié qu'il s'agissait d'un faux.
3. Une mâchoire humaine moderne a été trouvée à Foxhall, en Angleterre, accompagnée de preuves de l'utilisation du feu et d'outils coupants. Cette mandibule était datée d'il y a environ 2,0 à 2,5 millions d'années. J. Reid Moir a souligné son importance en 1927 en tant que membre du Royal

Institute of Anthropology et président de la East Anglian Prehistoric Society. Il a été découvert par des creuseurs en 1855; Une autre mandibule, dans ce cas avec deux molaires et du même âge, a été trouvée à Miramar, Argentine, et signalée par MA Vignati en 1921, bien qu'elle ait été officiellement trouvée par Lorenzo Parodi, collectionneur de musée. Quelques années plus tôt, la découverte d'autres outils éolithiques et de terres brûlées par l'action humaine avait déjà été signalée, également à Miramar.

4. Preuves éolithiques (utilisation primitive du quartz dans son état d'origine pour fabriquer des outils) dans la vallée de Soan, au Pakistan, par des archéologues britanniques. Ces outils ont 2 millions d'années. À Monte Aperto (Italie), des fers de lance et des os portant des incisions provoquées par l'action humaine ont également été découverts. Cela a été rapporté par le professeur de géologie de l'Université de Bologne, M. G. Capellini, le 25 novembre 1875.
5. Des figures humaines en argile découvertes à Nampa, Idaho, en 1889. Elles sont également vieilles de 2 millions d'années (période Pliocène et Pléistocène, entre 7 millions et 400 000 ans). Les figurines ont été trouvées dans un puits de mine à 100 m de profondeur dans une couche argileuse sédimentée. Elle mesurait moins de 4 cm de haut et représente une figure féminine aussi parfaite que les meilleures sculptures de la Grèce classique.
6. Des ossements d'animaux disparus avec des incisions d'os humains ont été découverts dans le fleuve Arno par J. Desnoyers et à San Giovanni, en Italie, par le professeur Ramorino. Ces secondaires ont été exposés à la Société italienne des sciences naturelles à Spezzia le 20 septembre 1865. Ce n'est qu'une indication de ces nombreuses découvertes qui sont accompagnées d'os d'animaux qui

semblent coupés comme par l'action d'outils humains ou sectionnés pour enlever les os d'animaux. os, organes. C'est le cas de A. Laussedat qui a informé l'Académie française des sciences que P. Bertrand lui avait envoyé deux fragments de mâchoires de rhinocéros préhistoriques portant ces marques, provenant d'un site proche de Billy, en France. Ces restes d'animaux ont entre 3 et 15 millions d'années – nous citerons ce cas plus tard. Un autre cas de même ampleur a été présenté par M. A. Ferretti lors d'une réunion du Comité géologique d'Italie en 1876.

7. La découverte de pointes de flèches et de lances vieilles de plusieurs millions - pas de milliers mais de millions - d'années est un plat traditionnel de l'archéologie. Quelques cas intéressants sont, par exemple, celui découvert à Janicule (Italie), vieux de 2 millions d'années, présenté par le professeur G. Ponzi en 1871 lors d'une réunion à Bologne du Congrès international d'anthropologie préhistorique. Le professeur lui-même a également étudié d'autres outils éolithiques trouvés à Acquatraversa et datant de la même antiquité.

Des preuves humaines hors du temps

Empreintes humaines. Dans le Parc National de Dinosaur Valley (Texas - USA), dans le lit de la rivière Paluxy et sur le plateau rocheux du rivage, d'innombrables empreintes humaines pétrifiées ont été retrouvées. Le plus surprenant était que les traces se trouvaient dans des couches géologiques beaucoup plus élevées. En principe, l'eau du fleuve aurait dû éroder rapidement les traces laissées par les animaux préhistoriques jusqu'à leur disparition, mais en réalité, des traces vieilles d'au moins 60 millions d'années peuvent être parfaitement observées. Qui étaient ces êtres humains? Si les dinosaures ont disparu il y a 65 millions d'années et que notre humanité n'existe que depuis 3 millions d'années, il est impossible qu'il existe des représentations graphiques d'animaux préhistoriques. Si l'idée actuelle de l'évolution est correcte, aucun homme n'aurait jamais pu voir un dinosaure et n'aurait donc jamais pu le dessiner dans une grotte.

En 1908, près de Glenn Rose (Texas), des empreintes géantes de mains et de pieds humains – qui auraient atteint 4 m de haut – sont découvertes, mêlées à des empreintes de dinosaures (âgées entre 120 et 130 millions d'années). À Laetoli, dans le nord de la Tanzanie, à seulement 30 miles au sud du grand site des gorges d'Olduvai, les membres de l'expédition de la populaire famille Leakey - des chasseurs d'os - dirigée par Mary Leakey ont rapporté avoir trouvé des marques sur la Terre, dont certaines étaient des empreintes d'animaux et d'autres d'une l'humain moderne. Les empreintes ont été imprimées dans des couches de cendres volcaniques, ce qui, selon la datation potassium-argon, a donné 3,6 à 3,8 millions d'années.

MH Day a étudié les empreintes à l'aide de méthodes photogrammatiques - qui consistent à étudier l'obtention de tailles exactes grâce à l'utilisation de la photographie - pour arriver à la conclusion suivante: «*d'étroites similitudes avec l'anatomie du pied de l'homme moderne, habituellement pieds nus; c'est sans doute la condition humaine normale.* Conclusion: «*Il n'y a désormais plus de controverse sérieuse quant à la posture verticale et à la démarche bipède des australopithèques.*» Enfin RH Tuttle a affirmé: «*La forme des empreintes ressemble incontestablement à ces foulées communes des humains pieds nus.*»

Il existe une empreinte pétrifiée d'un humain marchant debout il y a entre 5 et 15 millions d'années qui a été trouvée dans l'altiplano bolivien actuel. Elle est bien plus ancienne que celle découverte dans l'oasis de Siwa, en Égypte, en août 2007, soit il y a 2 millions d'années. Il s'agit de vestiges appartenant au Miocène de l'époque tertiaire, époque à laquelle on suppose que la cordillère des Andes était en formation. Cela en fait “certainement la plus ancienne empreinte humaine jamais découverte”. Outre la forme des doigts, on pourrait conclure que cet homme marchait droit. Avant cet événement, un groupe d'archéologues égyptiens a découvert ce qu'ils pensent être la plus ancienne empreinte humaine de l'histoire dans le désert de l'ouest de l'Égypte.

L'empreinte a été découverte lors de l'exploration d'une zone préhistorique à Siwa (qui fait partie d'une oasis du désert). L'empreinte de pas était imprimée sur de la boue pétrifiée sous forme de roche. D'où l'explication selon laquelle il a pu rester intact jusqu'à ce jour. Comme d'habitude dans ces cas, les études ont été réalisées sur la base du carbone 14 et, étant donné l'âge de la roche, on suppose qu'elle pourrait être plus ancienne que le fameux fossile de Lucy vieux de 3 millions d'années, le squelette partiel d'un singe Trouvé en Ethiopie en 1974.

Selon l'hypothèse de l'évolution, le premier hominidé à marcher debout était Australopithecus anamensis, dont les restes ont été trouvés au Kenya et datent de 4 millions d'années. L'empreinte humaine bolivienne a été retrouvée sur les rives du lac Titicaca, à près de 70 km à l'ouest de La Paz, entre les villes de Tiwanak et Guaqui. Les scientifiques ont rapporté que les restes avaient été datés en utilisant les mêmes techniques que dans le cas de l'empreinte de Siwa. Cela compliquerait encore davantage les justifications évolutionnistes puisque l'on pense que les premiers hommes n'ont migré de Sibérie vers l'Amérique qu'il y a seulement 300 000 ans.

Il existe des preuves accablantes que l'homme est plus âgé que les hominidés présentés dans la colonne de l'évolution géologique, que son ancêtre n'est ni l'homme de Néandertal ni les fossiles des soi-disant préhumains, mais l'homme avec 46 chromosomes - rappelons-nous que les hominidés, y compris les Néandertaliens, ont est sur Terre depuis des centaines de millions d'années. L'un de ces éléments de preuve sont les boules d'alliage inconnu de Klerksdorp en Afrique du Sud, âgées de plus de 2,8 milliards d'années que nous mentionnerons plus tard; un autre plus évident est le pied anatomique d'un humain moderne trouvé à Islamabad, dans les collines de Margalla en juillet 2007, avec plus d'un million d'années, ce qui prouve que l'homme était déjà un homme avant que beaucoup de ces primates et hominidés, dont l'homme de Néandertal, n'apparaissent sur la planète scène.

Le 8 octobre 1922, l'American Weekly, section du New York Sunday American, publiait un titre proéminent: "*Mystère de l'usine de chaussures pétrifiée vieille de 5 000 000 d'années*", par le Dr WH Ballou. Ballou a écrit: "*Il y a quelque temps, alors qu'il cherchait des fossiles dans le Nevada, John T. Reid, un éminent ingénieur minier et géologue, s'est arrêté brusquement et a regardé avec une totale perplexité et surprise un rocher près de ses pieds. Il y avait, dans une partie du même rocher, ce qui semblait être une empreinte humaine ! Des inspections plus approfondies ont montré qu'il ne s'agissait pas d'une marque de pied nu, mais apparemment d'une semelle de chaussure transformée en pierre. La façade avait disparu. Mais il y avait au moins les deux tiers de la ligne extérieure, et autour de cette ligne extérieure passait un fil cousu bien défini qui avait, semblait-il, ajouté la trépointe à la semelle..." Reid a apporté le spécimen à New York.,* où il a essayé de le porter à l'attention des scientifiques.

À son arrivée, il l'a présenté au Dr James F. Kemp, géologue à l'Université de Columbia; Professeur HF Osborn, WD Matthew et EO Hovey du Musée américain d'histoire naturelle. Ils ont tous conclu qu'il s'agissait bien de la meilleure imitation d'un objet artificiel qu'ils aient jamais vu. Le verdict de la classe scientifique n'a pas satisfait Reid, qui a commandé de nouvelles analyses et photographies à un chimiste de l'Institut Rockefeller. Les nouveaux apports ne laissent guère de place au doute: la seule chose est l'œuvre humaine. Mais qui fabriquait des chaussures il y a 200 millions d'années? Ainsi, il a été finalisé que la véritable datation des fossiles concernait des roches appartenant à la période du Trias, c'est-à-dire qu'elles sont estimées à un âge de 213 à 248 millions d'années.

Un autre cas particulier est celui du soi-disant "Homme de Guadalupe": "*W. Cooper a exposé en 1983 qu'un squelette moderne avait été trouvé au cours de l'année 1812 à Guadalupe (Mexique) avec un âge de 25 millions d'années.*» Mais le fait que le squelette se trouvait à côté d'un chien et de quelques instruments indique que les chiens eux-mêmes n'auraient pas évolué, et que ces humains seraient déjà des ouvriers avec des outils préfabriqués à cette époque. Ces squelettes sont des restes humains trouvés sur une île des Antilles, mais avec la particularité qu'ils ont été trouvés dans une strate avec une datation géologique d'au moins 28 millions d'années, c'est-à-dire de l'époque Miocène, bien avant les êtres modernes des humains apparaissent sur l'île. Pour de nombreux chercheurs, la datation n'est pas correcte, mais le débat reste ouvert.

L'un des échantillons prélevés sur les côtes de Guadeloupe, près du village de Moule, était une dalle de pierre pesant environ 2 tonnes qui fut envoyée au British Museum en 1812, où elle fut exposée au public, mais avec l'arrivée de l'équipe de Darwin. En théorie, la dalle a été reléguée au sous-sol. L'un des points positifs est que ces restes ont été étudiés scientifiquement et peuvent encore être vus aujourd'hui au British Museum. Cela n'est pas sans rappeler un reportage de 1983, dans lequel le journal de Moscou publiait un reportage bref - mais intrigant - dans lequel une empreinte humaine dans une roche jurassique vieille de 150 millions d'années apparaissait à côté des empreintes géantes d'un dinosaure à trois doigts. La découverte a été faite en République turkmène, située à l'époque au sud-est de l'URSS.

On a beaucoup entendu parler du surnom de "Meister's Man", car en 1968, William J. Meister - un collectionneur de trilobites - a découvert une pierre qui avait le contour d'une sandale, d'une chaussure ou d'une botte, et sous l'empreinte se trouvait un trilobite. Il est important de noter que les trilobites auraient disparu il y a plus de 280 millions d'années. La découverte a eu lieu dans un champ d'ardoise près d'Antelope Spring (Utah, USA). La date estimée de son "impression" varie de 590 à 505 millions d'années. L'apparition de cette empreinte avec une botte et sa relation avec le trilobite brisent tous les schémas établis. Comment est-il possible que des hommes portant des bottes traversaient l'Amérique du Nord il y a plus de 510 millions d'années? L'article a été cité dans Creation Research Society Quarterly.

Meister a ajouté l'information supplémentaire importante suivante: "*Le 4 juillet, j'ai accompagné le Dr Clarence Coombs, du Columbia Union College, Tacoma, Maryland, et Maurice Carlisle, géologue diplômé, Université du Colorado à Boulder, sur le site de la découverte. Après quelques heures de fouille, M. Carlisle a trouvé une dalle saillante, ce qui, selon lui, l'a convaincu que la découverte d'empreintes*

de pas sur le site était une possibilité distincte, puisque cette découverte montrait que la formation était à un moment donné en surface.»
En Espagne, ils ont trouvé des traces d'un type de dinosaure herbivore mesurant entre 4 et 5 m de long, marchant à une vitesse de 5 km/h avec ses petits et derrière eux, des traces d'humains, probablement des chasseurs; Également en Amérique du Sud, plus précisément en Argentine, des restes de dinosaures ont été trouvés, avec des marques sur certains os, comme s'ils avaient été attaqués avec des lances à pointe de pierre, ainsi que des empreintes humaines. Dans des cavernes découvertes au Pérou, on a également trouvé des os de carnivores qui auraient disparu des millions d'années avant l'apparition des humains, comme s'ils les avaient cuits, divisés en deux et mangés l'intérieur. Des armes fabriquées à partir d'os de dinosaures et de peintures rupestres montrant comment un groupe de 10 hommes chassaient un mammouth; Dans la grotte d'Altamira, des peintures rupestres montrent des chasseurs avec un certain type d'élan géant, aujourd'hui disparu.
Des ossements humains à des âges impossibles. En 1965, Bryan Patterson et WW Howells ont fait une découverte surprenante d'un humérus ressemblant à celui d'un humain moderne à Kanapoi, au Kenya. En 1977, des ouvriers français ont découvert un humérus similaire à Gombore, en Éthiopie. Le gisement auquel appartenait l'humérus de Kanapoi était vieux d'environ 4,5 millions d'années. Une étude réalisée en 1975 par l'anthropologue médical CE Oxnard concluait: "*Nous pouvons clairement confirmer que le fossile de Kanapoi ressemble beaucoup à un être humain.»* Un cas tout aussi significatif s'est produit en Inde, où un groupe d'archéologues a découvert le crâne d'une femme appartenant à l'ère jurassique (il y a environ 65 millions d'années).
En voyageant plus loin dans le passé, nous découvrons que la technologie augmente au lieu de diminuer. À trente miles à l'ouest de la ville italienne de Gênes se trouve Savone, où un squelette humain

moderne a été découvert dans les années 1850 alors que la reconstruction d'une église était en cours. Ce squelette humain avait 3 à 4 millions d'années. À ce propos, Arthur Issel en communiqua les détails en 1867 aux membres de l'Académie internationale d'anthropologie préhistorique de Paris.

Dans les Alpes italiennes, plusieurs restes humains datant d'il y a 3 à 4 millions d'années ont été découverts en 1860. Son découvreur fut le professeur Giuseppe Ragazzoni, géologue à l'Institut Technique de Brescia. Ragazzoni a envoyé l'information à plusieurs experts qui n'ont pas voulu donner crédit à sa découverte, cependant, en 1875, Carlo Germani, l'une des personnes à qui Ragazzoni a informé de sa découverte, s'est rendu à Castenedolo pour étudier la région et a fini par le retrouver reste également de 3-4 millions d'années et supportant Ragazzoni. Ce site est riche de vestiges de toutes sortes et présente plusieurs couches préhistoriques, puisqu'il s'agissait apparemment d'une partie autrefois recouverte d'eau. En ce sens, Gabriel de Mortillet rapporte que M. Quiquerez a découvert un squelette humain moderne à Delémont, en Suisse, dans une couche d'argile ferreuse de l'Éocène supérieur (38-45 millions d'années). Mortillet a également cité la découverte d'un autre squelette de cette catégorie par Garrigou au Miocène du Midi de France. Cela signifie qu'il aurait entre 5 et 25 millions d'années.

Ces informations issues des sciences humaines plus anciennes que nous le connaissons concordent avec les découvertes faites en Argentine au XIXe siècle, lorsque le paléontologue Florentino Ameghino affirmait avoir trouvé des restes humains sur un terrain tertiaire. À l'époque, ces découvertes étaient considérées avec scepticisme par l'establishment scientifique. Le même manque d'intérêt a mérité une découverte plus récente de l'anthropologue Hernao Marín en Colombie: les restes fossilisés d'un animal antédiluvien (un Iguanodon) semblaient mystérieusement associés à un homme de Néandertal. Parmi les découvertes les plus incroyables de ce genre, citons celle de Richard Leakey qui a découvert un crâne humain sous une couche de roche datant de 212 millions d'années.

En 1887, Florentino Ameghino, célèbre géologue et spécialiste des fossiles des côtes de la province argentine, fit d'importantes découvertes à Monte Hermoso, à 60 km au nord-est de Bahía Blanca. F. Ameghino écrit à ce sujet: "*La présence de l'homme, ou plutôt de son précurseur, dans ce site antique, est démontrée par la présence de silex grossièrement* travaillés *comme ceux du Miocène au Portugal, d'os sculptés, d'os brûlés, et terre brûlée provenant d'anciennes cheminées* (foyers).» L'âge de ces dépôts est d'environ 3,5 millions d'années. Il est reconnu qu'il n'y a même pas eu d'ancêtres de l'homme en Amérique il y a des millions d'années.

Florentino Ameghino a également trouvé des outils en pierre ainsi que des os coupés et des traces d'incendie dans les formations de Santacrucia et Entrerrea. Les formations de Santacrucio appartiennent aux âges du Miocène inférieur et moyen, ce qui fait des outils trouvés une relique de 15 à 25 millions d'années. Le frère de Florentino Ameghino, "Carlos", a également fait de grandes découvertes à Miramar entre 1912 et 1914. L'une de ses plus grandes découvertes sur les humains dans la préhistoire est venue des couches de Chapamalalan où Carlos Ameghino a extrait un fémur de toxodon (un mammifère préhistorique éteint) ainsi que d'autres artefacts importants, mais ce qui fut impressionnant, c'est la découverte que le fémur du toxodon contenait la pointe d'un projectile en pierre. Toutes ces preuves dataient d'environ 5 à 12 millions d'années.

Un autre cas, cette fois en Californie, concerne le docteur HH Boyce, qui a trouvé des ossements humains vieux de 5 millions d'années en 1853. D'autres ossements humains vieux de 8,7 millions d'années ont été découverts dans de nombreux autres endroits de Californie. Un squelette humain moderne en Suisse, plus précisément à Delèmont, a été découvert dans une couche de l'Éocène supérieur (38-45 millions d'années). Le 13 avril 1868, A. Laussedat informe l'Académie française des sciences que P. Bertrand lui a envoyé deux fragments de mâchoire inférieure de rhinocéros. Ces fragments provenaient d'un trou près de Billy, en France. "*L'un des fragments présentait quatre rainures très profondes. Ces courtes rainures, situées au bas de l'os, étaient à peu près parallèles. Selon Laussedat, les marques de coupe apparaissaient en coupe transversale comme celles faites par une hache sur un morceau de bois dur. Il pensait donc que les marques étaient faites de la même manière, c'est-à-dire avec un instrument en pierre pointu et muni d'un manche, là où l'os était frais [...]. Tout aussi lointain est montré dans les faits que la mâchoire a été trouvée dans une formation du Miocène moyen, il y a environ 15 millions d'années.* »

Au même rang sont les os d'Halitherium coupés par les hommes, cités dans le livre Hidden History of the Human Race de Michael A. Cremo et Richard L. Thompson à la page 12. Un autre cas s'est également produit en avril 1868, venant de l'Académie française des Sciences, qui contenait un rapport de F. Garrigou et H. Filhol: " *Nous disposons désormais de preuves suffisantes pour nous permettre de supposer que la contemporanéité des humains et des mammifères du Miocène est avérée* ". Cette preuve était une collection d'os de mammifères, apparemment brisés intentionnellement, provenant de Sansan, en France. Les os brisés trouvés provenaient en particulier de Dicrocerus elegans, un petit cerf préhistorique. D'autres découvertes similaires ont été faites à Pouancé et à Clermont, toutes deux en France. La relation entre eux est qu'ils se trouvaient dans une antiquité comprise entre 12 et 19 millions d'années.

Un autre cas correspond au 19 août 1867, à Paris, où L. Bourgeois présenta au Congrès international d'anthropologie et d'archéologie préhistoriques un rapport sur un outil en silex qu'il avait trouvé dans des couches du Miocène inférieur (15-20 millions d'années) à Thenay au nord du centre de la France. Gabriel de Mortillet fut l'un

des premiers à s'intéresser à ces découvertes et à enquêter également sur les lieux et les artefacts. A une profondeur de 14 pieds, appartenant au Miocène inférieur, Bourgeois découvrit également de nombreux outils en silex en 1869. À ce sujet M. de Mortillet écrit dans Le Préhistorique: "Il n'y avait plus de doutes sur leur antiquité *ni sur leur position géologique.»* Bien plus tard, un squelette humain fut découvert dans l'Illinois, aux États-Unis, en décembre 1962.
Le magazine américain The Geologist a annoncé la découverte d'une série d'ossements humains trouvés dans un sédiment de charbon dans le comté de Maccoupin, Illinois (USA), recouverts d'une croûte très dure et brillante, aussi noire que le charbon lui-même et ayant l'apparence d'ardoise qui, après avoir été enlevée, a laissé les os découverts, présentant leur état naturel. C. Brian Trask, de l'Institut géologique de l'Illinois, a daté le charbon à 286 millions d'années, bien qu'il pourrait avoir jusqu'à 320 millions d'années. Un événement similaire a été rapporté par le professeur WG Burroughs, chef du département de géologie du Berea College de Berea, Kentucky, en 1938. Ce qu'il a découvert était une preuve évidente que des humains modernes marchaient sur deux jambes dans la région de Rockcastle, au Haut Carbonifère. En Pennsylvanie, cette date a commencé il y a 320 millions d'années.
Membres lâches. En 1842, un crâne humain mal conservé est découvert dans un lignite vieux de 15 à 50 millions d'années. L'objet fait partie de la collection de l'Académie des Mines de Freiberg en Allemagne. Un autre crâne, en meilleur état, a été découvert en Inde, mais celui-ci avait 65 millions d'années. Pas si ancienne, mais en tout cas intéressante, a été la découverte d'un pied humain à Islamabad en juillet 2007. Il s'agit d'un pied humain moderne trouvé dans les collines de Margalla et dont l'âge est d'environ 1 million d'années. Un autre cas frappant est celui d'un doigt fossilisé, identifié comme DM93-083, découvert dans l'Arctique canadien. Elle est datée d'il y a 100 à 110 millions d'années, époque qui correspond au Crétacé.

Artefacts humains hors du temps

Un morceau de chewing-gum du passé. Un chewing-gum vieux de 5 000 ans a été découvert en 2007 par Sarah Pickin, une étudiante en archéologie britannique de 23 ans en Finlande. Il a découvert le chewing-gum séculaire, fabriqué à partir de goudron d'écorce de bouleau, dans des fouilles sur la côte ouest du pays scandinave. Le chewing-gum -un des plus anciens découverts- présentait les marques de dents correspondantes.

Flûtes préhistoriques. Une fois de plus, le site allemand de Hohle Fels, nous livre un nouveau record avec le plus ancien artefact trouvé, où huit flûtes âgées de 30 000 à 40 000 ans ont été découvertes. La plus spectaculaire est une flûte vieille de 40 000 ans fabriquée à partir d'un os de vautour fauve, présentée aujourd'hui dans la revue scientifique Nature, ce qui en fait le plus ancien instrument de musique découvert à ce jour. Bien qu'une extrémité de la flûte soit cassée, " *le fragment retrouvé mesure 21,8 cm de long et comporte cinq trous pour les doigts qui permettaient de jouer des mélodies complexes*", rapporte Nicholas Conard, archéologue à l'université de Tübingen (Allemagne) et premier auteur de la recherche, lors d'un entretien téléphonique. Qui vous a appris à fabriquer et à jouer de la harpe? Sur les huit flûtes découvertes sur trois sites de la région souabe du sud de l'Allemagne, quatre sont fabriquées à partir de défenses de mammouth et les quatre autres à partir d'os d'oiseaux (une provenant d'un vautour fauve, une d'un cygne et deux d'espèces non indigènes). La moitié de ces huit flûtes ont été retrouvées lors de la dernière campagne de fouilles, tandis que l'autre moitié a été retrouvée lors de fouilles réalisées les années précédentes. La flûte du vautour fauve, découverte le 17 septembre dernier sur le site du Hohle Fels, est un surprenant joyau de savoir-faire chez ces Homo sapiens avant les peintures rupestres, l'agriculture et l'écriture. Non seulement les cinq trous pour les doigts soigneusement sculptés avec des éclats de pierre sont frappants, mais aussi les minuscules incisions en forme de ligne que l'on peut voir à côté des trous. Selon les chercheurs, ces incisions ont été pratiquées pour indiquer l'endroit où les trous devaient être creusés pour que la flûte sonne juste. " *Nous avons construit une réplique avec un autre os de vautour fauve, en creusant les trous aux mêmes endroits, et elle sonne les mêmes notes que celles que l'on entend dans la musique d'aujourd'hui* ", explique Conard. "*N'importe quel air peut être joué sur cette flûte*", mais le timbre de l'instrument est particulier. " *Nous avons essayé de jouer l'hymne américain et cela faisait penser à la version de Jimi Hendrix à Woodstock.*"

Les chercheurs soulignent également la difficulté technique de fabriquer des flûtes à partir de défenses de mammouth, ce qui est "*beaucoup plus difficile que de les fabriquer à partir d'os d'oiseaux*", note Conard. Il faut tailler le fragment de défense avec lequel la flûte sera fabriquée, le couper en deux dans le sens de la longueur comme le pain d'un sandwich, vider les deux moitiés à l'intérieur, tailler les trous et remettre les deux moitiés ensemble pour qu'elles soient scellées. Les flûtes trouvées en Allemagne "*ne représentent pas l'origine de la musique*", prévient Conard. Avant ces flûtes, propose-t-il, il devait y en avoir d'autres, plus élémentaires. Et avant, le chant aurait dû exister. Et avant même le rythme. L'archéologue Eudald Carbonell, codirecteur des fouilles d'Atapuerca et grand mélomane, souligne: "*Peut-être que la première espèce humaine qui vivait en Afrique il y a plus de deux millions d'années expérimentait déjà le rythme. Mais fabriquer et jouer de ces flûtes est quelque chose de beaucoup plus avancé qui nécessite un cerveau plus sophistiqué. Les percussions sont anciennes, la mélodie est moderne.*"

Lors de la dernière campagne de fouilles, outre les flûtes, des os de rennes, d'ours, de chevaux, de mammouths et de chèvres de montagne, espèces avec lesquelles vivaient les humains en Europe à cette époque, ont été découverts. Aucun reste humain n'a été retrouvé, on ne sait donc pas qui les a fabriqués. Certaines des sculptures les plus anciennes du monde ont également été découvertes sur le site même de Hohle Fels où sont apparues les flûtes. Sculptée dans de l'ivoire de mammouth, l'une des figures représentées est un hybride mi-homme mi-lion. Il est daté de 30 000 ans et, lors de sa découverte en 2003. Plus récemment, une figure féminine de 35 000 ans est apparue sur le Hohle Fels, considérée comme la forme d'art figuratif la plus ancienne découverte à ce jour. La soi-disant "Vénus de Hohle Fels", présentée dans le numéro du 14 mai de Nature, se distingue par ses seins et sa vulve de taille grotesque, tandis que les autres caractéristiques de son corps ne sont pas exagérées.

Une autre figure découverte est celle d'une sculpture également sculptée en ivoire de mammouth, représentant un oiseau aquatique. Cela a 30 000 ans. Selon une théorie admise, les oiseaux aquatiques faisaient partie de la faune avec laquelle vivaient les humains arrivés dans le sud de l'Allemagne par la vallée du Danube il y a environ 40 000 ans. Les grands mammifères chassés par les humains du Paléolithique occupent une place prépondérante dans les représentations artistiques comme les peintures rupestres de Lascaux ou d'Altamira. Une autre sculpture, ici petite et représentant une tête de cheval, a également été trouvée à Hohle Fels, ainsi que des restes d'autres grandes proies - bien que non sculptées - comme des ours, des rennes et des mammouths.

La colonne en acier inoxydable. Dans la cour d'un temple de Delhi, en Inde, se trouve une colonne constituée de pièces de fer soudées qui ont été exposées à l'usure pendant plus de 4 000 ans sans jamais montrer de trace de rouille, car elles ne contiennent ni soufre ni phosphore.

Les chercheurs de moelle grecque. Sur un site appelé Pikermi, près de Marathon en Grèce, se trouve une riche couche de fossiles du Miocène supérieur, explorée et décrite par l'éminent scientifique français Albert Gaundry. Lors de la réunion de 1872 à Bruxelles du Congrès international d'anthropologie et d'archéologie préhistoriques, le baron von Dücker a signalé des fractures à Pikermi prouvant l'existence humaine au Miocène. Dans cet endroit, 34 parties de mâchoires d'Hipparion (un cheval disparu à trois doigts), d'antilopes ainsi que 19 fragments de tibia et 22 autres fragments d'os de grands mammifères comme les rhinocéros ont été trouvés. Tous présentaient des traces de fractures méthodiques en vue d'extraire la moelle. Selon Dücker, tous les trous pratiqués étaient "*des traces d'explosion plus ou moins distinctes d'objets durs*". Ces couches suggèrent que les découvertes datent de 5 à 12 millions d'années.

Os sculpté des Dardaniens en Turquie. En 1874, Frank Calvert a trouvé dans une formation du Miocène en Turquie (le long du Dardanus) un os de Deinotherium sur lequel étaient sculptées des figures d'animaux. Calvert notait: "*J'ai trouvé en différentes parties de la même falaise, non loin de l'emplacement de l'os sculpté, un éclat de silex et quelques os d'animaux, fracturés longitudinalement, évidemment par la main d'un homme dans le but d'en extraire la moelle., selon la pratique de toutes les races primitives.* La datation de toutes ces preuves indique une antiquité d'environ 5 à 25 millions d'années.

Emplois humains en Belgique. En février et mars 1918, Wilhelm Freudenberg, géologue attaché à l'armée allemande, mène des essais militaires sur des formations tertiaires à l'ouest d'Anvers en Belgique. Dans des carrières d'argile à Hol, près de St. Gillis, et dans d'autres régions, Freudenberg a trouvé des objets sculptés ainsi que des os et des coquilles coupées. La plupart des objets provenaient de gisements du début du Pliocène et de la fin du Miocène, c'est-à-dire qu'ils avaient environ 4 à 7 millions d'années et étaient évidemment des fabrications humaines. Toujours en Belgique, A. Rutot, conservateur au Musée royal d'Histoire naturelle de Bruxelles, a fait une série de découvertes portant sur des industries d'outils en pierre anormales qui ont pris une nouvelle importance au début du XXe siècle.

Une grande partie de l'industrie identifiée par Rutot date du début du Pléistocène. Mais en 1907, les recherches avancées de Rutot aboutissent dans la région de Boncelles, dans la région d'Arden en Belgique. Les couches où les artefacts ont été trouvés dataient de l'Oligocène, ce qui implique qu'ils avaient entre 25 et 38 millions d'années. D'autres découvertes notables sur l'utilisation d'ustensiles humains dans la préhistoire belge ont été faites par Rutot à Bay Monet et Baraque Michel offrant des résultats similaires.

Diamants, rayons et bougies d'allumage. Bien que parmi ces "OOParts" (Out Of Place Artifacts), nous ayons un diamant qui a été trouvé à Herkimer, New York. Ce diamant a été inexplicablement retrouvé "déjà taillé", ce qui laisse beaucoup à réfléchir puisque le polissage du diamant nécessite des machines spécialisées et de haute précision. Parmi ces artefacts, nous avons également une boucle de ceinture en aluminium découverte en Chine datant de 265 avant JC et une radio chinoise de Galena datant d'il y a 2 500 ans. Un autre gadget est la bougie d'allumage Sparkplug, vieille de plusieurs milliers d'années. Qui avait besoin de bougies d'allumage à l'époque préhistorique? Qui possédait des meuleuses diamantées? Et comment et pourquoi ont-ils construit des machines d'excavation?

Bloc en aluminium. Trouvé en 1973, l'artefact a été découvert par un groupe d'ouvriers effectuant des fouilles sur les rives de la rivière Mures, à deux kilomètres à l'est de la ville d'Aiud, en Transylvanie. Trois objets ont été trouvés simultanément sur le même site, dont deux étaient des os fossiles appartenant à un mastodonte. Le troisième objet, le bloc d'aluminium, était également logé dans la strate numéro 35 et était clairement différent de tout morceau commun d'os d'animal ou d'objet géologique. Le curieux bloc a été donné au Musée d'histoire de Transylvanie, pour être redécouvert et analysé de nombreuses années plus tard. Son poids s'est avéré être de 5 livres et ses mesures approximatives de 20 x 12,5 x 7 centimètres. Des tests chimiques effectués dans un laboratoire de Lausanne, en Suisse, pour déterminer sa composition, ont montré que l'artefact était composé majoritairement d'aluminium (89%), avec la participation mineure de 11 autres métaux dans des proportions spécifiques. La surprise des scientifiques n'a pas été moindre, car l'aluminium à l'état pur n'est pas présent dans la nature et la technologie permettant d'atteindre un degré de pureté considérable n'a pu être mise au point qu'au milieu du XIXe siècle. Un autre artefact millénaire inexplicable est un cube métallique découvert en Australie et dont l'origine est totalement inconnue.

Les humains modernes utilisaient le feu pour fabriquer des outils. Des preuves rapportées dans le numéro du 14 août de la revue Science montrent que les premiers humains vivant sur les côtes africaines il y a 72 000 ans utilisaient un traitement thermique complexe pour fabriquer des lames et des outils à double face. Le silcrete non chauffé peut présenter des changements drastiques de couleur et de texture lors du chauffage et de l'écaillage. Une équipe internationale, comprenant trois chercheurs de l'Institut des origines humaines de l'Arizona State University, souligne que le silcrete se trouve à moins de 5 km de leurs fouilles à Pinnacle Point, à Mossel Bay en Afrique du Sud, et que la plupart des pièces trouvées sont extrêmement desquamées.

La découverte situe la cognition complexe il y a 72 000 ans, et peut-être bien plus tôt. Des preuves ont été rapportées selon lesquelles les humains modernes vivant sur les côtes les plus méridionales de l'Afrique il y a 72 000 ans utilisaient la pyrotechnologie – l'utilisation contrôlée du feu – pour augmenter la qualité et l'efficacité de leur processus de fabrication d'outils en pierre, comme le raconte le numéro du 14 août de Revue scientifique. Une équipe internationale de chercheurs, dont trois de l'Institut des origines humaines de l'Arizona State University (ASU), conclut que "*cette technologie nécessitait une nouvelle association entre le feu, sa chaleur et un changement structurel dans la pierre avec pour conséquence le bénéfice des écailles*". ". De plus, leurs découvertes ouvrent l'idée d'une cognition complexe chez ces premiers ingénieurs. Marean est paléoanthropologue à l'Institut des origines humaines et professeur à l'École d'évolution humaine et de changement social du Collège des arts et des sciences libéraux de l'Arizona State University.

La chaleur a transformé une pierre appelée silcrete, suffisamment mauvaise pour fabriquer des outils, en une matière première étonnante qui a permis aux humains modernes de fabriquer des outils très avancés. Qui vous a appris cet art? Du jour au lendemain, les hommes des cavernes sont passés de la vie dans des grottes, chassant avec des lances et portant des haillons à l'apprentissage de l'agriculture, du maquillage, de la guerre, de la fabrication d'armes, de l'astrologie, de l'astronomie, des arts magiques, de l'artisanat de monuments cyclopéens, de la médecine, de la navigation, des langues et des alphabets., arts martiaux, arts plastiques, mathématiques et sciences. Ces choses ne se produisent pas par hasard mais à cause des enseignements de civilisations plus avancées et de milliers d'années de durs progrès aidés par des "maîtres" qui connaissent ces arts. Ces personnes ont progressé sans Internet, sans télécommunications, sans télévision, sans radio, sans téléphone, sans presse, sans informations, sans aucun type apparent d'écriture, car cela ne ferait que les amener à oublier de plus en plus un savoir antérieur à cause de l'action des années, des distances, des guerres et la mort des connaisseurs primitifs.

Les outils d'Aix-en-Provence. Cependant, d'autres pièces et outils plus anciens ont été découverts, comme ceux trouvés entre 1786 et 1788, près d'Aix-en-Provence. Plusieurs découvertes ont été réalisées dans une carrière de calcaire, où les couches rocheuses alternent avec des couches de sable et d'argile. À environ 15 m sous le niveau du sol, dans une couche de sable, certains ouvriers ont d'abord trouvé des morceaux de colonnes et des blocs sculptés; puis plus bas, des morceaux de métal ressemblant à des pièces de monnaie, des manches d'outils en bois pétrifiés, et une grande table en bois également pétrifiée. L'ensemble aurait 300 millions d'années, si l'on accepte les théories classiques de la géologie, concernant la formation des roches et la période de pétrification. Cette preuve, en particulier, réfute l'hypothèse évolutionniste et démérite selon laquelle l'homo habilis aurait été le premier travailleur d'outils.

Armes. La hache de Sili a été trouvée en Arizona en 1966, un squelette de carnivore a également été trouvé avec deux pointes de lance incrustées dans le crâne, semblable à la hache de Sili, la pierre avait été affûtée avec des coupes très précises. Puis, en 1967, on a appris que des ossements humains avaient été découverts dans une veine d'argent provenant d'une mine du Colorado. Une pointe de flèche en cuivre de 10 cm de long les accompagnait. Il y avait un consensus général sur le fait que le gisement d'argent était vieux de plusieurs millions d'années et naturellement beaucoup plus vieux que l'humanité.

Objets de chasse anciens. En 1894 et 1895, des revues scientifiques annoncent la découverte de pierres taillées, c'est-à-dire de pierres "travaillées", provenant du Miocène en Birmanie, partie de l'Inde britannique. Les outils ont été signalés par Fritz Noetling, un paléontologue qui dirigeait le Geological Survey of India dans la région de Yenangyaung en Birmanie. Ces fossiles et outils étaient datés d'il y a entre 5 et 12 millions d'années. Un autre cas intéressant s'est produit en 1870, lorsque Anatole Roujou a rapporté que le géologue Charles Tardy avait déterré un couteau en silex de la surface exposée du conglomérat du Miocène supérieur à Aurillac, dans le sud de la France. Le géologue français JB Rames doutait que les objets trouvés par Tardy soient manifestement fabriqués par l'homme.

Ergo, en 1877, Rames fit ses propres découvertes d'outils en silex dans la même région, au Puy Courny, un site près d'Aurillac. Ces outils ont été extraits de sédiments déposés entre des couches de matériaux volcaniques établis à la fin du Miocène, vieux de 7 à 9 millions d'années.

Prenons également le cas de 1910, lorsqu'Henri Breuil trouva des outils en pierre à Belle-Assise, près de Clermont, en France. La formation dans laquelle ils ont été trouvés appartient au début de l'Éocène (50-55 millions d'années). Des outils humains ont également été trouvés au Portugal. Carlos Ribeiro a découvert des outils en silex dans des formations du Miocène près de Lisbonne, au Portugal. Ses découvertes ont été citées dans plusieurs livres importants et documents archéologiques importants. En 1857, Ribeiro est nommé responsable du Service géologique du Portugal (Commission géologique du Portugal) et élu à l'Académie portugaise des sciences. La plupart de leurs découvertes représentant des preuves humaines de la préhistoire datent de 5 à 25 millions d'années.

Axes. On sait qu'une trentaine de cadavres accumulés ont été retrouvés dans un endroit à 50 m de profondeur -dans un endroit où aucune activité ne se déroule- qu'ils ont choisi exprès pour accumuler ces cadavres. A côté de ces trente corps, ils ont déposé un biface, très bien sculpté, d'une couleur étrange, rare dans les matériaux trouvés dans la région. Baptisée Excalibur, cette hache récemment découverte dans la Sima de los Huesos, en Espagne, a environ 400 000 ans. Nous avons également le cas de 1982, où KN Prasad du Geological Survey of India a rapporté la découverte d'un outil brut en galet, une hache à un seul tranchant dans la formation Miocène Nagri près de Haritalyangar, dans les contreforts de la vallée himalayenne du nord-ouest de l'Inde. Cela situe la hache dans une antiquité lointaine, comprise entre 9 et 10 millions d'années, étant donné que, selon la théorie acceptée, les premiers outils auraient commencé à être conçus par l'Homo habilis d'Afrique il y a seulement moins de 2 millions d'années.

Le marteau de Thor a-t-il existé? Le soi-disant "Marteau du Texas" du Somerwell Museum, trouvé enfoui dans une grotte à Londres (Texas) en 1934. Il a été daté d'il y a 140 millions d'années ou plus, et le fer est d'une grande pureté, seulement possible d'obtenir avec la technologie moderne, et le manche a accusé un processus de pétrification dans la roche, ce qui montre sa lointaine antiquité. Ceci et les suivants attestent une fois de plus qu'il y avait des hommes au Trias (entre 225 et 180 millions d'années).

Mortier vieux de plus de 5 millions d'années. Le mortier de Table Mountain en Californie datant d'il y a 50 millions d'années, ainsi que le pilon et le pilon, découverts en 1877 lorsque l'ingénieur minier JH Neale a trouvé plusieurs fers de lance dépassant d'une roche très sombre à Toulomme, en Californie. En examinant ces points de plus près, il trouva non loin un petit mortier irrégulier de moins de 10 cm de diamètre. A ses côtés, il découvrit un pilon ainsi qu'un autre mortier plus symétrique. Neal affirme qu'il est totalement impossible que ces reliques aient pu atteindre la position dans laquelle elles ont été trouvées à un moment autre que la formation des dépôts de gravier et avant la formation de la couche de lave. De plus, aucune trace de perturbation n'a été observée dans le massif rocheux ni de fissures naturelles qui auraient permis l'introduction de ces objets à travers ceux-ci. La position de ces outils trouvés sur la Montagne de la Table indique qu'ils ont entre 33 et 35 millions d'années !

En 1853, un médecin nommé Dr HH Boyce découvrit des ossements humains sur Clay Hill dans le pays d'El Dorado, en Californie; En février 1866, M. Mattison, le principal propriétaire de la mine de Bald Hill, près de Angels Creek dans le pays de Calaveras, déterra un crâne dans une couche de gravier à 130 pieds sous la surface. La zone où il a été trouvé a coïncidé avec de nombreux sédiments volcaniques et est bien plus ancienne que 5 millions d'années, comme dans le cas de Boyce. Des outils en pierre vieux de plus de 5 millions d'années ont également été trouvés à proximité dans les mines Smilow et Marshall à San Andreas, dans le pays de Calaveras, ainsi qu'à Spanish Creek dans le pays d'El Dorado et à Cherokee dans le pays de Butte.

JD Whitney a notamment rapporté plusieurs découvertes provenant de Placer Country. Il évoque principalement la découverte d'ossements humains découverts dans le tunnel du Missouri: "*Dans ce tunnel, sous la lave, ont été trouvés deux ossements [...] que le Dr Fagan a déclaré être humains. On disait que l'un d'eux était un os de jambe; sur le caractère de l'autre, on ne se souvenait de rien. La plupart des informations ont été obtenues de M. Goodyear auprès de M. Samuel Bowman dont l'intelligence et la confiance en la vérité ont reçu de bonnes références d'un ami personnel bien informé par lui. Le Dr Fagan était à cette époque l'un des meilleurs médecins de la région.*» Selon les informations fournies par la Division des Mines et de la Géologie de Californie, le gisement dont les ossements ont été extraits est vieux de 8,7 millions d'années. De nombreux outils de ce type, ainsi que des mâchoires humaines modernes, des outils néolithiques, des fragments de crânes humains, des pierres sculptées et d'autres objets hors du temps, vieux de 9 à 55 millions d'années, ont été découverts à divers endroits de Tuolumne, de la Montagne de la Table en Californie à plusieurs reprises.

Cubes de film. Comme s'il s'agissait de l'intrigue principale du film "Transformers" de Steven Spielberg, à l'automne 1885, un objet cubique a été découvert dans un bloc de charbon tertiaire (60 millions d'années) dans une mine en Allemagne. Le parallélépipède a été examiné par le Dr A. Gurlt. D'après les publications de 1886 sur cet objet, il a d'abord été interprété comme une météorite fossile et semble être "travaillé, fabriqué" !... L'objet mesure 7 cm x 7 cm sur 4,5 cm et sa densité est de 7,75. On voit que 4 de ses faces sont parfaitement planes, et les 2 opposées sont légèrement convexes. Un sillon profond l'entoure à mi-hauteur. Quelque chose de similaire a également été observé en Angleterre, lorsque Osmond Fisher, membre de la Geological Society, a découvert un élément intéressant sur le terrain du Dorsetshire: le fossé des éléphants à Dewlish.

Fisher a déclaré dans The Geological Magazine (1912): "*Cette tranchée était creusée dans de la chaux et mesurait 12 pieds de profondeur, et si épaisse qu'un homme pouvait simplement la traverser à pied. Cela ne correspond pas à la ligne de fractures naturelles, et les couches de chert de chaque côté correspondent [...] cette tranchée, à mon avis, a été creusée par des hommes à la fin du Pléistocène et conçue dans l'intention de capturer des éléphants.*» Fisher a fait d'autres découvertes intéressantes dont il a parlé en 1912: "*Lorsque je cherchais des fossiles dans l'Éocène de Barton Cliff, j'ai trouvé un morceau d'une substance semblable à un jet d'environ 9 1/2 pouces carrés et 2 1/4 pouces d'épaisseur. ...] le spécimen se trouve maintenant au Sedgwick Museum, Cambridge.*» Le jais est une variété de lignite, un charbon noir compact qui prend un bon poli et est souvent utilisé comme bijou. Ce cube a été trouvé dans des couches de la période Éocène datant d'il y a entre 38 et 55 millions d'années aujourd'hui.

Monnaie archaïque. En 1871, William E. Dubois de la Smithsonian Institution a signalé la découverte de nombreux objets fabriqués par l'homme à des niveaux profonds dans l'Illinois. La première consistait en un type de pièce de monnaie provenant de Lawn Ridge, dans le Marshall Country, dans l'Illinois. Le rapport indiquait qu'en août 1870, à Lawn Ridge, près de Peoria, dans l'Illinois, avec deux compagnons, JW Moffit trouva un morceau dans les décombres d'un puits artésien qu'ils étaient en train de forer. Le professeur A. Winchell a étudié l'objet fabriqué à partir d'un alliage de cuivre inconnu à l'époque. Malgré la corrosion, la pièce ronde présentait des bords très tranchants et uniformes sur toute son épaisseur. Un dessin qui représentait un visage féminin couronné et qui semblait avoir été gravé à l'acide. De l'autre côté, un animal aux longues oreilles pointues et à la longue queue effilochée était accompagné d'un autre, semblable à un cheval. Dans le contour des deux visages, on pouvait voir des lettres d'écriture inconnue. Trouvé à plus de 30 m de profondeur, il pourrait avoir entre 100 000 et 150 000 ans.

Moffit a également signalé que d'autres artefacts avaient été trouvés dans le pays voisin de Whiteside, dans l'Illinois. À une profondeur de 120 pieds, les ouvriers ont découvert "*un grand anneau de cuivre ferreux, semblable à ceux utilisés aujourd'hui sur les vergues (croix des mâts) des navires [...] ils ont également trouvé quelque chose de stylisé-modifié comme une botte". -crochet.*» M. Moffit a ajouté: "*Il existe de nombreux cas de reliques trouvées à des profondeurs moins profondes. Une hache en forme de lance en fer a été retrouvée enfoncée dans l'argile à 40 pieds: et des tuyaux en pierre et en céramique ont été découverts à des profondeurs allant de 10 à 50 pieds en divers endroits.*» En septembre 1984, l'Illinois State Geological Survey a écrit à Michael A. Cremo et Richard L. Thompson pour leur dire que les dépôts allant jusqu'à 120 pieds dans le Whiteside Country variaient considérablement. Dans certains endroits, on trouverait des gisements vieux de 50 000 ans à 120 pieds, tandis que dans d'autres, on trouverait des pierres siluriennes vieilles de 410 millions d'années.

Les canalisations de Saint Jean de Livet. En 1968, Y. Druet et H. Salfati affirmaient publiquement avoir découvert des tubes métalliques semi-ovoïdes noyés dans des gisements calcaires du Crétacé vieux de 65 millions d'années, dans une carrière de Saint Jean de Livet (France). Après avoir examiné et rejeté diverses hypothèses, Druet et Salfati sont parvenus à la conclusion que des êtres intelligents vivaient à l'époque attribuée au calcaire en question.

Balles paléolithiques. L'une des choses les plus étranges est de découvrir des animaux ou des hommes avec des impacts de balles, comme c'est le cas du crâne d'un bison trouvé dans le désert du Colorado, qui présentait un trou parfait de 2,54 cm, comme s'il avait été tué avec un faisceau laser d'une portée considérable. pouvoir. Seul le crâne provenait d'un bison préhistorique. L'une des découvertes les plus spectaculaires à cet égard est un crâne qui se trouve actuellement au Musée d'histoire naturelle de Londres. Il appartient à un homme de Néandertal et a été découvert près de Broken Hill (Zambie) en 1921. Sur le côté gauche du crâne se trouve un trou rond aux bords plats. La propreté de la blessure suggère qu'elle a été causée par un projectile à grande vitesse, comme une balle. Du côté opposé à cette blessure, le crâne est détruit comme par l'action du projectile sortant du crâne. Un expert légiste berlinois a déclaré que le trou était identique aux blessures par balle que l'on trouve si souvent aujourd'hui dans sa profession.

Cependant, les restes ont été retrouvés à une profondeur de 18 m. Il était impossible que les processus géologiques naturels le recouvrent à une telle profondeur, même si la victime était décédée il y a seulement quelques siècles, puisque les armes à feu sont arrivées pour la première fois en Afrique centrale après le XVe siècle. Ce crâne appartenant à un Néandertalien présente curieusement un trou de balle réalisé il y a 40 000 ans. Elle a été analysée par des archéologues puis par des experts en balistique, ne pouvant sortir de leur étonnement. Un autre cas est celui d'une photo d'un animal préhistorique, où un objet énigmatique s'ajoute à de nombreuses autres découvertes similaires. L'un d'eux est celui d'un crâne d'aurochs (espèce de bison disparue) trouvé près de la rivière Liena - en URSS - et qui présente un trou parfaitement rond et poli, semblable à une blessure par balle. Les aurochs ont vécu de nombreuses années après avoir été blessés.

L'artefact Coso. Baptisé "l'artefact Coso", il a été découvert en 1961 à Olancha (Californie), près des montagnes Coso, ce qui est surprenant. L'enveloppe extérieure de l'artefact est composée d'argile durcie, de pierres, de fragments de coquilles fossiles et de deux objets ressemblant à un clou et à un disque. À l'intérieur, on peut voir un cylindre en céramique dans un manchon hexagonal en bois pétrifié, avec des fragments de cuivre entre les deux. Au milieu du cylindre est insérée une tige métallique de 2 mm de diamètre. Cet objet a entre 250 000 et 500 000 ans.

Le pot Dorchester. Un rapport intitulé: "A Relic of the Bygon Era", parut dans la revue Scientific American du 5 juin 1852, où il était dit qu'à Meeting House Hill, Dorchester (Massachusetts), une énorme masse de roche avait été déterrée, dont certains morceaux pesaient voire des tonnes. Parmi eux, un conteneur métallique a été récupéré en deux parties, sûrement brisé par l'explosion minière. Lorsque les deux fragments ont été réunis, ils ont formé un pot en forme de cloche mesurant 4 1/2 pouces de haut, 6 1/2 pouces en bas, 2 1/2 pouces en haut et environ un huitième de pouce au milieu. La couleur dudit vase était semblable à celle du zinc, même s'il semblait contenir certaines portions d'argent. Autour d'elle se trouvaient six figures florales qui se distinguaient par leur réalisation en argent pur et autour d'une vigne représentée, également en argent pur. Cet impressionnant artefact a été retiré d'une profondeur de 15 pieds et est resté en possession de M. John Kettell. Selon une étude récente de la carte de l'US Geological Survey de la région de Dorchester-Boston, la pierre est désormais appelée conglomérat de Roxbury. Il appartient à l'ère précambrienne, vieille de plus de 600 millions d'années.

Cuillères, cloches, anneaux et crochets. En 1976, un journal a publié la description d'une cuillère trouvée en 1937 mélangée à du charbon tendre de Pennsylvanie. La cuillère a été retrouvée dans un amas de cendres brunes résultant de la combustion d'un gros morceau de charbon. Une fois les cendres retirées, la cuillère est apparue, qui pourrait être une relique du monde antédiluvien. En 1851, dans le comté de Whiteside (Illinois), lors de fouilles, deux objets en cuivre furent prélevés à une profondeur de 36 m. Ils ressemblaient à un crochet et à un anneau vieux d'environ 150 000 ans. En 1944, Newton Anderson a trouvé une cloche dans un morceau de charbon près de chez lui en Virginie occidentale. Cet artefact a été étudié par l'Université d'Oklahoma et semble avoir des centaines de milliers d'années. L'artefact a été baptisé "Adam's Bell".

Chaînes et fils dorés. Il est difficile de penser que les hommes des cavernes fabriquaient du fil d'or. C'est étrange, mais cela arrive, et le 'The London Times', du 22 juin 1844, rapportait qu'en Écosse - entre les rivières Tweed et Rutherford - à une profondeur de 2,5 m, des ouvriers trouvèrent un fil d'or enfoncé dans un rocher, qui, selon le Dr AW Medd du British Geological Survey, appartenait en 1985 au Carbonifère (320-360 millions d'années). Ce fil a été exposé au siège du journal local, le "Kelso Chronicle". Une autre fois, en 1891, à Morrisonville (Illinois, USA), en cassant un gros bloc de charbon, Mme SW Culp trouva une chaîne en or d'environ 25 cm de long, dont les extrémités semblaient prises dans deux morceaux différents. Cela a été rapporté par le Morrisonville Times le 11 juin de la même année. L'Illinois State Geological Survey a déclaré que la couche dans laquelle la chaîne d'or a été trouvée était vieille de 280 à 320 millions d'années.

Les ongles millénaires. Au XVIe siècle, en 1572, un clou en fer de 18 cm fut découvert dans la roche d'une mine au Pérou. Il a été offert en souvenir au vice-roi espagnol du Pérou. L'âge de la couche géologique dont il est issu est estimé entre 75 000 et 100 000 ans. Dans un autre cas, en 1844, un autre artefact en fer inexplicable a fait l'objet d'une enquête minutieuse et détaillée. Sir David Brewster a rapporté qu'un bloc de pierre de 60 cm de long provenant de la carrière de Kingoodie près de Dundee, en Écosse, en cours d'exploitation, avait produit un clou de fer rouillé, trouvé à l'endroit où se trouvaient la pierre et la terre. L'extrémité pointue du clou dépassait d'un peu plus de 1 cm vers la terre, tandis que le reste reposait sur la surface de la pierre, à l'exception des derniers 2,5 cm de la tête qui y était enfoncée.

On estime que le bloc s'est formé il y a 60 millions d'années, bien que le Dr AW Medd du British Geological Survey ait écrit en 1985 que le grès appartenait au "grès rouge inférieur de l'*ancienne ère*", c'est-à-dire au Dévonien (360 et 408 millions d'années). Brewster était un médecin célèbre qui a fait des découvertes importantes pour la British Association for the Advancement of Science. Un autre cas similaire s'est produit quelques années plus tard, lorsqu'en 1851, à Springfield (Massachusetts), M. De Witt a accidentellement brisé un morceau de quartz aurifère qu'il avait rapporté de Californie. A l'intérieur se trouvait un clou en fer forgé de 5 cm, droit avec une tête parfaitement formée et légèrement corrodée. La pierre avait 1 million d'années.

Vieille vis. Appelée vis de Lanzhou, elle a été découverte dans les monts Mazong en Chine en juin 2002. La roche contenant le corps de la vis a été découverte par M. Zhilin Wang lors d'une enquête sur le terrain dans la zone intermédiaire entre les provinces du Gansu et du Xijiang. La couleur de la roche est d'un noir inhabituel et son degré de dureté la rend également particulière. Son poids est de 466 grammes et ses dimensions approximatives sont de 7 x 8 centimètres. L'objet inséré dans la roche présente toutes les caractéristiques du corps d'une vis ordinaire, longue d'environ 6 centimètres. Depuis son apparition, le corps de la vis a attiré l'attention de nombreux scientifiques et chercheurs, issus d'institutions telles que le "Bureau national des ressources foncières de la province du Gansu", l'"Institut de recherche en géologie et minéraux" et l'"École des ressources de l'Université de Lanzhou". et l'environnement". Après plusieurs investigations, les spécialistes ont confirmé que le rocher devait être considéré comme l'un des objets les plus précieux de l'archéologie chinoise et mondiale. A une autre occasion, nous avons également découvert qu'en 1865, un morceau de feldspath, extrait d'une mine de Treasure City (Nevada), contenait les restes rouillés d'une vis aiguisée. La pierre avait 21 millions d'années. Quel dinosaure a fabriqué des vis ?

Le dé à coudre d'Ève. Vers 1880, dans l'État du Colorado, un éleveur partit à la recherche de charbon dans une veine située à flanc de colline. La cargaison qu'il a récupérée provenait d'un endroit situé à environ 45 m de l'embouchure de la veine et à environ 90 m sous la surface. De retour chez lui, il commença à fendre les morceaux de charbon et un dé à coudre en fer sortit de l'un d'eux. Ou du moins, il ressemblait à un dé à coudre et fut bientôt connu localement sous le nom de "Dé à coudre d'Eva". Il avait les mêmes encoches que les dés à coudre modernes. Le métal s'est effondré en miettes sous la manipulation de voisins curieux, jusqu'à ce qu'il soit finalement perdu. Même en admettant que les Indiens utilisaient des dés à coudre en fer dans des siècles lointains, le mystère demeure, puisque le charbon dont est issu cet objet s'est formé entre le Crétacé et le Tertiaire, il y a environ 70 millions d'années ! Et selon l'avis des experts, l'humanité n'existait pas encore, mais ce qui se rapprochait le plus de l'être humain était de petits mammifères ressemblant à des lémuriens qui vivaient dans les arbres.

Le Bal de Laon. En avril 1862, Le Géologue publie un rapport documentant la découverte d'une boule calcaire à 75 m de profondeur dans des couches de lignite près de Laon et appartenant à l'époque tertiaire. Diverses formes fossiles étaient visibles dans la couche d'argile gréseuse qui recouvrait le lignite. C'était en août 1861, lorsque des mineurs travaillant à une extrémité du tunnel virent un objet rond tomber du haut de l'excavation. L'objet sphérique mesurait environ 6 cm de diamètre et pesait environ 310 grammes. Selon Maximilien Melleville, vice-président de la Société académique de Laon et auteur du rapport, l'authenticité de la sphère ne fait aucun doute. Dans leurs hypothèses, il n'y avait logiquement aucune place pour la possibilité que l'homme ait existé au moment de la formation des lignites du bassin parisien. Si cette boule était une œuvre humaine, les réticences de Melleville seraient justifiées, car cela reviendrait à admettre qu'il y a environ 50 millions d'années (ère tertiaire) une culture intelligente habitait la France.

La Coupe de Fer Carbonifère. Une autre preuve du Carbonifère (entre 345 et 280 millions d'années) est la coupe en fer trouvée dans l'Oklahoma, aux États-Unis. Le 10 janvier 1949, Robert Nordling a envoyé une photographie d'une coupe en fer trouvée en 1912 à l'intérieur d'un morceau de charbon appartenant aux mines. de Wilburton, Oklahoma, à Frank Marsh, de l'Université Andrews, dans le Michigan (USA). La photographie appartenait à un ami de Nordling, dont le père travaillait à la centrale électrique municipale de Thomas, en Oklahoma. La découverte a eu lieu alors qu'un employé de l'entreprise travaillait à côté de la chaudière. En heurtant le charbon, le fragment à l'intérieur duquel se trouvait la coupe s'est brisé, l'exposant. Selon Robert O. Fay de l'Oklahoma Geological Survey, le charbon de la mine de Wilburton a environ 312 millions d'années.

Lorsque Frank Marsh reçut la photo, il tenta de retrouver le propriétaire de la coupe, mais ses efforts furent vains car l'ami de Nordling était décédé et ses héritiers ne savaient pas où se trouvait le mystérieux ustensile. Des années plus tard, en 1966, Marsh entame une série de contacts avec le Dr WH Rusch, professeur de biologie à l'école Concordia d'Ann Arbor, Michigan, afin de clarifier le mystère, sans succès dans ses enquêtes. Quoi qu'il en soit, c'est une véritable tragédie de ne pas pouvoir compter sur cette précieuse relique, car elle contribuerait sans aucun doute à éclaircir certaines des énigmes auxquelles sont confrontés les archéologues les plus audacieux.

Pierres avec incrustations métalliques. Sur elrisco.wordpress.com, il y a un article affirmant que des archéologues de l'Université de Saint-Pétersbourg ont certifié l'authenticité de certains fossiles trouvés à 200 kilomètres de Tigil, sur la péninsule isolée du Kamtchatka, en Russie. Le paléontologue Yuri Golubev s'étonne de la façon dont cette découverte peut changer l'histoire telle que nous la connaissons jusqu'à présent. Ce n'est pas la première fois que des OOPARTS (Out of Place Artifacts ou Artefacts hors de place) sont découverts, mais ils sont étonnamment préservés. C'est une roche qui contient une infinité de morceaux métalliques. Ces pièces semblent former un mécanisme d'engrenages qui appartenait peut-être à une horloge ou à un ordinateur. Ce qui est surprenant, c'est qu'ils sont fossilisés dans une roche vieille de ni plus ni moins de 400 millions d'années.

Ils disent avoir reçu un appel du maire de Tigil qui leur dit que des randonneurs ont trouvé les restes dans une zone très escarpée. Lorsque les enquêteurs se sont rendus sur place, ils n'ont pas cru ce qu'ils ont vu. Il y avait des centaines de petites roues qui semblaient constituer une machine. Ils étaient parfaitement conservés, comme s'ils s'étaient pétrifiés en peu de temps. Ils ont dit qu'ils ont dû mettre en place une surveillance dans la zone car les visites de curieux se sont multipliées par cent: << *L'autre jour, plusieurs groupes de géologues nord-américains sont arrivés et même si nous ne pouvons pas leur refuser le passage, nous les surveillons de près. oeil sur eux.* >> Personne ne pouvait croire qu'il y avait un homme sur Terre il y a 400 millions d'années. En fait, les modes de vie à l'époque étaient très simples. Cela laisse penser qu'il est probable que les êtres qui ont apporté cette technologie soient venus de l'extérieur, ou qu'il y ait eu des civilisations plus avancées dans notre passé qui se sont éteintes. La théorie des anciens astronautes voudrait qu'ils aient pu être des visiteurs et que leur navire ait été endommagé et qu'ils aient dû rester. Au fil du temps, ils commenceraient très probablement à développer des technologies avec leurs connaissances et grâce aux matériaux trouvés. Une autre possibilité est qu'il s'agissait peut-être de parties d'un ordinateur qu'ils utilisaient pour calculer un itinéraire, comme le fameux “mécanisme d'Anticythère”.

D'après les tests effectués jusqu'à présent, il a été constaté que les pièces se sont fossilisées en peu de temps. Ceux-ci tombèrent dans un bourbier qui se fossilisa à cause d'un puissant cataclysme. Nier l'existence de la technologie dans le passé est une grave erreur, car l'évolution n'a pas été linéaire. On sait qu'il y a eu des cataclysmes majeurs et nombre d'entre eux ont anéanti à plusieurs reprises la vie intelligente sur la surface de la Terre. Yuri termine la courte interview par la phrase suivante: "*Notre niveau actuel de technologie par rapport à celui-ci est proportionnel à la capacité de certains à inventer des choses* ..."

La tasse à mesurer en fer. Parmi les grands chercheurs de ces OOParts (Artifacts Out of Time) avec par exemple Klaus Dona, Richard Thomson, Michael Cremo ou le Dr Zillmer qui étudia une sorte de tasse à mesurer en fer découverte en 1912 lorsqu'elle tomba à la mer fendit un grand morceau de charbon. Le charbon provient de la mine de Wilburton, en Oklahoma, et semble avoir plus de 300 millions d'années. Il est exposé au "Creation Evidence Museum" à Glen Rose, USA.

Le Kentucky et l'âge des trilobites. Dans le Kentucky, aux États-Unis, il existe aujourd'hui un musée où sont conservées des pièces impressionnantes, dont l'âge et la matière nous étonnent:

- Des fossiles d'une sorte de reptiloïde vieux de millions d'années ont été découverts.
- Il existe un os pétrifié fluorescent, ce qui en soi est inhabituel.
- Il y a un sarcophage avec une image d'un visage humain.
- Contour de mains pétrifiées de l'époque des dinosaures.
- Un métal tétragonal sculpté qui a la modeste antiquité de 4 000 millions d'années.
- Partie d'un corps pétrifié géant avec quelque chose d'étrange dessus, qui ressemble à l'émeraude.

- Un pétroglyphe de millions d'années.
- Un tronc pétrifié sculpté au Carbonifère.
- Un alliage métallique inconnu de Burnside, Kentucky, découvert il y a 300 ans.
- Un artefact métallique inconnu conservé au Huntsville Space Center et dont la couleur ressemble à un mélange de cuivre et de bronze.
- Il y a un artefact fossilisé gelé.
- Un artefact fossilisé trouvé avec des traces de doigts humains, qui ne peuvent être distingués s'il s'agit de pierre, de verre ou de métal, mais sa couleur semble être un jaune artificiel.
- Un autre est peut-être un artefact météorite, mais avec des gravures inconnues, datant de quelque 4 milliards d'années.
- Il existe également une tête de projectile conservée dans du quartz depuis des millions d'années.
- Il y a un clou doré à l'intérieur du quartz, également vieux de plusieurs millions d'années.
- L'autre chose comme ça, remarquable, est une pierre en forme de cœur énorme, vieille de 300 millions d'années, et en son centre il y a un trou parfaitement sculpté.

Sphères de Klerksdorp. De nombreuses revues scientifiques et archéologiques ont fait écho ces dernières années à la découverte faite par plusieurs mineurs sud-africains dans la ville d'Ottosdal (Afrique du Sud). Certaines sphères ont été trouvées parmi la pyrophyllite, un type de matériau très mou formé par des sédiments de plus de 2,8 millions d'années. Roelf Marx, directeur du musée de Klerksdorp (Afrique du Sud), où sont conservées certaines de ces sphères, déclare: "*les objets semblent artificiels, mais la couche rocheuse où ils ont été trouvés correspond à une époque où aucune forme de vie intelligente n'existait. Je n'ai jamais rien vu de pareil.*" La taille

de ces sphères varie de 3 cm à 8 cm de diamètre, certaines d'entre elles abritant à l'intérieur une matière spongieuse qui disparaît très facilement lorsqu'elle est sectionnée et laissée au contact de l'air.
Son extérieur est formé d'un alliage d'acier et de nickel d'une grande dureté, attirant puissamment l'attention sur certaines lignes fines ou rainures qui entourent les sphères, les divisant en deux parties égales.
Ces pierres peuvent être divisées en deux types, les premières sont un métal solide bleuâtre avec des taches blanches et les secondes sont creuses et remplies d'une matière spongieuse blanche. D'autre part, A. Bissehoff, professeur de géologie à l'Université de Potchefstroom a déclaré que: "*les sphères étaient constituées d'un agglomérat de limonite, une sorte de matériau ferrique*". L'hypothèse de Bissehoff n'est pas acceptée par la communauté internationale puisque la limonite est un métal relativement mou et admettrait des rayures par l'acier, ce qui n'est pas possible puisque les sphères sont beaucoup plus résistantes, en plus du fait que les agglomérats de limonite apparaissent en groupes et jamais isolés ni si parfaitement sphérique.
Ce serait comme admettre qu'ils ont été sculptés avec quelque chose de semblable à un laser, sans laisser de fissures ni de traces d'éclats, typiques des outils. La découverte parle d'elle-même.

Murs en béton de l'âge dévonien. Nous avons dans la liste le cas d'un mur de blocs en Oklahoma (USA), où WW McCormick d'Abilene (Texas), rapporta qu'en 1928 Atlas Almon Mathis travaillait dans un puits à 2 miles de Heavener, Oklahoma, lorsqu'il rencontra plusieurs des blocs de béton éparpillés sur le sol après une série de détonations provoquées pour ouvrir la mine. Les blocs, de 30 cm de côté, étaient lisses et polis, à tel point qu'ils ressemblaient à un miroir. A 100 ou 150 m de profondeur, un autre mineur a découvert un autre mur similaire. L'âge du charbon déposé dans cette mine est estimé à 286 millions d'années. Après cet incident, la mine a été fermée et ses ouvriers ont reçu l'ordre de garder le silence sur une découverte aussi étonnante.

Certains chercheurs, comme l'historien Michael A. Cremo et le philosophe des sciences, le Dr Richard L. Thompson (auteurs du célèbre livre "Forbidden Archaeology"), n'ont pas pu vérifier l'existence de la découverte, mais ont réussi à exhumer de nombreux autres des témoignages de mineurs qui, au cours de leurs journées de travail sous terre, ont découvert des vestiges d'un passé lointain qui correspondaient à peine aux chronologies officielles. L'une de ces histoires fait référence à un mineur nommé James Parson qui, travaillant avec ses deux fils, est tombé sur un mur d'ardoise dans une mine de charbon à Hammondville, Ohio (États-Unis), en 1868. D'après un article publié par MK Jessup dans En 1973, le mur en question était lisse et gravé de plusieurs lignes droites de hiéroglyphes en relief.

À la suite de cet événement, selon Atlas Almon Mathis, un ouvrier de cette mine, ils nous ont tous fait sortir de là et nous ont interdit d'en parler, puis nous avons été transférés à la mine numéro 24, près de Wilburton, également en Oklahoma. Dans cette mine, certains compagnons de Mathis trouvèrent un bloc d'argent massif en forme de tonneau portant la marque des douelles (planches qui forment les parois d'un tonneau). Le charbon de Wilburton s'est formé il y a 280 à 320 millions d'années.

Tunnel de Baiun. Une autre construction tout aussi fascinante est le “tunnel de Bainun” au Yémen. Attribué à Salomon et à la reine de Saba, c'est un autre des grands paradigmes du passé et l'un des nombreux bâtiments dont le roi israélite Salomon a ordonné la construction. “Gundam”, un célèbre château construit juste après le déluge, et qui, selon les archéologues yéménites, pourrait être retrouvé très prochainement. Ceci, ainsi que le château de Salín, sont attribués aux “génies” (êtres fantastiques) de Salomon. L'historien arabe Al-Hamdani a assuré dans l'un de ses différents ouvrages qu'il avait lui-même vu le château de ses propres yeux. Cela doit remonter à environ 930-940 après JC. C. et sa déclaration coïncide avec son collègue afghan Biruni, qui a vu les ruines de Gundam dans la ville de Sana, au pied d'une montagne appelée Nikkum ou Lokkum, et dit que cette ville de Sana a été construite par Sem, le fils aîné de Noé.

D'étranges pierres sculptées. Le 2 avril 1897, le Daily News d'Omaha, Nebraska, (USA), publiait un article intitulé: "*Pierre sculptée enfouie dans une mine*". L'article raconte que pendant que des mineurs travaillaient dans la mine de charbon de Lehigh, dans l'Iowa, à 40 m de profondeur, l'un d'eux a trouvé un morceau de roche qui ne correspondait pas à la roche environnante. La pierre en question était gris foncé et mesurait environ 60 cm de long, 30 cm de large et 10 cm d'épaisseur. Sur la surface très dure de la pierre, il y avait plusieurs lignes tracées qui formaient de parfaits losanges. Au centre de chacun de ces diamants était représenté le visage d'un vieil homme. Comment cette pierre est-elle arrivée là? Les mineurs qui l'ont trouvé insistent sur le fait que les terres de cette zone n'avaient jamais été exploitées en prospection. Une véritable énigme mettant en scène un charbon appartenant à l'Âge Carbonifère (Entre 345 et 280 millions d'années).

L'un des objets anachroniques les plus célèbres est celui connu sous le nom de "Cube de Salzbourg", découvert en 1885. Lorsqu'un ouvrier d'une fonderie de fer autrichienne cassait des morceaux de charbon de Wolfsegg, il trouva un objet en fer de forme cubique, bien que quelque peu déformé. Noorbergen reprend la description de l'objet, qui devint bientôt connue: Les bords de cet étrange objet étaient auparavant parfaitement droits et définis; quatre de ses côtés étaient plats, tandis que les deux autres côtés, situés l'un en face de l'autre, étaient convexes. A mi-hauteur, il y avait un sillon assez profond.

En réalité, la forme de l'objet, qui se trouve aujourd'hui dans un musée municipal à proximité de la fonderie où il a été trouvé, ne ressemble pas du tout à un cube: sa seule surface plane est le résultat d'une tranche qui en a été séparée pour analyse chimique. L'analyse a montré que le métal ne contient pas de nickel, de chrome ou de cobalt, il ne peut donc pas s'agir d'une météorite, comme on le pensait au début. Cela ressemble à une sorte de fer forgé. La question cruciale est de savoir si elle s'est réellement formée dans un morceau de charbon. Il semble que le scientifique qui a le premier étudié le cube et suggéré qu'il s'agissait d'une météorite n'a même pas essayé de trouver le morceau de charbon dans la cavité qui avait abrité le cube. En l'absence de cette information cruciale, le cube de Salzbourg a reçu une publicité sans commune mesure avec sa valeur intrinsèque.

Les pierres d'Ica. On a beaucoup parlé de ces pierres, mélangeant les fraudes et les pierres sculptées par les villageois pour les vendre comme pièces artisanales, avec les véritables pierres volcaniques aux sculptures préhistoriques. Le français Chanoux, dans son ouvrage "Enigme des Andes", assurait que les pierres d'Ica pourraient être " *la bibliothèque des Atlantes qui existaient il y a 50 millions d'années* ". L'une de ces pierres énigmatiques représente le monde au Paléozoïque et au Mésozoïque inférieur, basé sur un supercontinent appelé Gondwana, et dont la capitale était Panguea -l'actuelle Caraïbe, et signifie: "Toutes les Terres"-, et dont le méga océan était "Panthalasa". (La "Mer de Téthys", mer centrale, se trouvait dans le golfe de la Pangée. Cette humanité gliptolithique a décidé de fixer son savoir dans la pierre (et d'autres matériaux comme les métaux précieux, détruits par l'avidité humaine) pour éviter des catastrophes aux hommes futurs et aidez-les à gouverner leur vie selon des règles sages et rationnelles. L'un des premiers peuples à le faire fut, selon le Dr Cabrera, le peuple Inca.

On observe des pierres là où des hommes préhistoriques effectuent des opérations de toutes sortes sur d'autres hommes et femmes. L'un des éléments qui confirme la croyance du Dr Cabrera, décédé en 2001, est une pierre sur laquelle est gravée une carte du monde, comme à l'époque tertiaire. Là, la forme et la disposition des continents sont complètement différentes de celles d'aujourd'hui, "certaines zones semblent coïncider avec les continents manquants de la Lémurie et de l'Atlantide". Considérant que la géologie ne savait pas jusqu'à la fin du XIXème siècle et au début du XXème que les grands cataclysmes de la fin du Tertiaire avaient provoqué des changements spectaculaires dans la forme et la disposition des continents, le Dr Cabrera soutient que cette pierre pourrait seulement ont été sculptées par des hommes qui vivaient sur une planète avec cette configuration et, en outre, ils disposaient des moyens techniques nécessaires pour l'explorer et l'observer depuis de grandes hauteurs.

Il y a des années, ces pierres ont été analysées à nouveau et l'une des deux étudiées a donné une date de 60 000 ans. Les indigènes se sont toujours enterrés avec eux depuis au moins 7 000 ans; elles étaient considérées comme des pierres des dieux. Ces magnifiques témoignages du passé sont répartis sur 1/4 du Pérou. Beaucoup de gens les ont ré-enterrés sans savoir de quoi il s'agissait. Ils sont apparus dans les rivières, les vallées, les pentes, etc. Les pierres d'Ica, gravures préhistoriques qui éclairent beaucoup cette vérité qui encadre notre passé, ont été étudiées pour la première fois par le Dr Cabrera, qui les a nommées "glyptolithes" et décrit ceux qui les ont sculptées comme "l'humanité gliptolithique". À partir de ses interprétations des dessins gravés sur les pierres, Cabrera affirme que cette humanité "gliptolithique" a été créée par une race supérieure arrivée sur Terre depuis quelque part dans le cosmos.

En arrivant sur notre planète, cette race n'a trouvé aucune vie intelligente et a décidé de la créer à partir d'un primate apparenté au lémurien, appelé "notharcus", qui a disparu il y a 50 millions d'années. Dans son livre "Le message des pierres gravées d'Ica" (Inti Sol editores, Lima, 1976), il affirme: " *En transplantant des codes cognitifs à certains primates appartenant à un type de primate très intelligent, ils ont généré des hommes."* Apparemment, les pierres disent qu'il existait plusieurs catégories humaines: celles qui possédaient le plus grand pouvoir cognitif. Ce sont ce que le Dr

Cabrera appelle des “hommes réfléchis et scientifiques”, au-dessus desquels, bien entendu, se classaient leurs créateurs, les hommes du cosmos. On disait que le Dr Cabrera avait forgé un grand nombre de pierres, mais il s'agissait de modèles déjà retrouvés depuis la colonisation. Il s’avère qu’il existe des chroniques de prêtres de la colonie qui décrivent ces pierres, prouvant qu’il ne s’agit pas d’une fraude.

Ils existent, et les vrais se sont ajoutés aux falsifications, mais dans les chroniques espagnoles, on en parle déjà. Les pierres ont été envoyées à un laboratoire de minéralogie respectable pour analyse et ils ont déterminé que les incisions faites pour réaliser les figures sont recouvertes d'un oxyde qui n'a pu se former qu'en quelques semaines ou mois, mais en milliers d'années. De plus, les gens qui les vendaient illégalement étaient des ignorants qui faisaient croire que c'était eux qui les sculptaient pour ne pas aller en prison pour avoir vendu le patrimoine d'une nation. De même, les personnes qui forgeaient ces pierres, pour tailler manuellement une seule et petite taille, mettaient environ 5 mois. Comment allaient-ils en sculpter 11 000? En dehors de cela, il existe des pierres sculptées encore plus grandes. Celles-ci n'avaient pas la même préciosité ni la même perfection que les originaux, et les vendeurs utilisaient n'importe quel type de pierre.

Les originaux sont des pierres de type andésite, qui sont parmi les plus dures connues et ne se trouvent pas sur la côte, mais dans les entrailles des Andes. Qui a transporté ça dans cette région? Mettons cette idée en tête: ces pierres montrent des opérations qui ne peuvent être réalisées même aujourd'hui et des pas de comètes qui n'étaient connus qu'il y a 40 ans. Le livre "Las piedras de Ica" de l'écrivain espagnol Juan José Benítez explique qu'au Pérou, il existe environ 11 000 pierres sur les 40 000 que l'on croit exister sur toute la Terre, et qu'elles sont montrées ou "racontées" avec une gravure au laser. Eux, l'histoire d'une humanité qui a non seulement vécu sur cette planète mais a également participé à l'extinction des dinosaures, ainsi qu'à bien d'autres choses de la préhistoire. Cela explique pourquoi un nombre considérable de ces fossiles de dinosaures ont été découverts avec des trous provenant de ce qui semble être des trous de "projectile" ou de "laser" à l'arrière du crâne.

Il est courant de voir un sauropode attaquer un homme ou plusieurs carnosaures déchirer un homme sur les pierres. Le Dr Cabrera, partant du fait que les pierres gravées sont des andésites géologiques, c'est-à-dire des pierres qui se sont formées dans la période tertiaire, affirme que c'est dans cette période [préhistorique] que les êtres supérieurs arrivés de l'espace ont créé l'humanité. Jusqu'à présent, les analyses n'ont pas confirmé que les gravures soient strictement contemporaines des pierres; cependant, certains micro-organismes trouvés dans les rainures des gravures remontent à des millions d'années. En revanche, il existe d'autres indices, en Amérique latine même, qui suggèrent une plus grande antiquité de l'homme.

Les sphères du Costa Rica. Comme les centaines de sphères qui ont été découvertes dans la ville de Gongxi, dans la province chinoise du Hunan, et qui se trouvent dans la zone de réserve naturelle de Shennongjia, dans la province du Hubei, il existe également au Costa Rica exactement un certain nombre de sphères en pierre ancienne. C'est dans les années 40, lorsqu'une entreprise bananière américaine commençait son exploitation dans le delta de Diquis, au sud-ouest du Costa Rica, que, au moment de commencer les travaux de défrichement de la forêt, pour la préparer à la culture, d'imposantes pierres rocheuses de différentes tailles et forme sphérique. Elles sont de taille variable: les plus petites ne mesurent que quelques centimètres de diamètre et les plus grandes sphères ont un diamètre de plus de 2 m, ces dernières pesant jusqu'à 16 tonnes. Ils sont construits en pierres de granit, d'andésite et de roches sédimentaires. On pense que les pierres ont été transportées par la rivière depuis plusieurs kilomètres jusqu'à leur emplacement actuel, car ces types de pierres n'ont pas été trouvés dans la région du delta du Diquís. Bien que la plupart des sphères se trouvent dans des sites archéologiques précolombiens, il n'existe aucun moyen de savoir si elles ont été créées par eux ou par une autre culture antérieure à celle-ci. Immédiatement après sa découverte, l'archéologue Doris Stone a mené une série d'investigations qui ont été vaines puisqu'elle n'a pas pu dater l'ancienneté des pierres, avec quels outils elles étaient si parfaitement réalisées, ni leur origine. Par la suite, Samuel K. Lothrop, expert en civilisations indigènes et archéologue, entreprit de percer l'énigme de ces pierres sphériques, mais ne put formuler aucune théorie concluante. Plus récemment, des groupes d'archéologues ont étudié les sphères de Diquis avec des méthodes plus modernes, arrivant à la conclusion qu'elles ont commencé à être créées il y a environ 3 000 ans.

Il existe la théorie de la représentation astronomique. Dans cette hypothèse (divulguée par le chercheur Michael O'Reilly), les pierres sont identifiées comme d'éventuelles cartes célestes à but cérémonial ou comme calendrier indicatif. En 1979, une de ces pierres a été trouvée à Guayabo de Turrialba (province de Cartago), qui aurait pu avoir la fonction d'un calendrier de précision et qui, associée à l'utilisation de petits objets astronomiques, donnait des détails sur des dates telles que les solstices., le jour le plus long de l'année et la durée de la saison des pluies. Une autre théorie non conventionnelle, développée par l'anthropologue estonien Ivar Zapp dans son livre "Atlantis in America", affirme que les pierres pourraient provenir de l'Atlantide, une île-continent disparue il y a 12 000 ans, et bien que les autorités archéologiques du Costa Rica ne l'aient pas fait Fortement d'accord avec cette théorie, le Centre biographique international a mentionné Zapp comme l'un des scientifiques les plus renommés du 20e siècle.

Iván Zapp a découvert avec l'aide de Carlos Araya (commandant de la Costa Rican Airlines) et d'un atlas, normal au début et Mercator (atlas qui prend en compte la courbure de la Terre) plus tard, que les sphères exactement là où elles se trouvaient quand ils ont été découverts, ils pointaient dans des directions différentes, comme s'il s'agissait de cartes à grande échelle. L'un des alignements mis au jour par les archéologues montrait le chemin en ligne droite qui mène à l'île Cocos, puis aux îles Galapagos et enfin à l'île de Pâques. Un deuxième groupe de rochers désignait les îles de la Jamaïque, de Cuba et des Bermudes. Tandis que d'autres étaient orientés vers Gizeh, en Egypte et Stonenhenge en Angleterre. Confirmant ainsi qu'il s'agissait de routes vers d'autres parties de la planète.

CONCLUSION

“Les recherches sur les débuts de la religion se sont accumulées régulièrement au cours du dernier demi-siècle. Ce n’est que grâce à de grands efforts de censure, au moyen d’une éducation sectaire du genre de celles qui sont minutieusement protégées, etc., que l’ignorance à leur sujet est maintenue.»

HG Wells (Le destin d'Homo Sapiens)

La dernière transition humaine

Même si on ne peut pas, à ce stade, dire que l’homme est apparu sur Terre récemment. Certains se demanderont si nous ne sommes pas issus d’Adam et Ève comme le disent les religions juive, chrétienne et musulmane. La vérité est qu’Adam et Ève étaient probablement des Caucasiens apparus il y a environ 9 000 ans, mais nous avons vu qu’il existe des preuves humaines incroyablement supérieures. Nous traiterons de l’histoire d’Adam et Ève dans les éditions futures en raison de la grande quantité de matériel sur le sujet. Pour l'instant, nous terminerons cette partie pour donner lieu à l'histoire méconnue de notre planète dans nos œuvres de "The Sakla Rebellion". Ce n'est ni le hasard ni des mutations improbables qui ont donné naissance à l'être humain, c'est autre chose qui l'a fait.

Les auteurs Max H. Flint et Otto O. Binder ont écrit dans leur livre Mankind, Child of the Stars: «*L' homme de Cro-Magnon est apparu avec des caractéristiques squelettiques mystérieusement améliorées et avec une capacité qui est étonnamment supérieure pour 100 centimètres cubes à celle de l'homme moderne.. Un degré d'expansion cérébrale aussi important ne s'est produit chez absolument aucune autre espèce sur*

Terre au cours des âges passés, et aucun gène n'a montré de preuve de mutation cérébrale d'une ampleur comparable depuis les temps anciens. Alan Alford, l'un des nombreux scientifiques ouverts au concept d'intervention extraterrestre, explique les anomalies entourant l'origine et l'évolution supposée de l'homme: "*Les Homo sapiens ont acquis une anatomie moderne, des capacités linguistiques et un cerveau sophistiqué (bien au-delà des nécessités de leur existence quotidienne) apparemment au mépris des lois du darwinisme. Il existe plusieurs explications possibles à cette anomalie. La première est que l'humanité a évolué dans la mer et qu'il manque des preuves fossiles cruciales. Une autre raison est que la théorie darwinienne elle-même comporte un chaînon manquant. Et une troisième explication est que les gènes de l'homme moderne ont été soudainement implantés par une espèce extraterrestre intelligente qui a colonisé la Terre.*» Dans son livre "The Neandertal Enigma", James Shreeve commente l'énigme de notre développement humain: "*Une 'transition majeure' s'est produite, mais elle s'est produite si près du moment présent que nous en sommes tous encore sous le choc. Certains ici, dans la salle de l'histoire, juste avant que nous commencions à tenir des registres sur nous-mêmes, quelque chose s'est produit qui a transformé l'animal passablement précoce en un être humain.*»

Le scientifique/cosmologue catastrophiste non-conformiste Immanuel Velikovsky, probablement l'un des érudits les plus maltraités de l'histoire, a écrit: «*La question la plus controversée est la question de l'évolution. J'ai fait beaucoup de travail sur Darwin, et je peux dire avec une certaine certitude que Darwin n'a pas dérivé sa théorie de la nature, mais a plutôt superposé une certaine vision philosophique du monde à la nature, et a ensuite passé 20 ans à essayer de collecter des faits pour mettez-la en forme*. La chercheuse Laurence Gardner décrit ainsi ce processus impossible: «*Il a fallu plus d'un million d'années à l'homme pour passer de l'utilisation des pierres telles qu'il les trouvait à la réalisation qu'elles pouvaient être sculptées et façonnées dans un but plus utile. Il a ensuite fallu encore 500 000 ans avant que les Néandertaliens ne maîtrisent le concept des outils en pierre, et encore 50 000 ans avant que les céréales ne soient cultivées et que la métallurgie ne soit découverte. Ainsi, à toutes les échelles d'estimation de l'évolution, nous devrions encore être loin de toute compréhension de base des mathématiques, de l'ingénierie ou des sciences, mais nous n'en sommes que 7 000 ans plus tard, envoyant des sondes sur Mars. Alors, comment hériter de la sagesse et qui?"*

Max H. Flint et Otto O. Binder, ces scientifiques de renom, soulignent qu'il existe de nombreux autres spécialistes qui ont de sérieux doutes sur la théorie évolutionniste de la relation entre l'origine et l'ascension de l'homme. Ils déclarent: "*...nous ne contestons pas la sélection naturelle.. puisqu'elle s'applique à d'autres créatures.. Mais nous affirmons sans équivoque que l'évolution darwinienne et la sélection naturelle ne s'appliquent pas du tout à l'humanité.* " Ils attirent notre attention sur la date de 35 000 ans avant JC, sur la prétendue transition spécifique à l'espèce des Néandertaliens - dont nous avons déjà vu qu'ils n'étaient pas nos ancêtres -, aux Cro-Magnons, qui seraient, malgré leurs caractéristiques osseuses, eux-mêmes, diffèrent considérablement des nôtres. Ils écrivent: "*Et la plus grande énigme de toutes, d'où vient l'Homme de Cro-Magnon, le premier de notre espèce, Homo sapiens, il y a 35 000 ans? La disparition de l'Homme de Néandertal et l'arrivée de l'Homme de Cro-Magnon à peu près au même moment constituent l'une des véritables grandes pierres d'achoppement pour la théorie de l'évolution, puisqu'il s'agit d'espèces non séquentielles. L'homme de Néandertal avait un gros cerveau, mais une petite capacité mentale. C'était une masse de muscles. Cet homme fut subitement remplacé par le Cro-Magnon, qui était une espèce à part entière.»*

Ils soutiennent que "*...l'Homme de Néandertal ne pouvait décidément pas être l'ancêtre direct des Cro-Magnon, puisqu'ils étaient deux types d'humains différents, physiquement et même squelettiquement.*

L'homme de Néandertal a supporté avec succès les cycles froids et chauds, semble-t-il. Il a continué à exister en Europe occidentale jusqu'à il y a environ 35 000 ans, puis a brusquement disparu. Les tendances évolutives qu'il a montrées au cours de cette période sont extrêmement déroutantes, car il semble qu'il soit devenu plus "primitif" que moins. La théorie classique de l'évolution ne peut tout simplement pas expliquer ces deux événements. Premièrement, la disparition précipitée d'une espèce bien établie, accompagnée de l'apparition brutale d'une nouvelle espèce. Deuxièmement, le fait que l'espèce néandertalienne a régressé et est devenue plus primitive au fil du temps. La sélection naturelle et la survie du plus fort sont des clous carrés qui ne peuvent pas être insérés dans ces trous ronds..." Ces deux scientifiques sont convaincus que l'intervention biogénétique et l'hybridation ont conduit à l'extinction des Néandertaliens et à l'apparition soudaine de certains Cro- Magnon. Et ils sont loin d'être des spéculateurs, au sein de la communauté universitaire orthodoxe. Le Dr Robert Bloom, paléontologue renommé, a fait une déclaration qui a probablement stupéfié tous ses collègues, affirmant qu'il était clair pour lui que ce qui compte comme évolution n'a pas été obtenu par la sélection naturelle ou des mutations, mais par l'intervention de "*.... des êtres spirituels à divers degrés et dotés de divers types d'intelligence.*

À suivre...
... avec la saga 'The Sakla Rebellion'.

ÉPILOGUE

Comme je l'évoquais au début de cet ouvrage, la Création ne peut, même si elle s'efforce de la justifier, être le produit du hasard. Pour comprendre visuellement en quoi l'univers est véritablement un hologramme, un professeur de mathématiques de l'Université de Yale a développé une formule et l'a saisie dans un programme informatique. Nommé d'après son nom "The Mandelbrot Set", il présente un motif apparemment désordonné, mais en l'augmentant quelle que soit la proximité avec le motif, nous retrouverons toujours le même motif en lui-même. Chaque "fractale" décomposée à l'infini en reflète toujours la totalité. Lorsqu'une fractale change de motif, la somme totale du motif entier change tout au long du motif.

"*Cela signifie que le monde entier n'a pas besoin d'être réveillé, il n'est pas nécessaire d'informer les 6 milliards d'habitants de la planète de ce message. Il est seulement important que, sur le plan personnel, vous appreniez à vaincre vos peurs et à aimer, lorsque vous verrez l'ordre de vos peurs et ignorerez vos émotions, alors et alors seulement vous serez vraiment libre.* " (Agenda Ésotérique) Dans notre prochain numéro, nous discuterons de plus d'informations sur la préhistoire humaine, les races inconnues, la technologie perdue et les événements qui ont conduit l'homme aux grottes après avoir connu une grande époque et une grande connaissance, encore plus que ce qui est estimé. Nous aborderons également la rébellion mythique de Lucifer, la preuve de l'existence d'autres races dans notre univers et la naissance de l'âge d'or des grands dieux: «.. *ceux qui croient à de telles visites sur Terre envisagent la possibilité d'autres galaxies ou d'autres étoiles lointaines comme la maison de ces astronautes extraterrestres.* (Zecharia Sitchin. La Douzième Planète, 1976)

Sources principales

Livres et documents:
Harun Yahya: "La tromperie de l'évolutionnisme" - livre et documentaire.
Richard L. Thompson et Michael A. Cremo: "Histoire cachée de la race humaine" (1999) et "Archéologie interdite".
Zecharia Sitchin: "La Douzième Planète" (1976).
RA Boulay: "Dragons et serpents volants" (1990).
Sixto Paz Wells: "Le plan cosmique".
William Bramley: "Dieux de l'Eden" (1996)
Michael Tsarion: "Atlantide, visite extraterrestre et manipulation génétique" (août 2002).
Louis Pauwels et Jaques Bergier: "Le Retour des Sorciers".
Erich von Däniken: "Nous sommes tous des enfants des dieux".
David John et Richard Moody: "Le monde préhistorique" (Le monde de la connaissance, Ediciones Vidorama, SA - Colombie).
National Georaphic: chaîne de télévision et magazine.
Très intéressant (magazine).
La "Torah" hébraïque, les versions grecques de la Septante et d'autres passages de la Bible Reina y Valera de 1960.
Documentaires et conférences:
Michael A. Cremo: interviews télévisées.
Harun Yahya: interviews télévisées.
Odyssée: "Le plus grand canular du XXe siècle".
BBC: "Le jour où la Terre a failli mourir".
Carl Sagan: "Cosmos".
Klaus Dona: "L'histoire cachée de la race humaine" – interview.
Gregg Braden: "La science des miracles".
Drunvalo Melkizedek: "Histoire planétaire secrète".
Félix Guttmann: études et conférences.
Michael Tsarion: "Architects of Control" et interview sur la science-fiction.
Documentation: "La Corporation".

Amérique ibérique: “Mystères du passé: le déluge biblique” (Akásico 2004).
" Alors, qu'est-ce que tu sais? À l'intérieur du terrier.
“Agenda ésotérique” (Talismanicidols.com).
Chaîne historique: "Anciens astronautes".
Extranormal: “Intraterrestres”, chaîne de télévision mexicaine.
Réseaux, 2 chaînes de télévision espagnoles: "Charles Darwin et l'évolution".
Salfate: programme de télévision chilienne "Así Somos".

Sites Internet:

projetmagen.com
caminoluz.org
Allforjesus.creatuforo.com
L'inexplicable.com.ar
Guerres messianiques (blogspot)
akasico.com
Forocristiano.iglesia.net
harunyahya.com
Wikipédia.com
Alberto Canosa (blogspot)
projetcamelot.com
blackvault.com
Disclosureproject.com
Le Laboratoire de Darwin (blogspot)

Autres:

Al Gore: “Une vérité qui dérange” (Ed. Gedisa. Mars 2007)
Alexander King et Bertrand Schneider: “La première révolution mondiale” (Club de Rome. Pantheon Books. New York. 1991)
Allianz AG: “Changement démographique: croissance démographique” (21 juillet 2007)
Association espagnole de l'industrie électrique: "Bulletin de l'environnement". (Octobre 2007. Numéro 86)

Association Valencienne pour la Défense de la Vie: "Provida Press" (Numéro 224. Valence. 26 juin 2006)

Agence des États-Unis pour le développement (USAID): "Organisations privées et bénévoles américaines enregistrées auprès de l'USAID"

BK Skinner: "The Gumption Memo" (automne 1996)

Société Cardinal Newman pour la préservation de l'enseignement supérieur catholique: "La culture de la mort sur les campus catholiques" (Manassas, Virginie, avril 2004)

Centre pour l'étude du dioxyde de carbone et du changement global: "Témoignage d'Al Gore devant le Comité sénatorial de l'environnement et des travaux publics des États-Unis" (Washington, mai 2007)

Centre de Bioéthique de l'Université Catholique de Cordoue: "Gacetilla 09/08" (Córdoba. Argentine. 26 juin 2008)

Journal "Get Real": "Al Gore à Lisbonne" (Lisbonne. 13 février 2007)

Journal "Latino" (Madrid. Vendredi 22 juin 2007)

Point focal pour les femmes au Secrétariat: "RÉSEAU—Le bulletin d'information d'ONU Femmes" (New York. Volume 11. Numéro 2. Avril, mai et juin 2007)

Fonds des Nations Unies pour la population: "Actions pour parvenir à un développement durable et équitable" (New York, 2002)

Lycée Haddam-Killingworth: "La Chronique du Cougar". (Higganum, Connecticut. Décembre 2007. Vol. 16 Numéro 3)

Italian American Journal (New York, juin 2008)

John Clapper: "Le caractère sacré de la vie humaine et de l'avortement" (WRS Journal 5/2. Tacoma, Washington. Août 1998)

Joseph H. Hulse: "Sustainable Development at Risk: Ignoring the Past" (Centre de recherches pour le développement international. Ottawa, Canada. Cambridge University Press India Pvt. Ltd. Année 2007. ISBN (livre électronique) 978-1-55250-368- 3. ISBN978-81-7596-521-8)

J. Trigo: “Le développement durable: sert-il à réduire la pauvreté? (Participation à la Conférence organisée par la Fundación Iberdrola Madrid, 18 décembre 2002)

Miguel Zafra: "Les 9 erreurs d'Al Gore" (Histoire vivante. Bulletin du secteur social du Collège Virgen de Europa. Madrid. Novembre 2007)

Actualités en ligne aux États-Unis: “L'approbation d'un médicament abortif change la médecine et la politique en cause” (10 septembre 2000)

Optimum Population Trust (OPT): “The Jackdaw” (Londres, août 2008)

Optimum Population Trust (OPT): “Trop de monde: le problème démographique de l'Europe” (Londres, 31 août 2008)

Organisation Socialiste Internationale: “International Socialism” (San Juan, Porto Rico. Année 6, n° 33. juin 2003)

Paul Detrick: “Certainement quelques inexactitudes dans le film Gore” (News Busters. 4 octobre 2007)

Population and Sustainability Network: "Population Matters" (Londres. Newsletter No.1. Avril 2004)

Groupe d'action rotarien pour la population et le développement: “Fragile Earth” (Lawrenceville, Géorgie, États-Unis. Mars 2007)

Servando González: “Evolution dans la révolution? Une réponse à Carlos Wotzkow” (Xzault Media Group. Californie. Juillet 2007)

Le Parti conservateur de l'État de New York: “National Affairs Platform” (Brooklyn, NY. 6 septembre 2008)

Agence d'information américaine: "Population at the Millennium: The US perspective" (Global Issues Magazine. Volume 3. Numéro 2. Septembre 1998)

Wanda Franz: “Social Justice and Wantedness” (Discours à la Convention de la Catholic Press Association. Baltimore. 26 mai 2000)

Dieu vous bénisse!
Frederick Guttmann R.
frederickguttmann@gmail.com
www.frederickguttmann.com[1]

1. http://www.frederickguttmann.com

État souverain '*Eretz Yeshua, REML.*'
Organisation Non Gouvernementale "*Energy Angels*"
Organisation Non Gouvernementale "*Fraternité Sans Frontières*"
Mission messianique mondiale

Don't miss out!

Visit the website below and you can sign up to receive emails whenever Frederick Guttmann publishes a new book. There's no charge and no obligation.

https://books2read.com/r/B-A-DKUGB-UNEAG

BOOKS 2 READ

Connecting independent readers to independent writers.

About the Author

Israeli writer, researcher, disseminator, documentary filmmaker and influencer. He is the writer of more than 35 books, mostly research and dissemination theses.

Read more at https://www.frederickguttmann.com.

www.ingramcontent.com/pod-product-compliance
Lightning Source LLC
LaVergne TN
LVHW090227051026
849517LV00001B/209